DE

L'EXPLOITATION

DES BOIS.

SECONDE PARTIE.

DE L'EXPLOITATION
DES BOIS,
OU
MOYENS DE TIRER UN PARTI AVANTAGEUX
DES TAILLIS, DEMI-FUTAIES
ET HAUTES-FUTAIES,
ET D'EN FAIRE UNE JUSTE ESTIMATION:

Avec la Description des Arts qui se pratiquent
dans les Forêts :

Faisant partie du Traité complet des BOIS
& des FORESTS.

Par M. DUHAMEL DU MONCEAU, de l'Académie Royale
des Sciences ; de la Société R. de Londres ; de l'Acad. Imp. de Pétersbourg ;
des Académies de Palerme & de Besançon ; Honoraire de la Société d'Edim-
bourg, & de l'Académie de Marine ; de plusieurs Sociétés d'Agriculture ;
Inspecteur Général de la Marine.

OUVRAGE ENRICHI DE FIGURES EN TAILLE-DOUCE.

SECONDE PARTIE.

A PARIS,

Chez H. L. GUERIN & L. F. DELATOUR,
rue S. Jacques, à S. Thomas d'Aquin.

M. DCC. LXIV.
Avec Approbation & Privilege du Roi.

TABLE

DES CHAPITRES ET ARTICLES
du Traité de l'Exploitation des Bois.

SECONDE PARTIE : Livres IV & V.

LIVRE QUATRIEME.

De l'Exploitation des Futaies,   431

CHAPITRE I. *Où l'on examine fi, lorfque les Arbres ont été abattus, il convient de retrancher leurs branches, de les écorcer, de les équarrir fur le champ, même de les débiter en quartelage ou en planches, ou s'il y a un avantage réel, ou un dommage évident à les laiffer quelque temps avec leurs branches, ou dans leur écorce, ou du moins dans leur aubier, & fans être équarris,*   432

  ART. I. Quel peut être l'effet que l'écorcement & l'équarriffage des arbres abattus peuvent produire fur leur bois, relativement à leur qualité,   434

    §. 1. *Expérience qui prouve que la feve peut s'échapper à travers la groffe écorce,*   440
    §. 2. *Obfervations relatives au même objet,*   Ibid.
    §. 3. *Expérience faite fur des tronçons d'Arbres femblables, les uns équarris, les autres reftés en grume,*   441

§. 4. Conféquences des Expériences précédentes,   445
§. 5. Expériences fur de petits cylindres, dont les uns étoient écorcés, & les autres avoient leur écorce,   453
§. 6. Expériences faites fur des bois blancs, pour reconnoître s'ils
s'alterent fous leur écorce,   455
ART. II. En laiſſant les Arbres dans leur écorce pendant un court
eſpace de temps, peut-on en attendre un effet ſenſible ?   457
§. 1. Expériences qui prouvent qu'il s'échappe peu de ſeve des Arbres
qui reſtent en grume pendant l'Hiver,   459
§. 2. Conféquences qu'on peut tirer de cette Expérience: diverſité
d'opinions fur cette matiere,   Ibid.
§. 3. Expérience pour connoître ſi les bourgeons que produiſent les
Arbres après qu'ils ont été abattus, méritent quelque conſidéra-
tion,   462
§. 4. Conféquences de l'Expérience précédente,   Ibid.
§. 5. Expériences pour connoître ſi les bois en grume qu'on laiſſe
expoſés aux injures de l'air, s'alterent beaucoup,   463
§. 6. Conféquences des Obſervations précédentes,   464

CHAPITRE II. Quelle eſt la cauſe des gerces, des
fentes & des éclats qui endommagent ſi ſouvent les
Bois de la meilleure qualité ? Pourquoi ces mêmes
Bois ſont-ils plus ſujets à ſe voiler & à ſe tourmenter?
Dans quels cas ces accidents ſont-ils principalement
à craindre ? Quels ſont les moyens de prévenir leur
progrès ?   465
ART. I. §. 1. Exemple de contraction tiré d'un cylindre formé de terre
glaiſe,   469
§. 2. Que le bois du centre eſt plus denſe que le bois de la circonférence,   476
§. 3. Quelle peut être la proportion de l'humidité contenue dans les
différentes couches ligneuſes,   478
§. 4. En quelle proportion les couches ligneuſes ſe contractent-elles?
                                                                                479
§. 5. Ce qui arrive au bois lorſque les couches extérieures ſe deſſechent avant les couches intérieures,   482
§. 6. Des Arbres étoilés ou quadranés au cœur,   485
§. 7.

§. 7. *Pratique mise en usage par les Potiers de terre, pour empêcher que leurs ouvrages ne se fendent,* 486

§. 8. *Premiere Expérience,* 487

§. 9. *Conséquences de l'Expérience précédente,* 488

§. 10. *Seconde Expérience,* Ibid.

§. 11. *Conséquences de l'Expérience précédente,* 489

§. 12. *Troisieme Expérience,* 490

§. 13. *Remarques,* 491

§. 14. *Quatrieme Expérience,* 492

§. 15. *Conséquences de la précédente Expérience,* 493

§. 16. *Continuation des précédentes Expériences,* 494

§. 17. *Conséquences de ces Expériences,* 495

§. 18. *Premiere Remarque,* Ibid.

§. 19. *Seconde Remarque,* 496

§. 20. *Troisieme Remarque,* 497

§. 21. *Cinquieme Expérience,* 499

§. 22. *Conséquences de l'Expérience précédente,* 500

§. 23. *Sixieme Expérience,* 501

§. 24. *Conséquences de cette Expérience,* Ibid.

§. 25. *Premiere Observation,* 502

§. 26. *Seconde Observation,* Ibid.

§. 27. *Troisieme Observation,* 503

§. 28. *Quatrieme Observation,* Ibid.

§. 29. *Cinquieme Observation,* Ibid.

§. 30. *Sixieme Observation,* Ibid.

§. 31. *Septieme Observation,* Ibid.

§. 32. *Huitieme Observation,* 504

§. 33. *Neuvieme Observation,* Ibid.

§. 34. *Dixieme Observation,* Ibid.

§. 35. *Onzieme Observation,* Ibid.

§. 36. *Septieme Expérience,* 505

Conséquences de l'Expérience précédente, 506

§. 37. *Huitieme Expérience,* 507

§. 38. *Conséquences de cette Expérience,* Ibid.

§. 39. *Neuvieme Expérience,* 508

§. 40. *Conséquences de cette Expérience,* Ibid.

§. 41. *Dixieme Expérience,* 509

§. 42. *Conséquences de cette Expérience,* Ibid.

ART. III. Où l'on démontre que les fibres se contractent suivant leur longueur, 509

II. *Partie.* b

§. 1. *Sommaire du détail des Observations qui se trouvent dans le Traité de la Physique des Arbres, sur la contraction des fibres ligneuses,*   511

§. 2. *Conséquences des Observations précédentes,*   Ibid.

§. 3. *Premiere Expérience,*   512

§. 4. *Seconde Expérience,*   Ibid.

§. 5. *Conséquences des Expériences précédentes,*   513

ART. IV. Des inconvénients qui résultent du raccourcissement des fibres,   513

ART. V. Moyens tentés infructueusement pour empêcher les bois de se fendre,   516

ART. VI. Moyens de remédier aux dommages que cause la contraction des fibres,   518

ART. VII. Pourquoi les bois de bonne qualité se fendent & se tourmentent plus que les autres bois,   519

ART. VIII. Conclusion,   521

§. 1. *Dans quel cas convient-il de ralentir l'évaporation de la seve ?*   522

§. 2. *Qu'il y a une économie considérable à refendre les arbres dans la forêt même, aussi-tôt qu'ils ont été abattus, & dans le temps qu'ils ont toute leur force,*   524

CHAPITRE III. *De l'Exploitation des Bois que l'on vend le plus ordinairement en grume pour le Charronnage, l'Artillerie, &c.*   528

ART. I. Des Bois propres au Charronnage & au service de la Marine,   Ibid.

ART. II. Des bois propres au service de l'Artillerie,   532

§. 1. *Des affûts pour les canons de la Marine,*   Ibid.

§. 2. *Des affûts de canons de Campagne & de Places,*   534

ART. III. De quelques autres Bois qui se vendent en grume, & particuliérement de ceux qu'on nomme *Bois-blancs,*   537

§. 1. *Du Bois de Tilleul,*   538

§. 2. *Du Bois de Peuplier,*   539

§. 3. *Du Bois de Marronnier-d'Inde,*   Ibid.

§. 4. *Du Bois de Bouleau,*   Ibid.

§. 5. *Du Bois de Sureau & du Buis,*   540

ART. IV. Travail du Sabotier, *Ibid.*

ART. V. Maniere de faire de petits Barrils d'un feul bloc de Saule, 546

ART. VI. Travail du Fendeur, 547

§. 1. *Des marques qui peuvent faire juger qu'un arbre fera propre pour la fente,* 550

§. 2. *Outils dont fe fervent les Fendeurs,* 553

§. 3. *Des Rames pour les Galeres & pour la Marine,* 558

§. 4. *Comment on fend le Bois à brûler,* 559

§. 5. *Comment on fend les Chevilles pour les Tonneliers,* 560

§. 6. *Comment on fend le Paliffon & les Barres pour les Futailles,* 561

§. 7. *Comment on fend les Echalas, les Gournables ou Chevilles pour les Vaiffeaux,* 563

§. 8. *Comment on fend les Lattes pour la Tuile & l'Ardoife,* 567

§. 9. *Comment on fend le Douvain, le Merrain ou Traverfin, c'eft-à-dire, les Douves ou Douelles de fond, & celles de long pour les Futailles,* 570

§. 10. *Tarif de la longueur, largeur & épaiffeur du Traverfin & du Merrain pour quelques Futailles de différentes grandeurs,* 573

§. 11. *Maniere de fendre les Cerches pour les Boiffeliers,* 575

§. 12. *Ordre que fuivent les Fendeurs dans leur Travail,* 576

ART. VII. Des Ouvrages de Raclerie, 584

§. 1. *Des Cerches pour Clayettes, Chaferets, Cliffes ou Ecliffes,* *Ibid.*

§. 2. *Lattes pour les Fourreaux d'Epée,* 586

§. 3. *Pieces pour les Rouets,* 587

§. 4. *Des Layettes,* 588

§. 5. *Des Copeaux pour les Gaîniers, & de ceux dont on fait les Rapés,* 589

§. 6. *Des Panneaux ou Battants de Soufflets,* 592

§. 7. *Des Battoirs à Leffive,* 594

§. 8. *Des Ecopes,* 595

§. 9. *Des Pelles à four & autres,* *Ibid.*

§. 10. *Travail de l'Ouvrier Arçonneur, des Atelles de colliers de Chevaux, &c.* 597

§. 11. *Maniere de faire les Bâts.* 598

§. 12. *Du travail des Arçons pour les Selles,* 600

b ij

§. 13. *Du travail des Tourneurs,*   601
§. 14. *Des Poulies & des Cuillers à pot, des Egrugeoirs,* &c.
                                                      604
§. 15. *Remarques générales,*   Ibid.
§. 16. *Maniere d'enfumer les Ouvrages de Raclerie ;* 605
ART. VIII. Du Toisé des Bois en Grume,   606
ART. IX. Méthode pour mesurer les Bois en Grume, telle qu'elle
se pratique dans les Forêts de Flandre,   608

    Démonstration & Opération,   610
    Remarque,   611
    Exemple & Opération,   612
    Méthode pour graduer la Regle ou le Parchemin, 613

EXPLICATION des Planches & des Figures
du Livre IV.   615

LIVRE CINQUIEME.

De l'Exploitation des Bois-Quarrés,   627

§. 1. *De la Réduction des Bois-ronds en Bois-Quarrés,*   628
§. 2. *Distinction des Bois-droits & des Bois-courbes,*   629

CHAPITRE I. *Méthode pour équarrir les Bois-droits,*   630

ART. Façon d'équarrir les Bois-courbes,   633

CHAPITRE II. *Dimensions des Pieces qu'on débite pour les Bâtiments Civils,*   635

ART. I. Des principales Pieces pour les Pressoirs,   636
ART. II. Des Pieces les plus considérables pour la Construction
des Moulins à Chandelier,   637
ART. III. Des principales Pieces pour la Construction des Bateaux
de Riviere,   639

CHAPITRE III. *Des Bois pour la Marine,* 640

Art. I. Réfléxions générales fur les Bois qu'on exploite pour la Marine, *Ibid.*

Art. II. Qu'il eft très-avantageùx de prendre dans les Arbres les moins gros, les Membres de Conftruction relatifs à leurs échantillons, 647

Art. III. Dimenfions des principales Pieces qui entrent dans la Conftruction des Vaiffeaux de Guerre, 650

§. 1. Des Bois droits, 651
Exemple d'un affortiment de Bois-longs, 652
§. 2. Des Bois courbes, Bois tords ou Bois de Gabari, 653

CHAPITRE IV. *Des Bois de Sciage,* 657

Art. I. De la maniere de refendre les Bois avec la Scie de long, *Ibid.*

Art. II. Différentes Méthodes qu'on emploie pour débiter les Bois de Sciage, 661

Art. III. Echantillons du Bois de fciage, tant pour la Charpenterie, que pour la Menuiferie, 665
§. 1. Bois de fciage pour la Charpenterie, 666
§. 2. Bois de fciage pour la Menuiferie, 667
§. 3. Bois de Chêne & de Sapin, de fciage, qu'on trouve le plus ordinairement dans les Chantiers des Marchands de Paris, 668
§. 4. Des Bois de fciage qu'on emploie pour la Marine, 671

CHAPITRE V. *Expofition des défauts capitaux qui doivent faire rebuter certains Arbres abattus,* 673

Art. I. De la Roulure, *Ibid.*
Art. II. De la Gélivure, 676
Art. III. De la Cadranure, 677
Art. IV. Du double-Aubier, 678
Expérience, 679
Art. V. De la Gélivure entrelardée, 680
Art. VI. De la différente couleur du Bois, fur l'aire de la Coupe, 681
Art. VII. De l'inégalité d'épaiffeur des couches ligneufes, 683
Art. VIII. Des Bois dont les fibres font trop torfes, *Ibid.*
Art. IX. Des Nœuds & des Loupes, 684

Art. X. Du Bois gras, tendre, & roux;   *Ibid.*

Art. XI. D'un autre défaut très-confidérable, & qu'il eſt difficile
de reconnoître,   687

Art. XII. Que la grande épaiſſeur des couches ligneuſes eſt
ſouvent un ſigne que le bois eſt de bonne qualité,   *Ibid.*

Art. XIII. De pluſieurs autres défauts,   688

Art. XIV. De la différente peſanteur des Bois,   689

Art. XV. Conſéquences de ce qui précede; avec différentes Remarques ſur la Viſite & la Réception des Bois dans les Forêts, 691

CHAPITRE VI. *Du Toiſé des Bois-Quarrés*, 697

Art. I. Du Toiſé en pieds-cubes,   *Ibid.*

Art. II. Du Toiſé en Pieces ou Solives,   698

§. 1. *Premiere Methode*,   *Ibid.*

§. 2. *Seconde Methode plus abrégée que la premiere*,   699

Art. III. Pratiques pour abréger les opérations du Toiſé, ſur-
tout à l'égard des Bois de ſciage,   701

EXPLICATION *des Planches & des Figures rela-tives au Livre V*,   703

Fin de la Table de la ſeconde Partie.

TRAITÉ
DE L'EXPLOITATION
DES BOIS.

LIVRE QUATRIEME.

De l'Exploitation des Futaies.

En fuppofant une forêt abattue, il s'agit d'en exploiter les arbres & d'en tirer tout le parti poffible; mais avant de donner le détail de tous les objets d'ufage auxquels ils peuvent être employés, je crois devoir difcuter deux queftions importantes. La premiere confifte à favoir fi, après que les arbres ont été abattus, il eft à propos de les laiffer quelque temps avec leurs branches & dans leur écorce; ou s'il convient mieux de les équarrir fur le champ. Cette premiere queftion nous conduit à en difcuter une feconde non moins importante: favoir, quelle eft la caufe des fentes & des éclats qui fe trouvent dans le bois, & qui endommagent fi confidérablement ceux de la meilleure qualité: Après avoir traité à fond ces queftions, nous

II. PARTIE.   H h h iiij parlerons de l'exploitation des hauts taillis , ou des demi-futaies ; & nous terminerons ce Livre par les bois qui se vendent en grume, c'est-à-dire, en rondins simplement écorcés.

CHAPITRE PREMIER,

Où l'on examine si, lorsque les Arbres ont été abattus, il convient de retrancher leurs branches, de les écorcer, de les équarrir sur le champ, même de les débiter en quartelage ou en planches ; ou s'il y a un avantage réel, ou un dommage évident, à les laisser quelque temps avec leurs branches soit dans leur écorce, soit du moins dans leur aubier, & sans être équarris.

Dans le Chapitre qui traitoit de la saison convenable d'abattre les arbres, il a été question d'une proposition qui sembloit devoir être adoptée sans aucune discussion, non-seulement parce qu'elle est généralement reçue par ceux qui sont le plus au fait de l'exploitation des forêts (par les maîtres de l'art), mais encore parce qu'elle paroissoit être fondée sur des raisonnements Physiques très-séduisants : j'avoue que je ne me suis livré à l'examen de cette question , que parce que je m'étois fait une loi de n'embrasser aucun sentiment qui ne fût appuyé sur des preuves expérimentales que je me proposois d'établir avec toute l'exactitude dont je peux être capable. Mes recherches ont combattu si solidement en différents points les pratiques reçues & mes propres préjugés, que j'ai été obligé de réformer mes anciennes idées, & de conclure plusieurs fois contre le sentiment le plus généralement établi.

Il

Il n'en eſt pas de même de la queſtion que je me propoſe
d'examiner dans ce Chapitre, ſur laquelle les ſentiments ſont
fort partagés. Chacun croit cependant avoir en ſa faveur des
raiſons Phyſiques & des expériences; mais comme il s'agit de
parvenir à une ſolution, il eſt néceſſaire, avant tout, de
peſer les raiſons des uns & des autres, pour diſcerner celles
qui ſont d'accord avec la bonne Phyſique, & en même-temps
(ce qui eſt bien plus important) examiner la valeur des expériences que l'on objecte, ſoit en les répétant pour en conſ-
tater l'exactitude, ſoit en les comparant avec d'autres, qui,
ayant été exécutées dans la ſeule vue d'éclaircir un fait particulier, ſe trouvent ordinairement plus exactes & plus con-
cluantes que ne le peuvent être des obſervations vagues que
peut fournir une pratique journalière, dans laquelle il eſt
rare que l'on faſſe attention à des circonſtances qui peuvent
varier les effets, & rendre les obſervations défectueuſes. Pour
entrer en matiere, je vais commencer par expoſer d'une maniere générale les différents ſentiments qui partagent les Auteurs, & les perſonnes expérimentées que j'ai conſultées ſur
le point dont il s'agit ici.

1°, Tout le monde convient qu'on ne peut trop tôt retrancher les branches à un arbre qui vient d'être abattu.

2°, Mais il y en a qui voudroient qu'on l'équarrît auſſi ſur le
champ.

3°, Quelques-uns prétendent qu'il eſt plus avantageux de
le laiſſer pendant huit ou dix jours dans ſon écorce.

4°, D'autres eſtiment qu'il y a de l'avantage à ne l'équarrir
qu'au bout d'un mois, de ſix ſemaines & même de deux mois.

5°, D'autres ſoutiennent qu'on devroit le laiſſer beaucoup
plus long-temps dans ſon écorce.

6°, Enfin d'autres décident qu'il faut écorcer les arbres
immédiatement après qu'ils ont été abattus, mais ne les équarrir que quelque temps avant qu'on veuille les employer.

Voilà les différentes opinions qui partagent ceux qui ſont
dans l'uſage de faire exploiter les bois : les vues générales qui
ont donné naiſſance à tant de ſentiments divers ſe réduiſent,

soit à conferver au bois fa bonne qualité, abftraction faite de toute autre chofe, foit à prévenir que les arbres ne deviennent inutiles à caufe des fentes & des éclats qui ne manquent gueres d'arriver quand ils fe deffechent; & ceux-là ne font gueres attention à la qualité intrinfeque du bois. Nous avons cru qu'il étoit important, de prêter également attention à ces deux objets; cependant pour obferver un ordre dans cette matiere, nous diviferons notre travail en deux parties, pour confidérer féparément ce qui regarde la qualité du bois & ce qui appartient aux fentes. Mais il faut reprendre chaque fentiment en particulier, rapporter les raifons que leurs auteurs alleguent, & les expériences qu'ils propofent pour s'autorifer dans leur avis; il faut que le détail de nos obfervations & de nos expériences fuive de près celles des autres, pour fe trouver en état d'en tirer des conféquences qui puiffent conduire à l'éclairciffement de notre queftion : c'eft ce que nous allons effayer de faire. Nous terminerons enfin ce Chapitre par donner des regles de pratiques fondées fur ce que nous aurons établi auparavant.

ARTICLE I. *Quel peut être l'effet que l'écorcement & l'équarriffage des arbres abattus peuvent produire fur leur bois, relativement à leur qualité.*

CEUX qui foutiennent qu'il faut ébrancher & équarrir fur le champ les arbres qu'on abat, pofent pour principe :

1°, Que le bois des arbres qui meurent fur pied eft de mauvaife qualité, & que ces arbres font prefque toujours remplis de défauts : généralement parlant il en faut convenir.

2°, Qu'un arbre qu'on abat & auquel on conferve les branches & l'écorce, ne meurt que peu à peu : il faut encore accorder cette propofition qui a été fuffifamment prouvée dans le Livre précédent, ainfi que dans la *Phyfique des Arbres*.

De ces principes, ils concluent qu'il faut (auffi-tôt qu'un arbre a été abattu) lui retrancher fes branches & fon écorce, afin, difent-ils, de le tuer, & pour empêcher que fon bois ne tombe dans un état d'appauvriffement femblable à celui des arbres qui meurent fur pied.

On voit bien que ceux qui adoptent ce fentiment, comparent les végétaux aux animaux; & qu'ils regardent tout arbre qu'on élague & qu'on équarrit auffi-tôt qu'il a été abattu, comme un animal que l'on auroit tué; & qu'ils comparent les arbres qu'on laiffe avec leurs branches & leur écorce, à tout animal qu'on laifferoit mourir d'inanition. Il eft affez généralement vrai que la chair d'un animal qu'on auroit ainfi laiffé périr de langueur, ne fe conferveroit pas auffi long-temps que celle d'un autre que l'on auroit tué, & qu'on auroit fur le champ dépecée par morceaux.

Pour mettre ce fentiment dans tout fon jour, & lui donner même toute la force qu'il peut avoir, nous ajouterons, en fuivant la même comparaifon qui vient d'être employée, que le fang & les autres liqueurs étant dans les animaux les parties qui fe corrompent le plus aifément, les Anatomiftes qui fe font propofés de conferver la chair des animaux pour avoir des miologies feches, ont imaginé différents moyens pour extraire, le plus qu'il leur a été poffible, ces liqueurs des parties mufculeufes & charnues qu'ils vouloient préferver de la corruption. Maintenant fi l'on regarde la feve des végétaux comme une liqueur affez femblable au fang des animaux, c'eft-à-dire, comme la partie des arbres qui a le plus de difpofition à fermenter & à fe corrompre, (ce qui a été déja prouvé & qui le fera encore par des expériences que nous rapporterons dans la fuite) on fera déterminé à conclure que tout ce qui précipite l'évaporation de la feve, eft avantageux à la confervation du bois. Il refte donc à s'affurer précifément fi l'on parvient à accélérer confidérablement l'évaporation de la feve, lorfqu'on élague & qu'on équarrit les arbres auffi-tôt qu'ils ont été abattus; c'eft ce que nous avons tâché d'éclaircir par plufieurs expériences, dont nous ne rapporterons cependant que quelques-unes à la fin de cet article, réfervant les autres pour le Chapitre où il doit être queftion du defféchement des bois. Mais avant que d'entreprendre le détail de nos expé-

riences, il eft bon de revenir pour un inftant à la comparaifon
que l'on fait des arbres qu'on laiffe abattus avec leurs branches
& leur écorce, avec ceux qui périffent d'eux - mêmes fur
leur fouche : nous ne la trouvons pas fort exacte ; & pour
mieux faire comprendre quel eft fur cela notre fentiment,
nous partagerons en deux claffes les caufes qui font périr
les arbres fur pied : dans la premiere, nous comprendrons
les arbres qui meurent de vieilleffe ou de maladie ; & dans la
feconde, les arbres qui meurent de quelques accidents particuliers, tels que les gelées exceffives, la trop grande
tranfpiration, qui, dans les années très-chaudes & très-feches,
font mourir fubitement les arbres ; les vers qui rongent l'écorce des racines ; les coups de vent qui rompent, qui déra-
cinent, qui renverfent les arbres, &c. Dans tous ces cas,
j'ai trouvé des arbres morts fur pied, dont le bois étoit fort
bon ; j'ai même fait débiter quelques-uns de ces arbres qui
étant reftés long-temps fur leur fouche, quoique morts, avoient
perdu prefque toute leur écorce, & dont cependant le bois
étoit extrêmement dur & bon. Au refte, fi l'on confidere ce
qui a fait périr ces arbres, on reconnoîtra que ce n'eft ni une
altération des liqueurs, ni un vice des parties folides, mais
le défaut de nourriture qui a fait que ces arbres fe font defféchés fur pied & même plus promptement qu'ils n'auroient
fait fur le chantier ; & cela ne doit leur porter aucun préjudice.

Ceci fera bien prouvé fi l'on cherche à connoître ce qui eft
arrivé aux arbres que nous avions écorcés fur pied.

Quant aux arbres qui meurent par la rigueur de la gelée,
je prévois qu'on aura peine à m'accorder que leur bois foit de
bonne qualité. Nous avouons que nous n'avons pas eu occafion d'examiner des Chênes morts par la gelée, pour pouvoir
être certains de la qualité de leur bois ; mais l'Hiver de l'année
1709 ayant fait périr tous nos Noyers, nous en avons fait débiter deux ou trois cens pieds en planches, en membrures &
en quartelages ; cette opération nous a fourni une ample matiere à obfervations : il eft vrai que parmi ce bois il s'en eft

trouvé de vermoulu; mais la plus grande partie du reste qui a été employée à différents ouvrages, est demeurée jusqu'à présent très-saine & très-bonne : le bois des Cyprès gelés s'est aussi trouvé très-bon. Au surplus, si l'on peut comparer les arbres qu'on laisse dans leur écorce avec les arbres morts sur pied, ce doit être certainement avec ceux qui se trouvent les moins défectueux ; car les arbres qui restent en grume, ne peuvent l'être à ceux qui meurent de vieillesse.

En effet, pour peu qu'on y prête attention, on doit sentir que ceux qui meurent de vieillesse, étant déja altérés dans le cœur, & long-temps avant leur mort, ainsi que je l'ai prouvé dans le premier Livre, ils portent intérieurement un vice essentiel, qui ne se trouve pas dans les arbres sains qu'on laisse dans leur écorce après qu'ils ont été abattus ; il en est de même des arbres qui meurent à la suite d'un long dépérissement causé par quelque maladie ; car, soit que le vice réside seulement dans les liqueurs, soit qu'il ait endommagé les parties solides, c'est toujours un commencement d'altération & un acheminement à la corruption, mais qui n'existe point dans les arbres sains qu'on laisse dans leur écorce après les avoir abattus.

Mais, dira-t-on, cette altération (quoique d'une maniere moins sensible) se forme peut-être dans les arbres après qu'ils ont été abattus, à cause de l'obstacle que l'écorce oppose à l'évaporation de la seve : c'est ce qui reste à examiner, parce qu'en cela consiste principalement l'éclaircissement qu'on doit attendre de nos expériences.

Avant que d'en donner le détail, il est nécessaire de rapporter encore un autre sentiment sur ce qui occasionne la précipitation de l'évaporation de la seve. Ceux qui l'ont adopté, prétendent qu'il faut écorcer les arbres aussi-tôt qu'ils sont abattus, mais ne les point équarrir que quand on veut les employer : en suivant cette pratique (disent-ils), 1°, les bois se dessechent promptement; 2°, ils sont moins exposés à être attaqués des vers & de la pourriture; 3°, ils doivent moins se tourmenter, & être moins exposés à s'échauffer.

Ce qui concerne les gerces & les éclats fera traité à part; nous renvoyons ce qui regarde l'attaque des vers à un endroit de cet ouvrage où nous aurons occafion d'en parler; ainfi nous ne rapporterons ici que les expériences que nous avons faites, pour conftater fi l'écorcement ou l'équarriffage aident beaucoup au deffechement des bois.

D'après ce que nous avons dit plus haut, une des chofes qui fe préfentent à éclaircir d'abord, c'eft de favoir fi la feve s'échappe plus promptement d'une piece de bois écorcée que d'une autre qui conferve fon écorce; ou ce qui eft la même chofe, fi les pieces de bois écorcées fe deffechent plutôt que celles qu'on réferve avec l'écorce.

On trouve dans la *Phyfique des Arbres* quantité d'expériences qui prouvent qu'il s'échappe beaucoup plus de tranfpiration des arbres auxquels on a fait des plaies, ou qu'on a écorcés, que de ceux dont l'écorce eft reftée entiere. L'écorce, en faifant un obftacle à la diffipation de la tranfpiration, ne l'empêche donc pas entiérement. Nous avons remarqué dans toutes nos expériences, qu'il s'échappe plus de feve dans certaines faifons que dans d'autres; beaucoup plus dans la grande force de la végétation, que dans le temps où les arbres ne font point en feve; quand l'air eft chaud & fec, que quand il eft frais & humide.

Il s'échappe fur-tout beaucoup de tranfpiration dans les temps chauds, où, comme l'on dit, l'air eft pefant; c'eft-à-dire, que l'air ayant perdu de fon élafticité, le mercure du barometre defcend.

Ainfi quand on obferve avec attention & pendant long-temps l'évaporation de la feve, on apperçoit bien que la caufe qui la détermine à s'échapper, eft compliquée, & qu'elle dépend de plufieurs circonftances qui font les mêmes que celles qui occafionnent le jeu des Thermometres, des Barometres & des Hygrometres; d'où il réfulte cependant une combinaifon fi bizarre par la prédomination d'une de ces caufes, qu'on ne peut pas dire que la formation des vapeurs fuive exactement la marche d'aucun de ces inftruments; & un inftrument qui réuniroit les effets du Thermometre, du Barometre & de l'Hygrometre, auroit certainement une marche bien irréguliere, mais qui cependant pourroit suivre affez celles de l'évaporation de la feve ; encore faudroit-il que les différentes caufes qui occafionnent chacun de ces effets, fuffent, relativement les uns aux autres, également proportionnés dans un pareil inftrument, & dans les arbres dont on voudroit obferver le defféchement ; car il eft clair que fi cet inftrument tenoit plus du Barometre que du Thermometre ou de l'Hygrometre, pendant que l'arbre qu'on obferveroit, feroit plus Thermometre ou plus Hygrometre que Barometre, alors la marche de l'un & de l'autre feroit bien différente. Comme j'ai cru appercevoir que la feve s'échappoit en grande quantité dans les temps les plus favorables à la végétation, j'aurois defiré pouvoir imaginer un inftrument qui pût être à la fois fenfible au poids de l'atmofphere, à la chaleur & à l'humidité de l'air ; mais comme il ne m'a pas été poffible de faifir ce point de conformité, avec les végétaux, j'ai échoué dans toutes les tentatives que j'ai faites pour avoir un pareil inftrument capable d'indiquer avec précifion, les temps & les circonftances les plus favorables à la végétation; quand même je ferois parvenu par hazard à en conftruire un dans un rapport affez exaêt avec tel arbre que ce foit, il eft probable que ce rapport ne feroit pas indiftinêtement le même avec tous autres arbres, & dès-là il n'auroit été d'aucune utilité.

On a vu dans les expériences que nous avons détaillées dans la *Phyfique des Arbres*, que dans les arbres qui végetent, la tranfpiration traverfe l'écorce, mais qu'elle fort avec bien plus d'abondance des endroits où elle a été enlevée que des autres ; & qu'outre cette liqueur ténue, il s'échappe encore des endroits écorcés une fubftance gélatineufe ; ce qui prouve fenfiblement que l'écorce peut bien ralentir l'évaporation de la feve, mais non pas l'arrêter entiérement.

Nous prévoyons qu'on pourroit nous reprocher d'avoir fait nos expériences fur de jeunes arbres dont l'écorce étoit liffe, unie, & bien différente de celle des gros arbres, qui eft ra-

boteufe , pleine de gerces , & d'une texture irréguliere. Nous
convenons fans difficulté qu'il s'échappe plus de tranfpiration
des bourgeons herbacés , que des jeunes branches , & qu'il
s'en échappe fort peu par les groffes écorces ; & c'eft pour
prévenir cette objection, que je n'ai pas oublié de conftater,
par quelques expériences, qu'il s'échappe de l'humidité des
plus groffes écorces : voici en peu de mots quelles font ces
expériences.

§. 1. *Expérience qui prouve que la feve peut s'échapper
à travers la groffe écorce.*

DANS le mois de Septembre, j'ai choifi plufieurs rondins de
Chêne , tout récemment abattus & en grume, de trois pieds
de longueur & de huit à neuf pouces de diametre ; j'en ai fait
poiffer quelques-uns par les bouts ; d'autres n'ont point été
poiffés ; j'ai dépouillé quelques-uns de leur écorce ; j'ai fait
pefer enfuite ces différents morceaux de bois , & j'ai continué
de les faire pefer tous les huit jours à différents mois de l'année. J'ai connu très-évidemment que la feve s'échappoit de
ces morceaux de bois , mais fenfiblement moins de ceux dont
les bouts étoient poiffés , que de ceux en grume , & moins
promptement de ceux-ci que des écorcés.

§. 2. *Obfervations relatives au même objet.*

LE détail exact de nombre d'expériences qui prouvent
toutes ce que je viens d'avancer, fatigueroit le Lecteur, ainfi
je me contenterai de rapporter feulement & fort en abrégé,
quelques faits où la différence s'eft trouvée plus confidérable
qu'elle ne l'eft ordinairement.

Un rondin de Chêne en grume qui, tout frais abattu, pefoit 45 liv. une once un gros , un mois après s'eft trouvé pefer 44 liv. quatre gros : ainfi il n'avoit diminué en un mois
que d'une liv. cinq gros.

Un pareil rondin auffi en grume , mais dont on avoit poiffé
les

les bouts, & qui pefoit 31 liv. 3 onces 2 gros ; au bout d'un mois pefoit 31 liv. 2 onces 2 gros & demi; ainfi dans le même efpace de temps, il n'étoit diminué que de 7 gros & demi.

Un pareil rondin écorcé, qui pefoit, lors de fon abattage, 29 liv. 3 onces 4 gros, un mois après ne pefoit plus que 24 liv. cinq onces 2 gros ; ainfi il étoit diminué de 4 liv. 14 onces 2 gros Il eft bon de remarquer que dans cette expérience, tous ces rondins avoient été dépofés dans un grenier fort fec ; mais les deux fuivants ont été dépofés dans un fellier frais & humide.

Un rondin femblable aux précédents, pefoit, lors de fon abattage, 29 liv. 12 onces 6 gros ; ayant refté un mois dans fon écorce, 29 liv. 7 onces 3 gros ; ainfi il n'a diminué dans ce temps que de 5 onces 3 gros.

Mais un pareil rondin qui, fans écorce, pefoit 25 liv. 4 onces, un mois après ne pefoit plus que 24 liv. 1 once 5 gros ; ainfi il étoit diminué dans ce lieu humide de 1 liv. 2 onces 3 gros.

D'où l'on peut conclure, que quoique l'écorce dure & raboteufe du Chêne faffe un obftacle à la diffipation de la feve, ce fluide parvient cependant à fe frayer des paffages au travers de fes pores : c'étoit le but de l'expérience que nous venons de rapporter.

§. 3. *Expérience faite fur des tronçons d'arbres femblables, les uns équarris, les autres reftés en grume.*

PEUT-ETRE traitera-t-on cela de pure curiofité ; mais nous avons cru qu'il ne fuffifoit pas de favoir que la feve s'échappoit plus promptement d'une piece de bois écorcée, que de celle qu'on auroit laiffée avec fon écorce ; qu'il étoit encore avantageux de connoître le plus exactement qu'il nous feroit poffible, en quelle proportion la feve s'échappe d'un morceau de bois écorcé, relativement à celui qui feroit refté en grume. Comment effectivement pouvoir, fans une pareille connoiffance, fe décider fur les avantages ou fur les rifques

K k k

qu'il peut y avoir à conferver les bois en grume, ou à les dépouiller de leur écorce, auffi-tôt qu'ils ont été abattus.

Le 15 du mois de Février, nous choisîmes dans un même
terrein deux Chênes du même âge, & comparables, autant
qu'il étoit poffible ; ils avoient 15 à 20 pieds de tige, & environ 14 à 15 pouces de diametre par le pied : nous les fîmes
abattre dans le même temps ; & fur le champ l'un d'eux fut
marqué d'un *A*, & l'autre d'un *B*, (Voyez *Pl. XVII. fig. I*);
nous fîmes couper leur tronc par billes de trois pieds de longueur ; chaque arbre nous en fournit 4 que nous numérotâ-
mes 1, 2, 3, 4. Ces huit billes furent voiturées fur le champ
au Château de Denainvilliers, lieu où fe devoit fuivre l'expérience (*) : la bille, numéro 1, de l'arbre *A*, refta en grume;
la bille, numéro 2, du même arbre fut équarrie ; la bille, numéro 3, refta en grume ; & la bille, numéro 4, fut équarrie.
En même temps on équarrit la bille, numéro 1, de l'arbre *B*;
on écorça la bille, numéro 2 ; on équarrit la bille, numéro 3,
& on écorça la bille numéro 4 : tout cela fut exécuté dans la
journée ; le foir, on les pefa toutes, & on les dépofa fous un
hangar fort ouvert, mais expofé au Nord.

On continua à les pefer tous les jours depuis le 21 Février
jufqu'au premier Mars, puis on les pefa tous les deux jours
jufqu'au 28 Mars, enfuite on les pefa tous les huit jours, ce
qui fut continué jufqu'au 20 Juin ; enfin on ne les pefa plus
que tous les mois, ce qu'on continua jufqu'au 24 Janvier
1738.

Voici le Journal de ces pefées, tel qu'il fe trouve fur le
regiftre de nos expériences : nous dirons, dans le paragraphe
fuivant, quelles font les conféquences qu'on en peut tirer.

(*) Voyez *Pl. XVII, fig.* 1. tant pour la piece *A* que pour la piece *B*.

Mois & Dates.	1 EQUARRI. Liv.	Onc.	2 ECORCE'. Liv.	Onc.	3 EQUARRI. Liv.	Onc.	4 ECORCE'. Liv.	Onc.	Temps.	Vent.	Thermom.
Février. 21	98	6	159	0	89	0	167	12	B.	N.	6
22	97	4	158	0	87	8	166	1			7
23	96	0	157	0	86	4	166	0	C.	S.	5
24	95	4	157	0	86	0	165	4	B.	S.	5
25	95	4	157	0	86	0	165	0	C.	S.	5
26	95	4	156	8	86	0	165	0	P.	S.	5
27	95	4	156	0	85	12	164	8	B.	S.	6
28	95	4	155	8	85	12	164	4	P.	S.	6
29	95	4	155	0	85	12	164	4	C.	S.	7
Diminué.	3	2	4	0	3	4	3	8			
Mars. 1	95	4	155	0	85	12	164	4	C.	S.	7
2	95	4	155	0	85	12	164	0	B.	S.	7
Nota. Le 6	94	4	154	0	84	12	163	0	B.	S.	8
résultat des 8	93	14	152	12	84	8	161	14	P.	O.	7
observations 10	93	8	151	4	83	8	159	12	B.	N.O.	7
du 4 a été 12	93	0	150	4	83	8	158	12	B.	N.O.	7
perdu. 14	92	8	149	4	83	0	158	0	C.	O.	7
16	92	4	149	0	83	0	157	8	P.	S.	6
18	92	0	148	8	83	0	157	8	B.	N.	7
20	91	14	147	8	82	12	156	0	C.	S.	7
22	91	8	147	0	82	4	155	8	C.	S.	8
24	91	0	147	0	82	0	155	4	B.	S.	8
26	91	0	147	0	81	12	154	4	C.	S.	8
28	91	0	146	4	81	8	153	8	P.	S.	7
Diminué.	4	4	8	12	4	4	10	12			
Avril. 8	90	0	145	12	81	12	153	4	B.	S.	9
16	88	8	141	4	80	0	148	12	B.	S.	10
24	87	0	139	4	78	4	146	4	C.	S.	10
30	86	0	137	4	77	4	144	4	C.	S.	11
Diminué.	4	0	8	8	4	8	9	0			
Mai. 8	85	0	135	0	76	8	143	4	B.	N.	11
16	84	0	134	0	75	12	141	12	C.	S.	10
24	83	2	133	0	75	0	140	8	P.	O.	10
Diminué.	1	14	2	0	1	8	2	12			
Juin. 4	82	8	131	12	74	4	139	0	C.	N.	
12	81	11	131	11	73	8	138	8	P.	O.	13
20	80	4	130	0	71	2	137	1	P.	S.	13
Diminué.	2	4	1	12	3	2	1	15			
Juillet. 20	79	8	128	2	70	12	135	8			
Diminué.	0	12	1	14	0	6	1	9			
Août. 20	77	14	126	4	70	8	132	4			
Diminué.	1	10	1	14	0	4	3	4			
Septembre. 22	76	4	125	4	69	4	131	8			
Diminué.	1	10	1	0	1	4	0	12			
Dimin. totale.	22	2	33	12	19	12	36	4			
Novembre. 20	76	12	124	8	69	8	130	12	C.	S.	8
	Augm.	8	Dim.	12	Augm.	4	Dim.	12			
Décembre. 20	77	0	125	0	69	8	131	0	B.	N.	4
	Augm.	4	Augm.	8	0	0	Augm.	4			
Janvier. 1738. 24	77	4	125	4	70	0	131	4			
	Augm.	4	Augm.	4	Augm.	8	Augm.	4	B.	O.	2

A.

Mois & Dates.	1 GRUME. Liv.	Onc.	2 EQUARRI. Liv.	Onc.	3 GRUME. Liv.	Onc.	4 EQUARRI. Liv.	Onc.	Temps.	Vent.	Thermom.
Février. 21	216	4	102	0	155	8	100	0	B.	N.	6
22	215	12	101	8	155	8	100	0	B.	N.S.	7
23	215	8	101	0	155	0	99	8	C.	S.	5
24	215	8	101	0	155	0	98	12			
25	215	8	101	0	155	0	98	8	C.	S.	5
26	215	8	101	12	155	0	98	8	P.	S.	6
27	215	8	100	8	155	0	98	0	B.	S.	6
28	215	8	100	0	155	0	97	12	P.	S.	6
29	215	8	100	0	154	12	97	8	C.	S.	7
Diminué.	0	12	2	0	0	12	2	8			
Mars. 1	215	8	100	0	154	8	97	4	P.	S.	7
2	215	8	99	12	154	8	96	14	B.	S.	7
Nota. Le 6	214	4	97	8	154	0	96	4	B.	S.	8
résultat des 8	214	0	97	0	154	0	95	12	C.		7
observations 10	213	8	97	0	153	4	95	0	B.	N.	7
des 4 & 16 12	213	0	97	0	152	12	94	4	B.	N.O.	7
a été perdu. 14	213	0	97	0	152	4	94	0	B.	N.	7
18	212	8	97	0	152	4	94	0	B.	N.	7
20	212	0	96	12	152	0	93	0	C.	S.	7
22	212	0	96	12	152	0	93	0	C.	S.	8
24	211	12	96	8	151	12	92	12	B.	S.	8
26	211	8	96	4	151	8	92	8	C.	S.	8
28	211	4	95	12	150	12	92	8	P.	S.	7
Diminué.	4	4	4	4	3	12	4	12			
Avril. 8	209	4	95	0	149	12	91	12	B.	S.	9
16	207	4	93	6	148	4	89	8	B.	S.	10
24	205	4	92	4	146	4	89	4	C.	S.	10
30	203	0	91	4	144	3	88	4	C.		11
Diminué.	6	4	3	12	5	9	3	8			
Mai. 8	201	0	90	0	147	12	88	8	B.	N.	11
16	199	0	89	8	147	8	86	12	C.	S.	10
24	198	0	89	0	147	8	86	0	C.	N.	10
Diminué.	3	0	1	0	0	4	2	8			
Juin. 4	196	0	88	4	141	0	85	0	C.	N.	
12	195	0	87	8	140	0	84	8	C.	O.	13
20	194	4	86	4	139	0	83	4	C.	S.	13
Diminué.	1	12	2	0	2	0	1	12			
Juillet 20	190	8	85	0	137	0	82	8			
Diminué.	3	12	1	4	2	0	0	12			
Août. 20	187	0	84	4	135	0	81	0			
Diminué.	3	8	0	12	2	0	1	8			
Septembre. 22	186	0	84	0	135	0	80	8			
Diminué.	1	0	0	4	0	0	0	8			
Diminué en tout	30	4	18	0	20	8	19	8			
Novembre. 20	184	4	83	4	132	12	82	0	C.	S.	8
Diminué.	1	12	0	12	2	4	Au. 1	8			
Décembre. 20	185	0	83	6	132	8	80	0			
	Augm. 12		Augm. 2		Dim. 4		D. 2				
Janvier. 24	184	0	80	8	132	8	80	4			
Diminué.	1	0	Di. 2	14	0	0	Aug.	4			

§. 4. *Conséquences des Expériences précédentes.*

POUR peu qu'on y prête d'attention, on voit par le journal d'expériences que nous venons de rapporter, que l'évaporation eft bien plus prompte dans les morceaux de bois
équarris, que dans ceux qui font reftés en grume, quoiqu'elle
foit moindre dans les premiers : l'un & l'autre doit arriver.
Premiérement, elle doit être moindre dans les morceaux
équarris, non-feulement parce qu'il y a moins de bois, puifqu'on en a retranché par l'équarriffage; mais encore parce que
le bois qui refte, eft du bois du cœur qui ne contient pas tant
d'humidité que l'aubier & que le bois de la circonférence,
comme nous croyons l'avoir prouvé par les expériences que
nous avons rapportées ci-devant; fecondement, le morceau
de bois équarri doit plutôt perdre fa feve que l'autre; non-feulement parce que l'écorce ralentit fon évaporation, mais encore parce que, par l'équarriffage, on augmente la furface
proportionnellement aux maffes, & nous prouverons dans un
autre Chapitre, que l'évaporation de la feve fe fait en raifon
des furfaces.

En attendant le détail de nos expériences, on voit encore,
comme nous venons de le dire, que l'écorce fait un obftacle
confidérable à l'évaporation de la feve, puifque cette liqueur,
la maffe & la furface étant pareilles, s'eft échappée beaucoup
plus vîte des morceaux dépouillés de leur écorce, que des
autres.

Mais une chofe fort finguliere que nos expériences appren-
nent encore, c'eft que l'écorce fe charge plus de l'humidité de
l'air que ne fait l'aubier, & que l'aubier s'en charge plus que
le bois.

Enfin on voit que les bois équarris ou écorcés, diminuent
d'abord plus que les bois qui ont leur écorce; mais enfuite, &
quand ils font parvenus à un certain degré de féchereffe, ce
font les bois en grume qui diminuent à leur tour plus que les
bois écorcés ou équarris.

Tout cela fe peut reconnoître par le journal de nos expériences, fi l'on veut y prêter un peu d'attention; cependant, pour rendre la chofe plus facile, nous donnerons ici la comparaifon de la piece A, n° 3, avec la piece B, n° 2; celle de la piece A, n° 1, avec la piece B, n° 4; & celle de la piece A, n° 2; avec la piece B, n° 2.

Le diametre du rondin en grume A, n° 3, eft de 11 pouces 2 lignes; celui du rondin B., n° 2, dépouillé de fon écorce, eft de 11 pouces 9 lignes; la hauteur des deux rondins eft de 36 pouces, & la furface entiere du rondin en grume eft à celle du rondin écorcé, comme 943 : 1000. Le folide ou volume du rondin en grume, eft au volume du rondin pelé, comme 903 : 1000. Ainfi le rapport de leurs poids ayant été trouvé par l'expérience de 155, 5 à 159, il s'enfuit, qu'à volume égal, le poids du rondin en grume, eft au poids du rondin dépouillé, comme 155, 5 ou $\frac{1}{10}$: 143, 5, ou $\frac{1}{10}$ à peu de chofe près.

Pendant les deux premiers jours où il fit beau temps, l'évaporation du rondin en grume, fut de 8 onces, celle du rondin pelé fut de 32 onces; donc, à furfaces égales, les évaporations étoient comme 8, 4 : 32; &, à volume égal, comme 8, 9 : 32; par conféquent l'évaporation du rondin pelé étoit prefque quadruple de celle du rondin en grume.

Du 23 Février au 8 Mars, l'évaporation du rondin en grume fut de 16 onces, & celle du rondin pelé de 68 onces; donc les évaporations, à furfaces égales, étoient comme 16, 9 : 68; &, à volume égal, comme 17, 7 : 68; l'évaporation du rondin pelé étoit donc, encore à très-peu-près, quadruple de celle du rondin en grume.

Du 8 Mars au 24 inclufivement, le rondin en grume perdit 36 onces, & le rondin pelé 92 onces : donc, à furfaces égales, les évaporations furent comme 38, 1 : 92, & à volume égal, comme 40 : 92 : l'évaporation du rondin écorcé étoit donc beaucoup plus que double.

Pendant les quinze jours fuivants, c'eft-à-dire, du 24 Mars au 8 Avril, l'évaporation fut de 32 onces pour le bois en grume, & de 20 onces pour le bois écorcé; donc, à furfaces

égales, les évaporations étoient comme 33 , 9 : 20 , & , à volume égal , comme 35 , 4 : 20.

Depuis le 8 Avril jusqu'au 24 du même mois , le bois en
grume perdit 56 onces , pendant que le bois écorcé en perdit
104 ; par conséquent , à surfaces égales , les évaporations
étoient comme 59, 3 : 104, &, à volume égal, comme 62 : 104.

Dans les quinze jours suivants, c'est-à-dire, du 24 Avril au
8 Mai , l'évaporation du rondin en grume étoit nulle ; au contraire il se chargea de 24 onces d'humidité , pendant que le
rondin , dépouillé de son écorce , en perdit 68 onces ; ce qui
confirme bien ce que l'on a avancé dans la comparaison précédente , que le bois n'attire pas l'humidité à beaucoup près
comme l'écorce : pour continuer ce parallele des évaporations,
il faut donc prendre un intervalle de temps plus considérable.

Du 24 Avril au 4 de Juin, le bois en grume perdit 84 onc.
& le bois écorcé en perdit 120 : donc, à surfaces égales , les
évaporations étoient comme 89 , 0 : 120 ; & , à volume égal ,
comme 93 ; 120.

Pendant les seize jours suivants , depuis le 4 Juin jusqu'au
20 du même mois , l'évaporation du rondin en grume fut de
32 onces , & celle du rondin pelé de 28 onces : ainsi le rapport des évaporations étoit, à surfaces égales, de 33 , 9 : 28,
&, à volume égal, de 35 , 4 : 28.

Dans le mois suivant du 20 Juin au 20 Juillet , l'évaporation du rondin en grume de 32 onces , & celle du rondin pelé
de 30 onces ; donc , à surfaces égales , les évaporations étoient
comme 33 , 9 : 30 ; & , à volume égal , comme 35 , 4 : 30 , ce
qui approche de l'égalité.

Depuis le 20 Juillet jusqu'au 20 Août , l'évaporation du
bois en grume fut de 32 onces , & celle du bois écorcé de 30
onces : les évaporations furent donc dans les mêmes rapports
que celles du mois précédent.

Pendant le mois suivant, depuis le 20 Août jusqu'au 22 Septembre , le bois en grume n'eut aucune évaporation ; mais le
bois écorcé perdit 16 onces ; il faudra donc prendre depuis
le 20 Août jusqu'au 20 Novembre ; alors on trouve que le

bois en grume a perdu 36 onces, & que le bois écorcé en a perdu 28 ; donc, à surfaces égales, les évaporations ont été comme 38, 1 : 28 ; &, à volume égal, comme 40 : 28, ce qui s'éloigne de l'égalité.

Dans le mois suivant, du 20 Novembre au 20 Décembre, le bois en grume perdit 4 onces, le rondin pelé se chargea de 8 onces d'humidité ; du 20 Novembre au 24 Janvier, le rondin en grume perdit 4 onces, & le rondin pelé se chargea de 12 onces d'humidité, ce qui n'est plus susceptible de comparaison.

Le diametre du rondin en grume A, n° 1, est de 13 pouces 6 lignes ; celui du rondin pelé B, n°, 4, est de 12 pouces 4 lignes ; leur hauteur commune est de 36 pouces ; ainsi la surface du rondin en grume est à la surface du rondin écorcé, comme 1000 : 901, & le solide ou volume du rondin en grume, est au solide ou volume du rondin pelé, comme 1000 : 834 ; mais par l'expérience, le poids du rondin en grume est au poids du rondin écorcé, comme 216, 2 : 167, 7 ; donc, à volume égal, les poids de ces deux rondins seroient entr'eux, comme 216, 2 est à 201 ; rapport qui ne peut pas être fixé bien précisément, parce que les épaisseurs des écorces & leurs pesanteurs spécifiques ne sont pas données.

L'évapbration, pendant les deux premiers jours où il fit beau temps, fut de 12 onces pour le rondin en grume, & de 28 onc. pour le rondin pelé ; donc, à surfaces égales, leur évaporation fut comme 10, 8 : 28, &, à volume égal, comme 10 : 28, ce qui fait une évaporation presque triple dans le bois écorcé.

Pendant les huit jours suivants il plut beaucoup, & le bois en grume ne se dessécha en aucune maniere ; au lieu que celui qui étoit écorcé perdit encore 28 onces ; ce qui prouve que le bois n'attire pas l'humidité, & ne s'en charge point à beaucoup près comme l'écorce : ne pouvant donc comparer les évaporations pendant ces huit jours, puisque l'une est zéro par rapport à l'autre, je prends un intervalle de quinze jours du 23 Février au 8 Mars : l'évaporation du rondin en grume fut de 24 onces, & celle du rondin pelé de 66 onces ; donc, à surfaces égales,

leur

leur évaporation fut comme 21, 6 : 66, à volume égal, comme 20 : 66, & celle du rondin pelé un peu plus que triple.

Dans les seize jours suivants, du 9 Mars au 24 inclusivement, l'évaporation du rondin en grume fut de 36 onces, & celle du rondin pelé de 106; donc, à surfaces égales, les évaporations étoient comme 32, 4 : 106, à volume égal, comme 30 : 106 : l'évaporation du rondin écorcé étoit donc beaucoup plus que triple.

Dans les quinze jours suivants, c'est-à-dire, du 24 Mars au 8 Avril, l'évaporation du rondin en grume fut de 40 onces, & celle du rondin écorcé fut de 32 onces; par conséquent, à surfaces égales, les évaporations font comme 36 : 32, &, à volume égal, comme 33, 3 : 32; ce qui s'approche de l'égalité.

Dans les seize jours suivants, depuis le 8 Avril jusqu'au 24 de ce mois, l'évaporation du rondin en grume fut de 64 onc. & celle du rondin pelé de 112; donc, à surfaces égales, l'évaporation fut comme 57, 6 : 112; &, à volume égal, comme 53, 3 : 112; celle du rondin écorcé fut donc à peu-près double.

Dans les quinze jours suivants, depuis le 24 Avril jusqu'au 8 Mai, l'évaporation du rondin en grume fut de 68 onces, & celle du rondin pelé de 48 onces; donc, à surfaces égales, l'évaporation est comme 61; 2 : 48; &, à volume égal, comme 56, 7 : 48; ainsi voilà un rondin en grume qui perd plus de son poids que le rondin écorcé.

Pendant les seize jours suivants, du 8 Mai au 24 du même mois, l'évaporation du rondin en grume fut de 48 onces, & celle du rondin pelé de 44 onces; donc, à surfaces égales, les évaporations font comme 43, 2 : 44, &, à volume égal, comme 40 : 44; ce qui commence à s'éloigner de l'égalité.

Dans les onze jours suivants, depuis le 24 Mai jusqu'au 4 Juin, l'évaporation du rondin en grume fut de 32 onces, & celle du rondin pelé de 24 onces; donc, à surfaces égales, l'évaporation étoit comme 28, 8 : 24; &, à volume égal, comme 26, 6 : 24; ce qui tend encore à l'égalité.

Dans les seize jours suivants, depuis le 4 Juin jusqu'au 20 du même mois, l'évaporation du rondin en grume fut de 28 onces, & celle du rondin pelé de 31 onces; donc, à furfaces égales, l'évaporation eft comme 25, 2 : 31; &, à volume égal, comme 23, 3 : 31; ce qui commence de nouveau à s'éloigner de l'égalité.

Dans le mois fuivant du 20 Juin au 20 Juillet, l'évaporation du rondin en grume fut de 60 onces, & celle du rondin pelé de 25 onc. donc l'évaporation, à furfaces égales, étoit comme 54 : 25; &, à volume égal, comme 50 : 25; l'évaporation du rondin pelé n'étoit donc plus que la moitié de celle du rondin en grume.

Pendant le mois fuivant, depuis le 20 Juillet jufqu'au 20 Août, l'évaporation du rondin en grume fut de 56 onces, & celle du rondiné corcé de 52 onces; donc, à furfaces égales, l'évaporation eft, comme 50, 4 : 52; &, à volume égal, comme 46, 7 : 52; ce qui fe rapproche de l'égalité.

Dans le mois fuivant, depuis le 20 Août jufqu'au 22 Septembre, l'évaporation du rondin en grume fut de 16 onces; celle du rondin pelé étoit de 12 onces; donc, à furfaces égales, l'évaporation étoit comme 14, 4 : 12; &, à volume égal, comme 13, 3, 12; elles étoient donc prefque égales.

Dans les deux mois fuivants, du 22 Septembre au 20 Novembre, l'évaporation du rondin en grume fut de 28 onces, & celle du rondin pelé de 12 onces; donc, à furfaces égales, l'évaporation eft comme 25, 2 : 12; &, à volume égal, comme 23, 3 : 12; celle du rondin en grume fe trouve donc prefque double.

Du 20 Novembre au 20 Décembre, l'évaporation du rondin en grume a ceffé, & il s'eft au contraire chargé de 12 onc. d'humidité, pendant que le rondin pelé s'eft chargé de 4 onc. d'humidité; d'où il fuit que le rondin en grume qui avoit été jufques-là dans l'état d'une plus grande évaporation que le rondin écorcé, s'eft plus chargé de l'humidité de l'atmofphere que le rondin écorcé; fans doute parce que l'écorce eft un corps fpongieux.

Le diametre du rondin écorcé B, n° 2, eft de 11 pouces 9 lignes; le côté de la bafe de la piece équarrie A, n° 2, eſt de 8 pouces 2 lignes ; leur commune hauteur eſt de 36 pouces ; ainſi le volume du bois écorcé eſt au ſolide, ou volume du bois équarri, comme 1000 : 614 ; & la ſurface du premier eſt à la ſurface du ſecond comme 1000 : 846 ; or le poids de ces deux ſolides étant entr'eux comme 159 : 102, il s'enſuit, qu'à volume égal, le poids du bois écorcé ſeroit au poids du bois équarri dans le rapport de 97, 6 : 102, ce qui n'eſt pas éloigné de l'égalité.

Les deux premiers jours où il fit un beau temps, le bois écorcé évapora 32 onces, & le bois équarri en perdit 16 ; donc, à volume égal, les évaporations furent comme 19, 6 : 16 ; à ſurfaces égales, comme 27 : 16 ; & la tranſpiration fut plus grande dans le bois écorcé que dans le bois équarri.

Pendant les huit jours ſuivants, où le temps fut couvert & pluvieux, l'évaporation du rondin écorcé fut de 68 onces, & celle de la piece équarrie fut de 64 onces ; donc, à volume égal, le rapport d'évaporation fut comme 41, 7 : 64 ; &, à ſurfaces égales, comme 57, 5 : 64 ; elle devint donc plus grande dans le bois équarri.

Du 9 Mars au 24 de ce mois, le rondin pelé perdit 92 onc. & la piece équarrie perdit 8 onces ; donc, à volume égal, l'évaporation fut comme 5, 64 : 8 ; &, à ſurfaces égales comme 77, 8 : 8 ; l'évaporation étoit donc, à raiſon des ſurfaces, environ dix fois plus grande dans le bois écorcé que dans le bois équarri.

Du 24 Mars au 8 Avril, la tranſpiration fut de 20 onces pour le bois écorcé ; elle fut de 24 onces pour le bois équarri ; donc, à volume égal, le rapport de l'évaporation fut de 12, 2 : 24 ; &, à ſurfaces égales, de 16, 9 : 24 ; ainſi la tranſpiration redevint plus grande dans le bois équarri.

Depuis le 8 Avril juſqu'au 24 Avril, le bois écorcé perdit 104 onces, & le bois équarri en perdit 44 ; donc, à volume égal, l'évaporation étoit comme 63, 8 : 44 ; &, à ſurfaces égales dans le rapport de 87, 9 : 44, l'évaporation étoit donc, à ſurfaces égales, à peu près double dans le bois écorcé.

Pendant les quinze jours ſuivants, c'eſt-à-dire, dans l'intervalle du 24 Avril au 8 Mai, le rondin pelé avoit perdu 68 onces, & la piece équarrie en avoit perdu 36 ; donc, à volume égal, leur évaporation fut comme 41,7 : 36, &, à surfaces égales, comme 57, 5 : 36 ; l'évaporation est donc encore plus grande dans le bois écorcé que dans le bois équarri.

Du 8 Mai au 4 de Juin, la transpiration du bois pelé fut de 52 onces, celle du bois équarri de 28 ; donc, à volume égal, les évaporations étoient comme 31, 9 : 28 ; &, à surfaces égales, comme 43, 9 : 28.

Du 4 Juin au 20 du même mois, le poids du rondin écorcé diminua de 28 onces, & le poids du bois équarri diminua de 32 ; donc, à volume égal, les évaporations étoient dans le rapport de 17, 1 : 32 ; &, à surfaces égales, de 23, 6 : 32 ; ainsi la transpiration devint plus grande dans le bois équarri.

Du 20 Juin au 20 Juillet, le bois écorcé perdit 30 onces; le bois équarri en perdit 20 ; donc, à volume égal, les évaporations furent comme 18, 4 : 20 ; &, à surfaces égales, comme 25, 3 : 20 ; ce qui s'approche de l'égalité.

Depuis le 20 Juillet jusqu'au 20 Août, le bois écorcé perdit 30 onces, le bois équarri en perdit 12 : ainsi les évaporations furent comme 18, 4 : 12, à volume égal ; &, à surfaces égales, comme 25, 3 : 12 ; donc la transpiration étoit double, à raison des surfaces, dans le bois écorcé.

Du 20 Août jusqu'au 22 Septembre, l'évaporation fut de 16 onces dans le bois écorcé, & de 4 onces dans la piece équarrie ; donc, à volume égal, les évaporations étoient comme 9, 8 : 4 ; &, à surfaces égales, comme 15, 5 : 4 ; c'est-à-dire, plus que triple dans le bois écorcé.

Dans les deux mois suivants, du 22 Septembre au 20 Novembre, le bois écorcé perdit 12 onces, le bois équarri en perdit autant ; donc, à volume égal, l'évaporation du bois écorcé étoit à celle du bois en grume, comme 7, 3 : 12 ; &, à surfaces égales, comme 10, 1 : 12 ; ce qui se rapproche de l'égalité.

Dans le mois suivant du 20 Novembre au 20 Décembre, le rondin pelé se chargea de 8 onces d'humidité, & le poids du bois équarri étoit augmenté de 2 onc. ; fuppofant donc que dans cet état l'évaporation eft la même dans le bois écorcé & dans le bois équarri, on trouve que leur attraction d'humidité, à furfaces égales, eft à peu-près dans le rapport de 3 : 1.

Du 20 Décembre au 24 Janvier 1738, le poids du bois écorcé augmenta de 4 onces ; celui du bois équarri diminua de 46 onces ; ce qui n'eft plus fufceptible de comparaifon.

§. 5. *Expérience fur de petits cylindres, dont les uns étoient écorcés, & les autres avoient leur écorce.*

Quoique les expériences que nous venons de rapporter foient très-concluantes, je ne crois cependant pas devoir négliger d'en rapporter une que j'ai faite, fort en petit à la vérité, mais qui concourt à prouver les mêmes vérités.

Le 14 Mars 1738 j'abattis un jeune Chêneau ; & dans la partie de fa tige qui étoit la plus cylindrique & la mieux arrondie, je coupai deux petits cylindres de deux pouces de longueur chacun : celui qui étoit le plus près de la cime de l'arbre, fut confervé avec fon écorce ; & l'autre pris plus près des racines pour l'avoir plus gros, fut dépouillé de fon écorce, ce qui le rendit, à très-peu de chofe près, de même groffeur que le premier ; ainfi j'avois deux cylindres pareils en fuperficie que je pouvois comparer l'un avec l'autre.

Je les ajuftai chacun à une petite balance qui trébuchoit à la fixieme partie d'un grain.

Celui qui avoit fon écorce pefoit 1 once 4 gros 16 grains.

Celui qui étoit écorcé pefoit . 1 ⸱ . . 3 . . 14 . . . .

Pour pouvoir connoître felon quelle proportion l'évaporation fe faifoit dans l'un & dans l'autre cylindre, je les ai toujours tenus en équilibre, en ajoutant des grains dans le plateau de la balance où ils étoient : outre cela j'ai eu foin de marquer l'élévation de la liqueur du Thermometre de M. de Réaumur, toujours en comptant au-deffus du point de la congellation, parce qu'elle n'a jamais été au-deffous pendant tout le temps que l'expérience a duré.

J'ai aussi examiné l'élévation du mercure dans le Barometre; mais pour éviter la confusion, je me contentois de marquer du chiffre 1, quand je le trouvois bas; quand il étoit dans un état moyen, je le marquois 11; & quand il étoit haut, je le marquois 111: enfin j'ai encore eu l'attention de marquer chaque jour quel temps il faisoit: voici maintenant le journal de cette expérience.

Mois & Dates.	Bois écorcé. Grains.	Bois en grume. Grains.	Différence de poids. Grains.	Thermometre.	Barometre.	Temps.
Mai. 15	70	31	39	10	11	Sec.
16	80	30	50	11	11	Sec.
17	50	25	25	11	11	Sec.
18	46	22	24	10	11	Sec.
19	81	45	36	10	11	Sec.
20	31	29	2	10	1	Humide.
21	11	20	+ 9	8	1	Humide.
22	10	14	+ 4	8	1	Humide.
23	8	17	+ 9	8	11	Sec.
24	6	15	+ 9	9	11	Sec.
25	8	18	+ 10	10	11	Sec.
26	8	17	+ 9	11	1	Humide.
27	6	21	+ 15	10	1	Humide.
28	14	36	+ 22	9	11	Sec.
29	25	15	10	11	11	Sec.
30	3	6	+ 3	11	1	Humide.
31	1	7	+ 6	12	1	Humide.
Avril. 1	8	15	+ 7	12	111	Sec.
2	10	12	+ 2	14	111	Sec.
3	10	10	= 0	14	111	Sec.
4	20	24	+ 4	15	111	Sec.
5	18	20	+ 2	15	11	Sec.
6	4	11	+ 7	15	11	Sec.
7	4	10	+ 6	16	11	Sec.
8	4	18	+ 14	16	111	Sec.
9	2	10	+ 8	14	11	Humide.
10	2	3	+ 1	13	111	Humide.

Nota. Que comme je n'ai ensuite pesé ces bois que tous les huit jours, il m'a paru inutile de marquer les observations du Baromètre, ni celles météorologiques.

Mois & Dates.	Bois écorcé.	Bois en grume.	Différence de poids.	Thermometre.		
Mai. 1	3	12	+ 9	13		
8	5	3	2	14		
15	4	3	1	13		
23	3	5	+ 2	15		
31	6	12	+ 6	20		
Juin. 7	4	12	+ 8	15		
14	9	14	+ 5	15		
20	0	7	+ 7	15		
28	7	7	= 0	15		
Juillet. 5	7	4	- 3	20	*Nota.* Que le 5 Juillet le poids du cylindre écorcé est augmenté de 7 grains; & celui en grume de 4.	
13	1	13	+ 12	20		
21	10	15	+ 5	22½		
28	15	13	2	21½		
Août. 5	6	6	= 0	51		

On voit par cette expérience que le cylindre écorcé a con-sidérablement diminué le poids dans les premiers jours ; & que l'autre a été long-temps à perdre la même quantité de feve ; ce qui auroit encore été bien plus fenfible, s'il ne s'étoit pas échappé de la feve par les extrémités de ces cylindres, qui étant coupées & pareilles dans l'un comme dans l'autre, laif-foient une libre fortie à la feve : la fomme des bafes de ces cylindres eft, dans cette expérience, très-confidérable, par proportion à leurs côtés. Il eft vrai que j'aurois pu vernir l'aire de ces bafes ou coupes, pour empêcher que la feve ne s'é-chappât par-là ; mais cette précaution ne m'eft pas venue à l'efprit, & je rapporte naturellement ce que j'ai fait ; heureufe-ment que cette expérience offroit une différence affez confi-dérable pour m'exempter de la recommencer.

Nous devons maintenant être bien certains par les expé-riences ci-deffus, que la feve s'échappe plus promptement des billes de bois équarries, ou fimplement écorcées, que de celles qui reftent en grume ; & en fe rappellant ce que nous avons dit au commencement de ce Chapitre, que la feve eft une liqueur capable de fermentation & prompte à fe corrompre, il femble qu'on peut conclure fans craindre de fe tromper, qu'il faut équarrir, ou du moins écorcer les bois auffi-tôt qu'ils ont été battus, afin de les priver promptement de cette liqueur cor-ruptible, qui peut, par fon altération, porter un préjudice con-dérable aux fibres ligneufes. Tout cela fera encore plus exac-tement difcuté dans le Chapitre où nous traiterons du deffé-chement des bois.

§. 6. *Expériences faites fur des bois blancs, pour re-connoître s'ils s'alterent fous leur écorce.*

Nous ne pouvons nous difpenfer de rapporter ici quelques expériences que nous avons faites fimplement pour connoître fi, en ralentiffant l'évaporation de la feve par le moyen de l'écorce, on eft fondé à craindre l'altération de cette liqueur qui endommage les fibres ligneufes. Dans cette vue, & comme les bois blancs font plus fusceptibles de cette altération que le bois de Chêne, j'ai fait abattre pendant l'Hiver de 1733, plufieurs gros Aunes : j'en ai laiffé une partie dans leur écorce, & j'ai fait écorcer les autres ; ces arbres ont tous été mis fous un hangar où ils ont refté jufqu'au Printemps de 1735, que je les ai fait fendre pour examiner avec plus de commodité quelle pouvoit être la qualité de leur bois : je l'ai trouvée telle qu'on le voit ci-après.

Aunes avec leur écorce.	*Sans leur écorce.*
Nº 1. Bois très-échauffé	Bon bois.
2. De même	Bois très-peu échauf-fé par un bout.
3. De même	Bon bois.
4. Bois qui commençoit à s'échauffer.	Bon bois.
5. Bois un peu échauffé	Très-bon bois.
6. Bon bois	Bon bois.
7. Bois qui commençoit à s'échauffer.	Bon bois.

Cette expérience prouve inconteftablement que les bois écorcés fe font mieux confervés que ceux qui font reftés dans leur écorce. Refte maintenant à examiner fi la même chofe arrivera au Chêne.

§. 7. *Semblable Expérience faite fur le Chêne.*

LA bille marquée *A*, dont nous avons parlé, pourra encore nous fournir un exemple.

Ce Chêne avoit été abattu dans le mois de Février, & les pieces marquées 1 & 3 font reftées en grume, & celles marquées 2 & 4, ont été équarries fur le champ. On a examiné ces quatre pieces dans le mois de Décembre de l'année fuivante ; l'aubier des billes 1 & 3 s'eft trouvé beaucoup meilleur que celui des pieces 2 & 4 ; peut-être cela venoit il de ce qu'il avoit encore retenu de l'humidité ; car on fait que l'aubier fe réduit en pouffiere, quand une fois il a perdu toute fa
feve,

ſeve ; c'eſt par cette raiſon que les Marchands conſervent leurs
bois équarris , plutôt à l'humidité qu'au ſec, afin que l'aubier
reſte ſain. Mais une ſeule expérience ne ſuffit pas ; & pour faire
voir que, généralement parlant, le bois s'altere plus promptement ſous l'écorce que quand on l'en a dépouillé, il nous
ſuffira d'aſſurer que nous avons, dans cette vue, fait abattre
plus de 90 jeunes Chênes pendant l'Hiver, & que nous avons
conſtamment reconnu que l'aubier des arbres en grume s'al-
téroit plutôt que celui des arbres qui avoient été écorcés.

Deux ans après, quand nous les avons fait fendre pour les
examiner, nous avons trouvé que le bois d'une partie de ceux
qui avoient été écorcés étoit bon ; au lieu qu'il y en avoit
quantité de mauvais dans les arbres reſtés en grume.

Conclura-t-on delà qu'il faille écorcer les arbres ſi-tôt
qu'ils ſont abattus ? Je ſerois pour l'affirmative, s'il ne s'agiſ-
ſoit que de conſerver au bois toute la bonne qualité qu'il peut
avoir; & cela avec d'autant plus de raiſon, que les bois que j'ai
fait écorcer auſſi-tôt qu'ils ont été abattus, m'ont paru plus durs
que ceux qui avoient été conſervés en grume. Mais que ſervi-
roit-il de ménager avec tant de ſoin la bonne qualité du bois,
ſi, en l'expoſant à un deſſéchement ſi précipité, il ſe fend &
s'éclate à un tel excès, qu'il n'eſt preſque plus propre à rien?
C'eſt ce que nous examinerons dans le Chapitre ſuivant; car
il eſt néceſſaire auparavant de terminer la matiere de celui-ci,
& d'achever de diſcuter les autres ſentiments que nous nous
ſommes propoſés d'examiner.

ARTICLE II. *En laiſſant les Arbres dans leur écorce*
pendant un court eſpace de temps, peut-on en attendre
un effet ſenſible ?

IL y a quelques perſonnes habiles dans l'exploitation des
forêts, qui ſoutiennent qu'il faut laiſſer les arbres paſſer huit
ou dix jours dans leur écorce après qu'ils ont été abattus ; ce
délai, diſent-elles, eſt néceſſaire, parce que les arbres, dans
les premiers jours qu'ils ont été coupés, donnent encore

M m m

des fignes de vie, & que pendant cet intervalle de temps, le mouvement de leur feve fe ralentit, les fibres ligneufes s'af-faiffent, ce qui empêche que les arbres ne fe fendent, ne s'é-clatent & ne fe tourmentent à l'excès; mais il ne faut pas, ajoutent-elles, les laiffer plus long-temps fans les équarrir, fi l'on veut découvrir promptement les vices intérieurs qui con-tinueroient à faire du progrès jufqu'à ce qu'ils foient éventés. Nous examinerons dans le Chapitre fuivant, fi un délai de huit ou dix jours eft capable d'empêcher les bois de s'éclater; mais il eft certain qu'il eft avantageux de mettre promptement en évidence les caries intérieures qui fe trouvent dans les arbres, parce que ces parties de bois pourri fe chargent de beaucoup d'humidité, qui ne pouvant fe diffiper auffi aifément que celle qui eft répandue dans les parties faines, à caufe de la déforga-nifation qui fe rencontre dans ces endroits défectueux, cette humidité y occafionne une corruption qui endommage les parties faines qui fe trouvent dans leur voifinage. C'eft une raifon de plus, de faire équarrir les arbres auffi-tôt qu'ils ont été abattus; mais on ne peut adopter celles qu'on a rapportées, pour perfuader qu'il eft à propos de laiffer les arbres huit ou dix jours dans leur écorce; car il eft certain que quand les Prin-temps ne font pas fort fecs, les arbres qu'on laiffe avec leur écorce, font encore en état de végéter pendant trois ou quatre mois après qu'ils ont été abattus, puifqu'on les voit pouffer des feuilles, des fleurs & des bourgeons.

Quant à ce qu'on dit que la feve s'échappe pendant cet in-tervalle de temps, il ne faut, pour prouver que cette alléga-tion eft purement imaginaire, que faire voir combien peu il s'évapore de feve du corps des arbres qui reftent en grume pendant l'Hiver, temps où l'on a coutume de les abattre: c'eft ce que nous allons démontrer par quelques expériences que nous avons faites à ce fujet.

§. 1. *Expériences qui prouvent qu'il s'échappe peu de feve des Arbres qui reftent en grume pendant l'Hiver.*

PENDANT les neuf derniers jours du mois de Février, un rondin de Chêne tout nouvellement abattu & en grume, qui avoit trois pieds de longueur, plus d'un pied de diametre, & qui pefoit avec fon écorce 216 livres 4 onces, n'a diminué que de 12 onces: un autre rondin un peu moins gros, qui pefoit 155 livres 8 onces, n'a diminué non plus que de 12 onces pendant ce même efpace de temps. Il faut ajouter à cela, qu'il ne fe feroit certainement pas échappé 4 onces de feve de chacun de ces morceaux de bois, fi les arbres dont on les avoit tirés, étoient reftés avec toutes leurs branches, parce qu'il n'eft pas douteux que c'eft par les extrémités coupées qu'il s'échappe le plus de feve; & l'on conviendra que plus les billes de bois font courtes, plus l'aire de leurs extrémités coupées fe trouve être confidérable, relativement au volume total du morceau de bois. Mais en fuppofant qu'on ne voulût pas avoir égard à cette raifon, toute folide qu'elle eft, cette quantité de 12 onces de feve eft peu de chofe, en comparaifon de 45 à 50 livres d'humidité, qui ont dû s'évaporer de ces billes, avant qu'elles euffent pu être réputées feches.

§. 2. *Conféquences qu'on peut tirer de cette Expérience: diverfité d'opinions fur cette matiere.*

NOUS croyons qu'on peut conclure de l'expérience précédente, que les changements qui arrivent au bois pendant un efpace de huit ou dix jours d'Hiver, qui eft le temps où l'on exploite ordinairement les forêts, ne font pas capables de produire un grand effet.

C'eft fans doute pour ces raifons qu'il y a beaucoup de perfonnes qui prétendent qu'il convient de laiffer les arbres pendant un mois, fix femaines ou deux mois dans leur écorce après qu'ils ont été abattus.

Il faut, difent quelques-uns, laiffer le temps aux arbres de *reffuer*, de laiffer échapper leur feve, & de raffermir leur bois.

D'autres veulent qu'on les laiffe pendant le même efpace de temps dans leur écorce, pour les garantir du grand air & du foleil; ou, fuivant d'autres, pour les mettre à couvert des grandes gelées. Et fi quelques-uns prétendent qu'en les confervant dans leur écorce, ils reftent dans un état d'organifation qui favorife l'évaporation de la feve, il y en a d'autres auffi qui penfent que l'écorce ne doit être confervée que dans la vue de ralentir cette évaporation.

Enfin plufieurs envifagent l'écorce comme une ceinture qui s'oppofe à la défunion des fibres ligneufes, & qui par conféquent empêche les bois de fe fendre: nous ne croyons pas que cette idée mérite d'être approfondie.

Après avoir rapporté les raifons qui ont engagé à conferver les pieces de bois dans leur écorce, pendant l'efpace de fix femaines ou deux mois, examinons maintenant quelles font les raifons qui déterminent à ne les y pas laiffer plus long-temps.

C'eft, dit-on, parce qu'il s'engendre des vers dans l'écorce, fur-tout quand elle commence à fe détacher du bois; & que dans ce cas on trouve entre le bois & l'écorce, une humidité rouffe & puante qui peut endommager le bois, & que, généralement parlant, l'écorce eft une forte d'éponge qui fe charge de l'humidité, & qui la porte dans la fubftance du bois: outre cela, un arbre abattu auquel on laifferoit toutes fes branches & fon écorce jufqu'au Printemps, poufferoit des fleurs, des feuilles & des jets, fur-tout lorfque le Printemps eft humide. Or, ajoute-t-on, comme ces arbres ne peuvent rien tirer de la terre, c'eft aux dépens de leur propre fubftance. que fe font ces productions qui lui caufent une forte d'épuifement.

Toutes ces raifons font autant d'objections contre le fentiment de ceux qui prétendent qu'il eft très-avantageux de conferver l'écorce aux arbres abattus, au moins pendant l'efpace d'un an; je dis au moins, car quelques-uns penfent qu'on ne devroit les dépouiller que lorfqu'on veut les mettre en œuvre.

Après les expériences que nous avons rapportées, on sent bien que ceux qui veulent qu'on laisse les bois dans leur écorce pour les conserver dans un état d'organisation qui favorise leur desséchement, se trompent grossiérement, & qu'ils font connoître qu'ils ne parlent pas d'après des expériences bien faites ; puisque l'on a vu dans les nôtres, qu'ayant équarri quelques tronces de bois, & en ayant conservé d'autres du même arbre dans leur écorce, nous avons reconnu que les bois équarris se font desséchés bien plus promptement que ceux qu'on avoit laissés en grume. En effet, & nous le prouverons bientôt en parlant du desséchement des bois, puisque de deux solides de bois pareils qui ne different que par leurs surfaces, c'est celui qui a le plus de surfaces, relativement à sa masse, qui se desseche le plus promptement, on doit en conclure que l'équarrissage diminuant la masse, & augmentant les surfaces, il doit s'en suivre un desséchement bien plus prompt.

Ceux donc qui different l'équarrissage des bois dans la vue de ralentir l'évaporation de la seve, paroissent mieux fondés ; mais comme ils ne cherchent à diminuer l'évaporation que pour prévenir les gerces, nous remettons à discuter leur avis dans le second Chapitre.

On a enfin cru trouver un avantage à ne pas laisser bien long-temps les arbres abattus dans leur écorce; cet avantage consiste, comme nous l'avons dit, à empêcher qu'ils ne poussent quelques jets au Printemps, ce qui arrive souvent aux arbres qu'on laisse avec leur écorce, sur-tout quand cette saison est humide, dans la crainte que ces pousses ne se fassent aux dépens d'une substance huileuse, raisineuse & gélatineuse, qu'on dit, & avec raison, être très-utile à la conservation du bois. Mais si l'on fait attention à la petite quantité de ces substances qui s'échappent par cette voie, on sentira, sans qu'il soit nécessaire d'avoir recours à l'expérience, que cette déperdition est peu de chose en comparaison du volume de l'arbre qui auroit pu produire ces foibles bourgeons.

§. 3. *Expérience pour connoître si les bourgeons que produisent les arbres après qu'ils ont été abattus, méritent quelque considération.*

J'AI tenté de reconnoître à quoi pouvoit à peu-près monter ce déchet : pour cet effet, j'ai fait abattre deux jeunes Chênes à la fin de l'Hiver ; j'en ai exactement mastiqué la coupe, & je les ai fait placer sous un hangard assez frais & à l'ombre : ces arbres ont poussé au Printemps quelques feuilles & quelques jets. Quand ces productions ont commencé à se faner, je les ai coupées, & je les ai fait sécher, pour voir quelle proportion il pouvoit y avoir entre leur poids, & celui des arbres mêmes que j'avois eu la précaution de peser ; mais les feuilles & les bourgeons, en séchant, se sont réduits à si peu de chose, que je n'ai pas daigné les peser.

§. 4. *Conséquences de l'Expérience précédente.*

CETTE expérience prouve sans réplique, que le déchet de la substance qui peut être utile au bois, & qui est celle qui reste après le desséchement, est si peu de chose, en comparaison du volume de l'arbre, qu'on peut la regarder comme *zéro.*

D'ailleurs, est-il bien certain que la substance qui a formé les bourgeons, se fût fixée dans les pores du bois de ces arbres s'ils eussent été écorcés ? N'est-il pas probable au contraire qu'elle se feroit échappée avec l'humidité qui, dans ce cas, s'évapore avec une extrême rapidité, comme le prouvent les expériences précédentes ? Ajoutons à cela que si ces bourgeons tirent principalement leur nourriture des écorces & de l'aubier, comme cela est probable, on ne doit plus y prêter aucune attention, puisqu'il est indifférent que l'un ou l'autre soient de bonne ou de mauvaise qualité, ces parties devant être rejettées comme inutiles.

Nous savons maintenant à quoi nous en tenir au sujet des

bourgeons que les arbres pouffent après qu'il ont été abattus ; examinons pareillement le dommage que les vers peuvent
produire fur les arbres qui ont leur écorce, & celui que peut
produire l'eau roufle & puante, qui féjourne entre l'écorce &
l'aubier des arbres qui font abattus depuis long-temps.

§. 5. *Expériences pour connoître fi les bois en grume
qu'on laiffe expofés aux injures de l'air, s'alterent
beaucoup.*

Pour parvenir à cette connoiffance, j'ai pris plufieurs rondins de Chêne ; j'en ai écorcé une partie, & j'ai laiffé le refte
avec fon écorce : quelques-uns de ceux qui avoient leur écorce,
& d'autres qui en étoient dépouillés, ont été couchés par
terre, expofés à l'air le long d'une muraille au Nord ; j'ai fait
placer le refte dans un lieu fec & fous un hangar. Après
avoir vifité à plufieurs fois ces morceaux de bois, voici le
réfultat des obfervations que j'ai faites à ce fujet.

1°, Les morceaux de bois qui avoient leur écorce & qui
étoient expofés à l'air, ont été attaqués de gros vers dès le
Printemps, & bien plutôt que ceux qui étoient dans un lieu
fec : aucun de ceux qui étoient écorcés n'a été attaqué de ces
gros vers.

2°, Les rondins en grume qui étoient à couvert, n'ont,
pour la plupart, été attaqués de ces petits vers qui moulinent
le bois, que dans la feconde année.

3°, L'écorce s'eft bien plutôt détachée des bois confervés à
l'air, que de ceux qui étoient reftés à couvert ; à ceux-ci, l'écorce
n'a quitté feulement qu'après que les vers ont eu réduit le deffous
en poufliere ; aux autres, elle a commencé à fe détacher par
parties dès le premier Eté, & elle s'eft détachée prefque par-
tout après le fecond Printemps ; dans ce cas, on trouvoit
fous l'écorce de la moififfure, des champignons & une eau
roufle qui avoit même altéré la fuperficie de l'aubier.

4°, Les vers étoient conftamment plus gros & mieux nour-
ris dans les rondins qui étoient expofés à l'humidité, que dans

les autres ; & au lieu que dans ceux-ci, les vers ne détruifent que l'écorce & la fuperficie de l'aubier ; dans les autres, ils avoient entiérement percé l'aubier, & fait même beaucoup de chemin dans le bois quand ils y avoient trouvé des veines tendres : j'ai vu des trous de gros vers où l'on auroit aifément mis le petit doigt.

§. 6. *Conféquences des Obfervations précédentes.*

On voit par ces obfervations que, généralement parlant, l'écorce eft préjudiciable au bois ; mais beaucoup plus quand ils font expofés à l'humidité que quand ils font confervés à couvert & dans des lieux fecs : l'humidité attendrit le bois, & le rend fans doute plus propre à être rongé par les vers ; outre cela, on peut regarder l'écorce comme une éponge qui fe char-ge de l'humidité, qui la conferve, & qui porte en premier lieu la corruption dans l'aubier, enfuite & à la longue, dans le bois, pour peu fur-tout qu'il y ait quelques veines tendres qui lui en permettent l'entrée.

5°, Rarement les plus gros vers, ces chenilles de bois qui produifent le capricorne, fe trouvent-ils dans les bois qu'on a tirés des forêts immédiatement après qu'ils ont été abattus; au lieu que ces mêmes vers dévorent les bois qu'on laiffe en grume dans les ventes : peut-être faut-il plus d'humidité à ces infectes ; & communément il y en a davantage dans les forêts que dans les chantiers ; il fe peut faire auffi que les vers paffent d'une piece dans une autre, & cela reviendroit à ce que rapportent plufieurs voyageurs des Ifles de l'Amérique, qui affurent que fi après avoir abattu un chou-palmifte, on fait plufieurs entames à fon écorce, & qu'on le laiffe dans la fo-rêt, on trouve au bout de quelque temps cet arbre percé & rempli de gros vers qui font fort bons à manger ; mais que fi l'on tranfporte cet arbre dans les habitations, ces mêmes vers ne viennent point l'y attaquer.

Auffi les Marchands de bois font-ils dans la pratique de faire exploiter promptement les bois qu'ils deftinent à faire
de la

de la fente, parce qu'ils en confervent l'aubier, & qu'ils le vendent comme le bois du cœur ; c'eft fur-tout ce qu'ils pratiquent pour la latte & les échalas, les ferches, &c ; mais il faut dire auffi que le bois verd fe fend mieux que le fec.

Toutes les expériences, toutes les obfervations que nous avons rapportées, & les réflexions que nous avons faites fur les différentes opinions qui font venues à notre connoiffance ; en un mot, tout ce que nous avons dit jufqu'à préfent, concourt à prouver qu'il y a un avantage confidérable, lorfqu'on veut ménager la bonne qualité des bois, à écorcer, ou même à équarrir les arbres auffi-tôt qu'ils ont été abattus. Il me refte maintenant à examiner fi, en fuivant cette pratique, on ne les rend pas inutiles, à caufe de la quantité de fentes & d'éclats qu'elle peut occafionner : c'eft ce qui va faire le fujet du Chapitre fuivant.

CHAPITRE II.

Quelle eft la caufe des gerces, des fentes & des éclats qui endommagent fi fouvent les bois de la meilleure qualité ? Pourquoi ces mêmes bois font-ils les plus fujets à fe voiler & à fe tourmenter ? Dans quels cas ces accidents font-ils principalement à craindre ? Quels font les moyens de prévenir leur progrès ?

LES bois fe gercent, fe fendent & s'éclatent, ou ils fe voilent, fe courbent & fe tourmentent, à proportion qu'ils perdent de leur feve, ou qu'ils fe deffechent.

On fait auffi que les arbres abattus diminuent de volume, à mefure qu'ils perdent l'humidité qu'ils avoient lorfqu'ils étoient encore fur leur fouche.

Je me fuis affuré par des expériences, que dans les bois de la même qualité, ce font ceux qui contiennent le plus d'humidité, qui perdent le plus de leur volume.

Je m'explique : le bois du cœur des arbres qui font en crûe, eft plus denfe que celui de la circonférence ; il contient dans un même efpace plus de fibres ligneufes & moins d'humidité: quoique ce point ait été déja prouvé ci-devant, je vais encore le prouver par de nouvelles expériences.

Or, je dis que dans ce cas, le bois de la circonférence qui perd le plus de fon poids en fe defféchant, diminue auffi plus de volume que le bois du centre.

Il n'en eft pas tout-à-fait de même, lorfque ce font des bois de différente qualité ; car les bois très-vieux, très-ufés, les bois qui font venus dans des pays froids, ou dans des terreins humides ; en un mot ces bois, que les Ouvriers appellent *Bois gras*, perdent beaucoup de leur poids en fe féchant; mais cependant il m'a paru qu'ils ne diminuent pas beaucoup de volume.

Ce qu'il y a de certain, c'eft que les bois extrêmement forts, ceux qui font de la meilleure qualité, les Chênes de Provence, par exemple, fe fendent & s'éclatent beaucoup ; les bois d'une qualité médiocre, ceux de Bourgogne, & encore plus ceux du Nord, fe fendent beaucoup moins : les bois très-gras ne fe fendent prefque pas ; le bois pourri ne fe fend point du tout.

Après qu'un arbre a été abattu, il fe deffeche à mefure qu'il perd de fon humidité, il perd auffi de fon volume, & les fentes fe forment dans le bois à proportion qu'il diminue de volume.

Je ne m'arrêterai point à examiner comment fe fait le defféchement du bois ; il eft le même que celui de tous les autres corps ; la même caufe Phyfique fait qu'un morceau de drap & un morceau de bois fe defféchent; ainfi il me fuffira de renvoyer à ce qui a été dit de plus probable fur l'évaporation des liqueurs, fur la formation des exhalaifons, des vapeurs, &c.

Mais pour favoir d'où peut dépendre la diminution du volume du bois lorfqu'il fe defféche, il faut d'abord concevoir qu'un tronc d'arbre eft compofé de différentes couches *d, d, d*

(*Pl. XIV. fig. 1*), formées de fibres ligneuses qui s'étendent dans toute la longueur du tronc *e e e e* ; ces fibres longitudinales sont jointes les unes aux autres, non-seulement par des fibres qui les coupent à angle droit, & qu'on voit former des rayons *f, f, f*, sur l'aire de la coupe d'un morceau de bois (ce sont les *vésicules* de Malpighi, les *insertions* de Grew, & ce que les Marchands de bois appellent *la Maille*), mais encore par quelques fibres longitudinales qui passent obliquement d'un faisceau dans un autre, ou d'une couche à l'autre ; cette méchanique s'apperçoit aisément, & la communication latérale de la seve qui est prouvée par tant d'expériences, démontre la nécessité de l'union intime des fibres longitudinales les unes avec les autres.

Il s'en faut cependant beaucoup que cette force qui unit les fibres longitudinales, & que j'appellerai leur *force de cohésion*, ne soit aussi puissante que la force même de ces fibres ; car ces deux forces sont entr'elles comme la force qu'il faut pour rompre un morceau de bois, est à la force qu'il faut pour le fendre ; ou comme la force d'un barreau de bois de fil *c c* (*fig. 1*), est à la force d'un barreau *b b*, de pareille dimension, mais levé dans le diametre d'un gros arbre, tel que celui de la figure 1, sur lequel ces deux barreaux sont ponctués, l'un sur la coupe, & l'autre dans la direction du tronc.

Maintenant que nous avons une idée de la disposition des fibres ligneuses dans un arbre, considérons quelle est la nature de ces fibres.

Elles ne sont point rigides comme le seroit un faisceau de fils de métal, ou comme des fils d'émail ; elles sont originairement formées d'une matiere mucilagineuse, gommeuse ou résineuse ; & quoiqu'elles aient en quelque façon changé de nature, elles conservent néanmoins le caractere de leur origine, puisqu'elles s'attendrissent à la chaleur & à l'humidité, & que le froid & la sécheresse les endurcit : ce sont donc des fibres élastiques qui se resserreront, & qui se contracteront à mesure qu'elles perdront de leur humidité, & qui se gonfleront & s'étendront lorsqu'elles s'imbiberont d'humidité ; cela doit suffire pour expliquer les phénomenes dont il eſt ici queſtion, & il n'eſt pas néceſſaire de recourir, comme ont fait de grands Phyſiciens, à certaines véſicules ovales qui deviennent ſphériques par le deſſéchement. On ſait que les matieres mucilagineuſes ſe gonflent par l'humidité, & qu'elles ſe reſſerrent quand elles ſe deſſechent : un morceau de gomme adragante, de colle forte, &c, ſe gonfle dans l'eau, & ces matieres reviennent à leur premier volume, quand on les dépoſe enſuite dans un lieu ſec. Je m'en tiens à ces faits, & je ne cherche point pour le préſent à expliquer comment les parties de la colle peuvent ſe contraĉter dans un cas, & ſe dilater dans un autre ; mais comme j'ai prouvé ailleurs que les fibres ligneuſes étoient originairement formées de matieres mucilagineuſes, & qu'elles retiennent encore (lorſqu'elles ſont converties en bois), quelque choſe de la nature de ces matieres, je me contente de ſoupçonner que ces fibres ſe dilatent ou ſe contraĉtent par une méchanique ſemblable à celle des matieres mucilagineuſes.

On ſait qu'une corde humeĉtée ſe gonfle, & qu'elle diminue de groſſeur quand elle ſe deſſeche : je crois que le gonflement de la corde dépend de la même cauſe qui fait monter l'eau dans les tuyaux capillaires ; & je penſerois auſſi que cette cauſe influe dans l'augmentation ou la diminution du volume des bois qu'on humeĉte & qu'on fait deſſécher ; mais il faut qu'il y ait quelque choſe de plus ; car la corde, lorſqu'elle ſe deſſeche, gagne en longueur ce qu'elle perd en groſſeur, au lieu qu'un morceau de bois diminue en tout ſens lorſqu'il perd ſon humidité, ce qui arrive pareillement aux matieres mucilagineuſes.

Je demande cependant qu'on obſerve, que je dis ſeulement que nos fibres ligneuſes retiennent encore quelques-unes des propriétés des matieres dont elles ont été formées ; car je ne prétends pas qu'elles ne ſont que gomme, que réſine, ou que mucilage ; il eſt certain que l'état de bois où elles ſont, eſt très-différent de celui de mucilage où elles ont été ; mais je crois que dans un morceau de bois il y a des parties qui

font vraiment ligneufes, d'autres qui font tout-à-fait mucila-
ineufes, & d'autres enfin qui font dans des états intermédiaires, & que le tout enfemble eft plus ou moins fufceptible
de dilatation & de contraction, fuivant qu'il y a plus ou moins
de parties vraiment ligneufes. Peut-être même pourroit-on
encore foupçonner que les parties les plus ligneufes font un
peu fufceptibles du reffort dont nous parlons ; mais cela eft indifférent à notre fujet.

Au refte, qu'on admette telle explication qu'on voudra ;
il fera toujours certain que les fibres ligneufes fe rapprochent
dans un morceau de bois verd lorfqu'il fe deffeche ; je me
fuis affuré différentes fois de ce fait fur un cylindre de bois
verd pris hors le centre d'un arbre, comme vers *aa (Fig. 1)*,
qui rempliffoit exactement un anneau de fer : quand ce cylindre étoit fec, il s'en falloit affez confidérablement qu'il ne
remplit l'anneau. D'autres fois j'ai fait faire un barreau de bois
verd tel que *b b*, (*Fig. 1*), qui rempliffoit exactement un calibre de bois fec ; mais ce barreau y paffoit librement quand
il étoit devenu fec. Prefque toutes les menuiferies prouvent
bien fenfiblement que les fibres des bois verds fe rapprochent
à mefure qu'ils fe fechent.

Nous ferons voir dans la fuite que, dans ces mêmes circonftances, les fibres ligneufes perdent auffi de leur longueur ;
mais il faut examiner auparavant ce qui doit réfulter du rapprochement des fibres. Et pour mieux faire entendre quelle
eft fur cela ma penfée, j'emploierai pour comparaifon, un morceau de terre glaife.

§. 1. *Exemple de contraction tiré d'un Cylindre formé
de terre glaife.*

Je fuppofe donc un cylindre de terre glaife *a a*, (*Pl. XIV. fig.
2*), fortant des mains du Potier ; ce cylindre, en fe defféchant,
perdra de fon volume dans toutes fes dimenfions.

La quantité de cette diminution eft, dans la glaife qu'emploient les Sculpteurs de Paris pour leurs modeles, d'environ
un douzieme.

Je coupe une tranche infiniment mince de mon cylindre parallélement à sa base ; ou bien sans avoir égard à l'élévation de ce cylindre, je ne considere que ce qui se passe sur sa base, que je divise par des cercles concentriques a b c d (*Iig. 3*), & je suppose que la terre qui est auprès du centre, se desseche aussi promptement que celle qui est vers la circonférence, comme cela arriveroit dans une tranche de glaise infiniment mince.

Il est certain que les rayons 1, 2, 3, 4, &c, se rapprocheront les uns des autres, à proportion que la tranche en question perdra de son volume en se desséchant, & qu'ils perdront en même temps de leur longueur.

Mais comme je ne veux pas d'abord prêter attention à la diminution du volume qui se fera suivant la longueur des rayons 1, 2, 3, 4, &c, mais seulement à leur rapprochement, je considere la tranche la plus extérieure ou l'orbe a, comme enveloppant un cylindre de métal, que je suppose représenté par la tranche b ; il est clair que la tranche a, en se racourcissant, glissera sur le cylindre de métal b, & cela, d'autant plus que cette tranche sera plus étendue ; ainsi, si la diminution de l'argile qui se desseche, monte à $\frac{1}{12}$, la tranche a, étant supposée avoir douze pouces de pourtour, elle diminuera de 12 lignes, & il se formera une fente qui sera ouverte d'un pouce à l'extérieur de la tranche a.

Je regarde maintenant la tranche b, comme enveloppant un cylindre métallique, qui sera supposé représenté par la tranche c.

La tranche b diminuera dans les mêmes proportions que la tranche a, c'est-à-dire, d'un douzieme ; mais comme la circonférence du cylindre c est à la circonférence du cylindre b, à peu-près comme 9 est à 12, il s'ensuit que la fente qui se fera à la tranche b, n'aura que 9 lignes d'ouverture.

On voit, par ce que je viens de dire, qu'il se formera une fente qui aura 12 lignes d'ouverture à la superficie du cylindre, & qui se réduira à zéro vers le centre : & voilà ce qui doit résulter de la contraction des tranches a, b, c, d, quand on supposera que les rayons 1, 2, 3, 4, &c, ne se racourcissent pas.

Mais c'est-là une pure supposition ; car il est certain que les rayons perdent de leur longueur, & dans un cylindre de glaise & dans un rondin de bois, quand l'un & l'autre se dessechent ; il faut donc avoir égard à leur racourcissement, & examiner de combien la fente de notre cylindre en sera diminuée.

Cela est aisé, puisque ce cylindre étant composé d'une matiere homogene, le racourcissement des rayons, de même que leur rapprochement doit être d'un douzieme : or, comme les rayons des cercles sont entr'eux comme les circonférences, on doit en conclure que la fente sera anéantie par le racourcissement des rayons : je vais rendre cela plus clair.

Pour cela, je reprends ma premiere hypothese, & je dis : qu'en supposant que la contraction des parties latérales ait produit à la circonférence du cylindre un douzieme d'ouverture, *m f*; (*Fig. 3*), il est évident que si (ces parties restant dans cet état), on supposoit que les rayons 1, 2, 3, 4, &c, se racourcissent d'un douzieme, la fente se refermeroit ; car la circonférence *e e e*, qui exprime ce racourcissement, n'est que les $\frac{11}{12}$ de la circonférence 1, 2, 3, 4, &c.

L'expérience est d'accord avec ce raisonnement, puisqu'il est certain qu'on peut, en y apportant les précautions nécessaires, dessécher un morceau de glaise, sans qu'il s'y fasse aucune fente. J'avoue que ces précautions sont difficiles à prendre ; & je pense que le seul moyen d'y réussir seroit de prendre une couche de terre assez mince, pour que toutes les couches se desséchassent à la fois. Mais il n'en est pas de même d'un rondin de bois ; jamais il ne m'a été possible d'empêcher qu'il ne se gerçât en se séchant : d'où peut venir cette différence ? Tâchons de la faire connoître d'une façon sensible.

J'ai supposé jusqu'à présent que le cylindre étoit fait d'une matiere uniforme, tant au centre qu'à la circonférence ; qu'il étoit d'une terre semblable, chargée d'une égale quantité d'eau, & dont toutes les parties étoient capables d'une contraction uniformément graduée ; mais une pareille supposition ne peut avoir lieu à l'égard d'un rondin de bois : on a vu ci-devant, à l'occasion de l'âge des arbres, que le bois du centre des arbres en crûe, est plus dense, moins chargé de seve & moins susceptible de contraction, que celui de la circonférence ; car ce n'est pas sans raison que j'ai avancé ci-devant, & que je prouverai avant de finir cet article, que dans les bois de la même qualité, ce sont ceux qui contiennent le plus d'humidité, qui perdent le plus de leur volume en se desséchant.

Ainsi, pour avoir un cylindre de glaise qui fût à cet égard comparable à un rondin de bois, il faudroit faire ensorte que la terre du centre fût moins humectée que celle qui la recouvre, & ainsi de suite jusqu'à la derniere couche qui seroit plus chargée d'eau que toutes les autres ; ou, ce qui revient au même, il faudroit former ce cylindre de glaises de différentes natures, & mettre au centre celles qui se retirent le moins en se séchant ; & à la circonférence, celles qui se retirent le plus.

On doit déja appercevoir que, lors du desséchement d'un pareil cylindre (n'ayant égard qu'à la seule circonstance que je viens d'établir), les tranches se retirant en proportion de l'humidité qu'elles contiennent, il se formera une fente large à la circonférence, & que cette fente se terminera presque à rien vers le centre ; parce qu'en ce cas, le racourcissement des rayons ne sera pas proportionnel à leur rapprochement.

J'ai essayé de parvenir à déterminer quelle seroit la quantité & la forme de cette fente dans un cylindre de glaise, tel que je viens de le supposer : cette recherche que je n'avois d'abord regardée que comme une simple curiosité, m'ayant ensuite paru de quelque utilité pour l'intelligence de ce que j'ai à dire dans la suite ; j'ai cru qu'il étoit à propos d'en rapporter ici le résultat, mais le plus briévement qu'il me sera possible.

J'ai dit que si un cylindre étoit fait d'une matiere uniforme dans toutes ses parties, & si l'on n'avoit point d'égard au racourcissement des rayons, il se formeroit par le desséchement, une fente qui auroit un douzieme d'ouverture à la circonférence, & qui se réduiroit à zéro au centre ; le triangle *a b c* (*Pl. XV. fig. 1.*) représente cette fente, & les cordes 1, 2, 3, 4, 5, &c.

5 , &c , ou les orbes correfpondants , les couches de glaife.
La premiere couche ayant , dans la fuppofition préfente , un douzieme de contraction , la corde 1 confervera fa longueur.

La feconde couche n'eft pas capable d'une auffi grande contraction ; & je fuppofe que cette différence foit $\frac{1}{12}$; ainfi la fente fera moins ouverte de cette fomme qu'il faut fouftraire de la corde 2 , ce qui va au point d.

La troifieme couche eft encore moins fufceptible de contraction ; je fuppofe que c'eft de $\frac{2}{12}$; il faut donc racourcir la troifieme corde de cette fomme qui répond au point e. On peut fuivre ainfi toutes les lignes jufqu'au centre , en fuppofant que la contraction diminue toujours uniformément ; & l'on obtiendra une portion de parabole a , d , e , f , g , h , i , k , l , m , n , o , b (*Fig.* 1) , qui exprime la valeur de la fente dans l'hypothefe préfente , où l'on a fuppofé que la terre du centre ne fe contractoit point , & que les couches devenoient de plus en plus contractiles , fuivant une progreffion arithmétique fimple , depuis le centre jufqu'à la circonférence où la contraction étoit d'un douzieme ; mais comme jufqu'à préfent nous n'avons eu aucun égard au racourciffement des rayons , il eft bon de faire voir qu'il ne peut pas anéantir la fente , comme cela eft arrivé dans l'hypothefe d'un cylindre fait d'une matiere uniforme.

Suppofons pour cela que le rayon a , b (*Pl. XV. fig.* 2) , fe foit retiré d'un douzieme , ainfi que dans l'hypothefe d'une matiere uniforme ; les lignes i i i i i , 1 , 2 , 3 , 4 , &c , fe feront rapprochées d'un douzieme , &c ; mais dans l'hypothefe préfente , il n'y a plus que l'efpace 1 , 2 , qui fe rapproche d'un douzieme ; ainfi la ligne 1 viendra en i , les efpaces 2 & 3 fe contracteront moins ; ainfi il s'en faudra d'un douzieme de l'efpace 2 , i , que la ligne 2 ne joigne i ; par la même raifon , il s'en faudra de deux douziemes , que 3 n'arrive en i , & ainfi de fuite jufqu'à b , où la contraction étant zéro , il s'en faudra douze douziemes que 12 n'approche de i.

En additionnant toutes les différentes contractions , on verra que le rayon a b , perd dans cette hypothefe $\frac{6}{144} + \frac{1}{288}$

de fa longueur, ce qui fait à peu-près la moitié de la contraction qui feroit arrivée dans l'hypothefe d'une terre uniforme ;
ainfi le rayon *a b*, (*Fig.* 2), n'aura plus que la longueur *b c*,
ce qui fermera de moitié la fente *a c* (*Figure 1*). La *figure 3*
rendra cela encore plus clair.

Le rayon *A B* fe racourcit lorfque le cylindre fe deffeche ;
mais ce ne fera plus d'un douzieme comme dans l'hypothefe
d'une terre uniforme. La terre la moins humectée eft celle qui
fe contractera le moins ; & ce fera celle qui contient le plus
d'eau, qui fe contractera le plus.

Ces principes établis, je fuppofe que le rayon *A B* eft divifé en parties égales, en 12, par exemple ; je fai que la partie
du rayon *A D* eft plus denfe que la partie *D E*, ce qui m'affure
que la contraction fera moindre en *A D* qu'en *D E*, en *D E*
moindre qu'en *E F* ; enforte que fi *A D* fe racourcit d'une certaine quantité, *D E* fe racourcira, par exemple, de deux fois
cette quantité ; *E F* de trois fois cette quantité ; *F G* de quatre fois, & ainfi de fuite jufqu'à *B M* qui fe racourcira de
douze fois cette quantité.

Je fuppofe donc à préfent que *B M* fe contracte d'un douzieme de fa longueur, c'eft-à-dire, de $\frac{12}{144}$ de fa longueur, ou de
$\frac{12}{1728}$ parties du rayon *A B* : la contraction de *M* en *N* ne fera
que de $\frac{11}{144}$ de fa longueur, ou de $\frac{11}{1728}$ du rayon ; la contraction de la partie *N O*, fera de $\frac{10}{144}$ de fa longueur, ou de $\frac{10}{1728}$
du rayon *A B* ; la contraction de la partie *O P* ne fera que de
$\frac{9}{144}$, ou de $\frac{9}{1728}$ du rayon, & ainfi de fuite en progreffion
arithmétique fimple, jufqu'au point *A*, qui eft le terme zéro
de la progreffion. La fomme de cette progreffion fera donc
la fomme de toutes les différentes contractions qui fe font faites
fur les parties *A D, D E, E F,* &c ; de forte que fi on les
fouftrait du rayon *A B*, on aura la valeur du rayon, après que
toutes les contractions ont été exercées de *D* en *A*, de *E* en
D, &c. Or la fomme de toute cette progreffion eft $\frac{78}{1728} = \frac{13}{288}$,
ce qui approche beaucoup d'un vingt - quatrieme du rayon ;
fuppofons-le ainfi pour plus grande facilité.

Ce qu'on dit de ce rayon eft commun à tous les autres *A S*,

AT, AB, AV, AQ, AR, & la circonférence $STBVQRS$ se trouvera, par la contraction des rayons plus près du centre d'un vingt-quatrieme en $b \, x \, y \, a$; enforte qu'elle ne fera que $\frac{22}{24}$ de la circonférence $STBVQRS$. Mais on a déja vu que dans l'hypothefe d'une terre uniforme, la contraction latérale ou le rapprochement des rayons, avoit produit une fente d'un douzieme d'ouverture ; c'est-à-dire, que l'arc $STBVQ$ étoit $\frac{11}{12}$ ou $\frac{22}{24}$ de l'arc entier $QSTBVQ$; il faudra donc prendre fur le cercle entier $QSTBVQ$ $\frac{23}{24}$, ou l'arc $b \, x \, y \, a \, b = \frac{22}{24}$, l'arc $STBVQ$, qui eft juftement la fente qui, par ces différentes contractions, s'eft réduite à $\frac{1}{24}$ de la premiere circonférence, au lieu d'un douzieme, de forte qu'elle eft plus petite de la moitié : ce n'eft cependant pas encore là tout ; car cette fente va bientôt prendre une autre forme.

Les cercles concentriques ne fe contractent pas uniformément, non plus que les parties des rayons que je viens d'examiner ; car comme il y a plus de denfité au centre qu'à la circonférence, il faut que la contraction foit auffi moindre au centre qu'à la circonférence ; & fi je divife la bafe du cylindre en douze cercles concentriques, je puis fuppofer (comme je l'ai fait en parlant des rayons) que la contraction fera douze fois plus grande à la circonférence extérieure BQ, qu'au centre A ; qu'elle fera onze fois plus grande fur la circonférence $a \, b \, M$ qu'au centre, & ainfi de fuite jufqu'en g, où elle fera zéro ; c'est-à-dire que l'arc $a \, b$ étant $\frac{1}{12}$ ou $\frac{12}{144}$ de la circonférence, il faut que l'arc $c \, d$ ne foit que $\frac{11}{144}$ de la circonférence, $c \, d \, M \, c \, e \, f$ que $\frac{10}{144}$ de la circonférence $e \, f \, N \, e \, k \, h$, que $\frac{9}{144}$ de la circonférence $k \, h \, O \, k$, & ainfi de fuite jufqu'en g, où la contraction fera $\frac{0}{144}$; ce qui donne une courbe $A \, k \, e \, c \, a$ qui eft une portion de parabole : ainfi l'efpace $A \, k \, e \, c \, a \, b \, d \, f \, h \, A$, fera la fente du cylindre, en fuppofant toutes les contractions réunies.

Obfervant néanmoins que la courbe $A \, k \, e \, c \, A$ devroit être partagée en deux, dont une moitié refteroit du côté $A \, a$, & l'autre feroit du côté $g \, b$; mais je l'ai portée toute d'un côté pour la rendre plus fenfible dans cette figure, ainfi que dans la premiere.

On pourroit m'objecter que ce que je viens de dire eſt
purement hypothétique, & refuſer d'admettre la comparaiſon
du cylindre de glaiſe, que j'ai faite avec un rondin de
bois, ſi je négligeois de faire connoître en quoi ces deux
objets ſont comparables, & en quoi ils different. Par-là je me
trouve engagé à examiner ce qui ſe paſſe dans le Chêne, &
encore à prouver que le bois du centre eſt plus denſe que celui de la circonférence; que le bois de la circonférence eſt plus
chargé d'humidité que celui du centre, & à établir quelle peut
être à peu-près la ſomme de la contraction des couches ligneuſes.

§. 2. *Que le Bois du centre eſt plus denſe que le Bois*
de la circonférence.

POUR pouvoir connoître à peu-près en quel rapport ſe
trouve la diminution de denſité des cercles ligneux, à meſure qu'ils s'écartent du centre, j'ai choiſi dix rouelles de
Chêne (telles que la figure 1 de la Planche XVI les repréſente),
ſans nœuds, ſans roûlures, ſans cicatrices, &c, provenant
d'autant d'arbres différents.

J'ai levé dans le diametre de ces rouelles des tranches ſemblables à *bb*, & j'en ai formé des parallélipipedes d'égale di-
menſion 1, 2, 3, 4, 5. Je les ai peſés chacun en particulier, &
j'ai fait une ſomme totale des poids de tous les morceaux numérotés 1, & la même choſe des morceaux numérotés 2, 3,
4, 5; ce qui m'a donné les ſommes ſuivantes en grains.

Le numéro un, 4344; le numéro deux, 4225; donc le numéro 1 eſt plus denſe que le numéro 2, de 119.

Le numéro deux, 4225; le numéro trois, 4124; donc le
numéro 2 eſt plus peſant que le numéro 3, de 101.

Le numéro trois, 4124; le numéro quatre, 3891, moins
peſant que le numéro 3 de 233.

Le numéro quatre, 3891; le numéro cinq, 2391, moins
peſant que le numéro 4 de 1500.

Je compare maintenant les numéros 2, 3, 4, 5, au numéro 1.

Le numéro un, 4344; le numéro deux, 4225 : différence 119 que je prends pour diviseur de 4225, poids du numéro deux; & il me vient au quotient $35 + \frac{60}{119}$.

Le numéro un, 4344, le numéro trois, 4124 : différence 220, que je prends pour diviseur de 4124, & je trouve $18 + \frac{41}{55}$.

Le numéro ùn, 4344; le numéro quatre, 3891 : différence 453, quotient $8 + \frac{89}{151}$.

Le numéro un, 4344; le numéro cinq, 2391 : différence 1953, quotient $1 + \frac{146}{651}$.

Il eft certain, & nous l'avons remarqué dans le Livre premier fur l'âge des arbres, qu'il eft très-rare de trouver des bois qui fuivent une dégradation uniforme de denfité, depuis le centre jufqu'à la circonférence, mille légers accidents changeant confidérablement la denfité du bois ; cependant comme dans l'expérience que je viens de rapporter, j'ai choifi mes rondelles avec beaucoup de foin ; & comme la fomme qui fe trouve fous chaque numéro, eft un total de dix morceaux de bois pris d'autant d'arbres différents, je crois avoir quelque raifon de penfer que la diminution de denfité fuit, à peu-près, l'ordre que mon expérience indique, fur-tout depuis le numéro 1, jufqu'au numéro 4; car comme dans les morceaux de bois numérotés 5, il s'en trouvoit qui avoient de l'aubier, & d'autres qui n'en avoient pas, cela pouvoit contribuer à la grande différence que nous avons remarquée entre le numéro 4 & le numéro 5 : or, en fupprimant le numéro 5, il paroît que la denfité diminue à peu-près fuivant la progreffion géométrique 1, 2, 4, 8, &c.

Au refte, je ne préfente point cela fur le pied d'une précifion géométrique ; ce n'eft qu'un à peu-près ; & heureufement je n'ai ici befoin que de cela.

J'ai maintenant à examiner en quelle proportion fe fait l'évaporation de l'humidité au centre & à la circonférence.

§. 3. *Quelle peut être la proportion de l'humidité conte-*
nue dans les différentes couches ligneuses.

NOUS avons prouvé dans le Livre premier que le bois des
nouveaux bourgeons des arbres, eft au bois du centre & du
pied des mêmes arbres, comme les dernieres couches d'aubier font au bois du cœur, pris auffi vers la fouche ; ainfi il
eft indifférent de comparer la cime d'un arbre avec le cœur
de cet arbre pris vers le pied, ou de comparer ce même point
pris au pied avec la circonférence.

Cela pofé, pour connoître à peu-près quelle quantité d'humidité il y a de plus dans le bois nouvellement formé, tel
qu'eft celui de la cime ou celui de la circonférence des arbres,
que dans le bois plus ancien, tel qu'eft celui du centre & du
pied, j'ai choifi un jeune Chêneau bien droit, de 8 à 10 ans;
j'ai fait enlever avec une varlope le bois de la circonférence,
& j'ai fait ménager dans le centre un barreau (*Pl. XVI.* *fig.* 2),
de 4 pieds de longueur, & feulement d'un quart de pouce
en quarré ; enfuite je l'ai fait fcier en huit parties de demi-pied
de longueur, je les ai numérotées, à commencer par le bout de
la cime 1, 2, 3, 4, 5, 6, 7, 8.

Ces morceaux avoient toute leur feve : le numéro 8 pefoit
274 grains ; & le numéro un, 256.

Ainfi le numéro 8 avoit, quoique femblable en dimenfions,
18 grains de feve ou de fibres ligneufes de plus que le n° 1, ce
qui fait $14 + \frac{2}{9}$.

Je les ai mis dans une étuve ; & quand ils ont été bien fecs,
j'ai trouvé que le numéro 8 ne pefoit plus que 200 grains ;
donc il avoit perdu 74 grains d'humidité.

Le numéro 1 ne pefoit plus que 164, par conféquent il étoit
diminué de 92 ; donc le numéro 8 étoit plus denfe que le numéro 1 de 36 grains ; c'eft-à-dire, de $4 + \frac{1}{9}$; donc le numéro
1 contenoit 18 grains d'humidité de plus que le numéro 8 ;
c'eft-à-dire, $14 + \frac{2}{9}$.

Cette différence & d'humidité & de denfité eft confidérable, fur-tout fi l'on fait attention que le barreau de quatre pieds de longueur fur ¼ de pouce en quarré, ne répond gueres qu'à un arbre d'un pouce & demi de diametre.

Comme à la feule infpeétion, le numéro 1 paroiffoit avoir plus diminué de volume que le numéro 8, mais qu'il ne paroiffoit pas que ce fût proportionnellement ni à la denfité, ni à la quantité d'humidité, il étoit donc néceffaire d'employer d'autres moyens pour parvenir à connoître en quelle proportion les couches ligneufes fe contraétent.

§. 4. *En quelles proportions les couches ligneufes fe contraétent-elles ?*

POUR connoître en général que le bois nouvellement formé & qui n'a pas acquis toute fa denfité, fe contraéte plus que celui qui eft mieux formé, il faut fendre en quatre le tronc d'un jeune arbre : alors on verra que les brins s'écarteront en forme de lardoire, de forte que l'écorce fera à la partie intérieure de la courbe, ce qui eft occafionné par la contraétion du bois extérieur, qui eft plus grande que celle du bois du cœur : nous rendrons cela plus fenfible dans la fuite, en expliquant les figures de la Planche XXI.

Il femble que, pour s'affurer de ce fait, il n'y auroit qu'à mefurer bien exaétement un petit cube de bois verd, tel que celui de la figure 1, Pl. XVI, n° 5, pris à la circonférence de l'arbre *a b b*, & encore l'autre cube de pareille dimenfion n° 1, pris au centre du même arbre, les laiffer fe fécher l'un & l'autre, & enfuite les mefurer de nouveau.

J'ai employé ce moyen ; mais pour qu'il réuffiffe, il faut prendre bien des précautions.

1°, Il faut que l'arbre dont ces cubes font pris, foit gros, afin que la différence puiffe être bien fenfible ; 2°, il faut que cet arbre foit en crûe, pour que le bois du centre ne foit point altéré ; 3°, pour peu que ces cubes fe gercent en fe féchant, il n'y aura plus moyen de mefurer exaétement leurs dimenfions ; 4°, il faut qu'au commencement de cette expérience, ces cubes foient exactement réduits entr'eux à de pareilles dimenfions, & rien n'eft fi difficile que de parvenir à cette précifion quand on fe fert de bois verd comme dans cette occafion ; enfin une gélivure, une roulure, une cicatrice, un nœud, &c ; tout cela dérange abfolument l'expérience.

J'ai néanmoins effayé d'exécuter avec foin ces expériences; elles m'ont à la vérité perfuadé que le bois de la circonférence fe retire plus en fe féchant, que le bois du centre; mais c'étoit d'une façon fi peu fenfible, que je n'oferois prefque affurer cette vérité, fi elle ne fe trouvoit pas confirmée par quantité d'obfervations qui fe trouveront répandues dans tout ce Chapitre, & dont je vais préfenter quelques-unes.

Peu fatisfait des expériences dont il eft ici queftion, je pris fix rondins de Chêne de 12 ou 14 pouces de diametre, qui avoient été écorcés tout verds, & qu'on avoit tenus dans un lieu fec, pour qu'ils fe defféchaffent plus promptement.

Je mefurai les diametres de ces fix rondins, & j'en conclus une groffeur moyenne : je mefurai de même toutes les fentes de ces fix rondins, dont je conclus auffi une ouverture moyenne prife à la circonférence ; cette fente moyenne faifoit à peu-près un douzieme de la circonférence moyenne, parce qu'elle fe terminoit à rien vers le centre des rondins.

D'où je conclus que la contraction des couches ligneufes eft en même raifon que l'humidité qu'elles contiennent, & en raifon renverfée de leur denfité, fans cependant être proportionnelle ni à l'humidité ni à la denfité : c'eft-à-dire que, là où il y a plus d'humidité & moins de denfité, il y a plus de contraction. Mais de ce que dans un endroit il y auroit, par exemple, un tiers plus d'humidité, ou un tiers moins de denfité que dans un autre, il ne s'enfuit pas pour cela qu'il y auroit un tiers plus de contraction. En effet, fi dans un morceau de bois fec, la contraction augmentoit en raifon renverfée, & proportionnellement à la denfité, un pouce-cube du bois pris vers la circonférence, devroit autant pefer qu'un pouce-cube du bois du centre, ce qui n'eft pas. Ainfi, tout ce que l'obfervation apprend, c'eft qu'à la circonférence d'un rondin
où

où eſt la plus grande contraction, le bois ſe retire à peu-près d'un douzieme.

Quand on voit les fentes s'anéantir entiérement au centre, on en conclut qu'il n'y a point de contraction à cet endroit; juſques-là tout eſt d'accord avec le cylindre de glaiſe que nous avons pris pour comparaiſon, à cela près que, ſuivant notre hypotheſe, la fente du cylindre de glaiſe n'avoit dans ſa plus grande ouverture qu'un vingt-quatrieme de la circonférence; au lieu que, ſuivant notre obſervation, elle ſeroit dans un cylindre de bois d'un douzieme de la circonférence.

Mais les couches intermédiaires ſuivent-elles dans leur contraction le même ordre que nous y avons ſuppoſé? C'eſt ce que je ne ſuis pas encore en état de prouver exactement par des expériences: peut-être y parviendrai-je dans la ſuite; en attendant, je ferai enforte de trouver dans la théorie les lumieres que l'expérience me refuſe.

Le centre des rondins eſt le moins ſuſceptible de contraction; cela eſt prouvé; donc le bois le plus vieux, le plus anciennement formé, eſt le moins ſuſceptible de contraction.

Le bois de la circonférence eſt celui qui ſe contracte le plus; donc c'eſt le bois le plus jeune qui eſt le plus capable de contraction. D'après cela, n'eſt-il pas naturel de penſer que la contraction des couches ligneuſes eſt proportionnelle à leur âge, mais en ſens contraire; de ſorte que la plus jeune couche eſt la plus contractile; celle qui ſuit & qui eſt plus ancienne eſt moins contractile, & ainſi des autres juſqu'au centre; ce qui feroit une diminution uniforme de contraction, depuis le centre juſqu'à la circonférence; & c'eſt cette nuance que j'ai eſſayé d'imiter par les différentes couches de glaiſe dont j'ai imaginé que devoit être compoſé mon cylindre.

Je dis donc: les fibres ligneuſes deviennent moins capables de contraction, à meſure qu'elles deviennent plus bois; à proportion qu'elles approchent plus du centre, elles deviennent de plus en plus ligneuſes, juſqu'à ce que l'arbre commence à s'altérer de vieilleſſe, & à tomber en retour; ainſi il faut néceſſairement que les couches ligneuſes ſoient d'autant moins

P p p

fufceptibles de contraction, qu'elles feront plus anciennement formées.

Enfin, fi l'on examine avec attention beaucoup de gros bois, & fur-tout des rondines, on verra que les fentes approchent affez de la figure que nous avons déterminée.

On fent bien que pour juger de la figure de ces fentes, il faut, 1°, que l'arbre foit gros ; 2°, que la fente foit grande ; 3°, qu'elle foit unique, comme dans la Pl. XVI, figure 6 ; car s'il y a (comme cela arrive ordinairement) de petites fentes à la circonférence qui ne s'étendent pas jufqu'au cœur, telles qu'en *c c*, figure 5, la grande fente en fera diminuée d'autant, & feulement vers la circonférence ; 4°, que le bois ne foit pas gras ; car ces bois font moins fufceptibles de contraction, & font plus uniformes au centre & à la circonférence, que ne le font les bois forts ; 5°, il faut qu'il ne fe trouve ni nœuds, ni roulure, ni retour, ni double aubier, ni couronne de bois dur ; car tous ces accidents changent la forme des fentes.

§. 5. *Ce qui arrive au bois lorfque les couches extérieures fe deffechent avant les couches intérieures.*

J'AI fuppofé jufqu'à préfent que les couches ligneufes ou les tranches *a b c d* d'un cylindre, (*Pl. XVI. fig. 3*), fe deffé- choient également dans un même efpace de temps ; il eft ce- pendant prefque impoffible que cela arrive ainfi ; car c'eft le vent, le foleil, l'air chaud & fec qui caufent le deffé chement : les tranches extérieures y étant plus expofées, il faut donc qu'elles perdent les premieres de leur humidité, & qu'elles fe contractent, tandis que celles qui feront vers le centre, refte- ront dans l'état où elles étoient. Examinons ce qui doit en ar- river.

La tranche *a* (*Figure 3*), tendra à fe contracter, pendant que la tranche *b* confervera fon premier volume : la tranche *a* fera donc effort pour glisser fur la tranche *b*.

Si la force d'union ou de cohéfion des fibres ligneufes qui compofent la tranche *a*, eft fupérieure à la force de contraction de cette tranche, il n’arrivera point de fente jufqu’à ce que quelque caufe extérieure rompe cet équilibre.

C’eſt-là ce qui fait que, quand on laiſſe tomber fortement ſur un corps dur une piece de bois qui eſt parvenue à un cer-tain degré de deſſéchement, ou quand on la frappe avec une maſſe, on la voit quelquefois s’ouvrir & s’éclater ſubitement.

Mais quand les couches ſe ſont deſſéchées à un certain point, la force de contraction prend ordinairement le deſſus ſur celle de cohéſion ; & alors il ſe forme une fente.

C’eſt quand cette fente s’ouvre, que la tranche *a* fait prin-cipalement effort pour gliſſer ſur la tranche *b*.

Dans les bois de bonne qualité, l’union de la tranche *a*, avec la tranche *b*, eſt ordinairement ſupérieure à la force de cohéſion des fibres qui forment la tranche *b* ; alors la tranche *a* exer-çant ſa force de contraction ſur la tranche *b*, elle la fait ouvrir ; & de proche en proche, la fente parvient quelquefois juſqu’au centre, comme on le peut voir dans la *Figure 6*.

On conçoit bien qu’en pareil cas, les tranches *b*, *c*, *d*, &c, (*Figure 3*), ne ſe fendent point par leur propre contraction, mais parce qu’elles ſont entraînées par la tranche *a* qui eſt celle qui ſe contracte le plus ; & comme cette tranche *a*, eſt capable de la plus grande contraction, il doit en réſulter une fente très-ouverte, & qui le ſera d’autant plus que le centre reſtant chargé de ſeve, la contraction ne peut s’exercer vers lui, en ſuivant la direction du racourciſſement des rayons.

Mais dans la ſuite, la ſeve du centre ſe diſſipera, la con-traction s’exercera en ce ſens, & les fentes ſe refermeront ſen-ſiblement : c’eſt une obſervation que j’ai faite pluſieurs fois, ſur-tout ſur les bois que j’expoſois à un prompt deſſéchement : on voit alors l’ouverture des fentes diminuer ſenſiblement, & à meſure que les bois continuent à ſe deſſécher.

Je demande qu’on faſſe attention que les fentes ne ſe re-ferment pas entiérement lorſque les billes ſont tout-à-fait deſ-ſéchées, ce qui arriveroit ſi la contraction étoit la même au centre & à la circonférence ; & cela démontre à merveille que l’inégalité de l’évaporation de la ſeve dans les différentes couches ; n'eſt pas la ſeule cauſe des fentes, comme quelques-uns le penſent.

Enfin, dans les bois qui ont quelque froiſſure ou quelque diſpoſition à la roulure, la force de contraction de la tranche *a*, & la force de cohéſion de la tranche *b*, ſont ſupérieures à la force qui unit la tranche *a* avec la tranche *b*; alors la tranche *a* ſe ſéparera de la tranche *b*; & elle ſe contractera en gliſſant ſur la tranche *b*, ſans que rien s'y oppoſe.

C'eſt ainſi que ſe forment ces fentes en zigzag, qui ſont repréſentées dans la figure *3*, & qui endommagent ſi ſouvent les bois : les Potiers de terre éprouvent ſouvent ces accidents, qui font tomber leurs ouvrages par pieces.

Il arrive très-fréquemment, que quand ces fentes qui ſuivent la direction des couches annuelles, ſont près de la ſuperficie, la portion du rondin qui eſt entre la fente & la circonférence du cylindre, quitte le bois qu'elle recouvroit & ſort en dehors, en faiſant une aſſez grande ouverture. Après ce que nous avons dit plus haut, il me ſuffit d'avertir que c'eſt encore là un effet de la contraction des couches extérieures, plus grande que de celles qu'elles recouvrent.

Les bois parfaits ſont rarement endommagés par ces fentes en zigzag, parce que la force de l'adhérence des couches ligneuſes les unes aux autres, eſt plus conſidérable que la force de cohéſion qui unit les fibres dont ces couches ſont formées; enſorte qu'il faut plus de force pour fendre un morceau de bois dans le plan des cercles, que par celui des lignes qui les coupent en tendant de la circonférence au centre; c'eſt-à-dire, dans le ſens des mailles *c*; & l'on aura plus de peine à fendre le morceau de bois (*Pl. XVI. fig. 4*), ſuivant la ligne *a b*, que ſuivant la ligne *c d*. Les Fendeurs de lattes ont ſans doute bien reconnu cette différence; car ils commencent par faire des levées de la largeur de leurs lattes de *e* en *f*, qu'ils refendent enſuite de l'épaiſſeur que ces lattes doivent avoir, ſuivant la direction *g h* & *i k*; de cette façon ils réſervent le ſens le plus favorable à la fente pour le temps où ils en ont le plus de beſoin. Il y a encore d'autres raiſons qui peuvent les engager

à en agir ainſi ; mais elles ne ſont pas de mon ſujet. Indépendamment de la plus grande facilité qu'il y a à fendre les bois
plutôt dans un ſens que dans un autre , on peut encore donner une bonne raiſon de la direction conſtante que les fentes
prennent de la circonférence au centre , par préférence à la
direction des couches annuelles.

Pour comprendre cette raiſon, il n'y a qu'à examiner la
coupe d'un rondin de bois, on y appercevra aiſément des
rayons *c, l, (Figure 4)*, qui partent du centre & qui s'étendent
juſqu'à la circonférence : l'union eſt apparemment moins intime
dans ces rayons, qu'on nomme *les mailles*; car c'eſt ordinairement dans quelques-uns d'eux que ſe forment les fentes. En
effet, par-tout ailleurs , ſi dans un arbre qui végete, les fibres
longitudinales ſe ſéparent, elles ne tardent pas à ſe réunir, &
par cette réunion, elles forment un réſeau ſur la ſurface des
rondins ; mais ces réſeaux ſont interrompus vis-à-vis les cloi-
ſons, ou plans de fibres dont je viens de parler : celles-ci pa-
roiſſent bien plus fines que les longitudinales, & elles ont une
autre direction , allant du centre à la circonférence. Ces endroits ſont donc moins fortifiées que les autres ; c'eſt donc là
où les fentes doivent ſe former & delà ſe prolonger juſqu'au
centre, à moins qu'un vice particulier ne les détermine à changer de direction & à ſe prolonger entre les couches annuelles.

§. 6. *Des arbres étoilés ou quadranés au cœur.*

Il nous reſte encore à expliquer une autre ſorte de fente qui
fait appeller *étoilés* ou *quadranés au cœur*, les bois qui en ſont
endommagés : ce qui leur fait donner ce nom , eſt une fente
où quelquefois pluſieurs qui ſe croiſent, comme dans la figure
5 , ſous différents angles, & qui ouvrent le cœur des arbres :
les pieces où ſe trouvent de pareilles fentes, quand même
elles ne ſeroient pas fort grandes, ſont réputées défectueuſes,
& avec grande raiſon, puiſqu'elles ſont une marque aſſurée
que les arbres qui les ont fournis , étoient en retour quand on
les a abattus. Pour concevoir comment ſe forment ces fentes,

il faut se souvenir que nous avons dit dans le premier Livre de cet ouvrage que, dans les arbres qui étoient en retour, ce n'étoit plus le bois du centre qui étoit le plus pesant, comme cela se trouve dans les arbres qui sont en crûe. Il suit delà que les bois qui dépérissent de vieillesse, perdent de leur densité ; & l'on a vu dans ce Chapitre qu'ils en perdent d'autant plus, qu'ils sont devenus plus vieux. Le *maximum* de la densité n'est donc plus au cœur *a* ; mais il se trouvera dans un point de l'espace qui est entre le centre & la circonférence, par exemple en *b*, cette densité va en diminuant de ce point *b*, au centre *a*, comme de ce point *b* à la circonférence *c*. La contraction doit suivre l'inverse de la densité : ainsi il n'y aura point de fente en *b* ; mais il y en aura à la circonférence *c, c, c* ; & au centre *a* ; celles-ci ne seront pas fort ouvertes ; enfin elles affecteront toutes sortes de figures & de directions : il seroit inutile d'en expliquer la cause après ce qui a été dit, on doit la sentir de reste.

Ce seroit peu d'avoir expliqué comment se forment les fentes dans les bois en rondins, & dans les bois équarris, si nous n'essayïons pas de trouver quelques moyens capables de diminuer leur progrès. Pour y parvenir, considérons ce que pratiquent les Potiers de terre ; ils ont pour le moins autant de besoin que nous, de prémunir leurs ouvrages des plus petites gerces.

§. 7. *Pratique mise en usage par les Potiers de terre, pour empêcher que leurs ouvrages ne se fendent.*

Quand un Potier de terre a bien détrempé & corroyé son argile, quand il en a formé un vase, ou encore mieux s'il en veut faire un cylindre solide & plein, il n'est pas douteux que sa terre se gerceroit, se fendroit & tomberoit par morceaux, s'il l'exposoit sur le champ à la cuisson, ou simplement dans un lieu chaud, même au soleil ; en un mot, s'il en précipitoit le desséchement. Il y a peu de Potiers de terre qui n'éprouvent de temps en temps cet inconvénient. L'expérience journaliere leur apprend que pour s'en garantir, ils doivent tenir les ouvrages nouvellement faits dans un lieu frais, afin que l'humidité ne se dissipe que peu à peu; le desséchement se fait ainsi plus uniformément au centre & à la circonférence du cylindre, & il n'arrive aucun désordre dans sa piece; seulement le volume total de la terre diminue plus ou moins, suivant qu'elle perd plus ou moins d'humidité; le rapprochement des parties se fait avec lenteur, & l'ouvrage conserve la forme que l'Ouvrier lui a donnée; au lieu que des secousses dérangeroient & gâteroient entiérement son ouvrage.

Mais, comme je l'ai déja remarqué, l'argile des Potiers est une matiere uniforme; les tranches qui sont au centre ne sont pas plus denses, elles contiennent autant d'humidité, & sont aussi capables de contraction que celles de la circonférence; & tout cela ne se rencontre pas dans un rondin de bois.

D'ailleurs, les molécules de l'argile ne sont pas aussi intimement unies entr'elles, que le sont les fibres ligneuses d'une piece de bois; elles peuvent glisser les unes sur les autres : si un Potier force doucement l'intérieur d'un tuyau qu'il travaille, il l'augmente de grandeur sans le rompre, ce qui seroit arrivé s'il l'avoit forcé brusquement; mais ce seroit envain que l'on voudroit tenter de la même maniere, d'augmenter le diametre d'un tuyau de Chêne, même en agissant avec tout le ménagement possible.

Malgré ces différences que je ne peux m'empêcher de regarder comme importantes, il m'a cependant paru que cette pratique des Potiers pouvoit avoir son application au bois : si l'on ne peut, en la suivant, prévenir entiérement les gerces, du moins pourroit-on empêcher les grandes fentes de se former. C'est la preuve d'un pareil fait que j'espere établir par les expériences que je vais rapporter.

§. 8. *Premiere Expérience.*

Pendant l'Hiver de l'année 1734, je fis abattre environ 50 Chêneaux qui pouvoient avoir 8 à 9 pouces de diametre ;

je les fis dépouiller de leur écorce, & fcier par troncs.

Ces troncs furent divifées en trois lots, & on fit enforte qu'il y eût dans chaque lot une tronce de chaque arbre ; enfuite on les pefa ; on mit un de ces lots fous un hangar expofé au Levant, & très-ouvert ; un autre lot fut dépofé fous un autre hangar plus frais & expofé au Nord ; enfin on mit le troifieme lot dans un endroit beaucoup plus frais, dans une cave, qui étoit à la vérité percée de plufieurs foupiraux.

L'Automne fuivante, les troncs que j'avois mifes fous le hangar fort chaud étoient très-fendues ; auffi quand je les pefai, les trouvai-je fort légeres ; elles avoient perdu prefque toute leur feve.

Celles que j'avois mifes fous le hangar frais, étoient moins gercées ; & elles avoient moins perdu de leur poids.

Enfin celles qui étoient reftées dans la cave, n'étoient point gercées, & elles avoient peu perdu de leur poids.

§. 9. *Conféquences de l'Expérience précédente.*

ON voit par cette expérience que les bois fe fendent à proportion de l'humidité qu'ils perdent : auffi quand j'ai tenu des bois déja fendus affez de temps dans l'eau, & que par ce moyen je leur ai eu rendu autant d'humidité qu'ils pouvoient en avoir dans le temps où ils étoient encore verds, les gerces fe font-elles refermées entiérement, & fi exactement qu'on ne pouvoit plus les appercevoir : cette propofition va être prouvée d'une autre façon.

§. 10. *Seconde Expérience.*

J'AI fait abattre plus de cent jeunes Chênes, & dix-huit gros Aunes ; je les ai fait fcier par troncs de trois & de fix pieds de longueur ; & après avoir eu l'attention de divifer en trois lots les troncs qui venoient des mêmes arbres, je fis équarrir celles d'un lot, écorcer celles d'un autre, & je confervai celles du troifieme lot avec leur écorce : toutes ces pieces

de

de bois furent mifes fous un hangar où elles refterent pendant deux ans : voici l'état où ces pieces de bois fe font trouvées après ce temps écoulé.

Celles qui avoient été écorcées étoient les plus fendues de toutes, même quand on les réduifoit au quarré ; car il eft certain que fi l'on s'en fût tenu à la feule infpection de ces rondins, leurs fentes auroient paru plus ouvertes que celles des rondins équarris, fans qu'elles euffent été pour cela plus grandes.

Les pieces de bois en grume étoient beaucoup moins fendues que celles qui avoient été équarries ; celles-ci cependant l'étoient fenfiblement moins que les pieces qui avoient été écorcées.

Il faut remarquer que comme tous ces bois n'étoient pas fort gros, & qu'ils avoient été tenus pendant deux ans fous un hangar fort ouvert, ils devoient être affez fecs.

§. 11. *Conféquences de l'Expérience précédente.*

Ce qui eft arrivé dans cette expérience s'accorde à merveille avec les principes que j'ai établis au commencement de ce Chapitre.

L'évaporation de la feve fe fait brufquement dans les bois écorcés ; le rapprochement des fibres s'opere donc par des fecouffes ; & voilà une caufe qui doit déja produire de grands éclats.

Cette évaporation fe fait promptement ; la contraction doit donc s'opérer dans les couches extérieures avant qu'elles agiffent dans les intérieures ; & voilà encore de quoi produire de grandes fentes, de quoi ouvrir les *roulures*, &c.

L'aubier & le jeune bois ayant été confervés dans les rondins écorcés ; il y avoit beaucoup de différence entre la denfité du bois du cœur, & celle du bois de la circonférence ; il faut donc convenir que tout tend à faire fendre & à faire éclater les rondins écorcés.

La denfité étoit moins inégale dans les bois équarris, puifqu'on avoit entiérement retranché, par l'équarriffage, l'aubier, & beaucoup du jeune bois ; cette denfité refte même peu fenfible dans les bois qui, comme ceux de la précédente expérience, font d'un petit équarriffage; l'effet du deffechement inégal des couches extérieures & des intérieures, diminuant auffi dans les bois qu'on équarrit, fur-tout quand ces bois ne font pas fort gros, les bois équarris fe doivent donc moins fendre que les rondins écorcés.

Mais pourquoi les rondins qui étoient en grume fe font-ils moins éclatés que les bois mêmes équarris? l'inégalité de denfité devoit s'y trouver comme dans les rondins écorcés? Cela eft vrai: mais comme on a vu par les expériences rapportées dans le premier article, que ces bois fe deffechent lentement, & même que l'écorce eft une matiere fpongieufe qui fe charge de l'humidité de l'air, l'évaporation de la feve fe fera donc plus uniformément dans toutes les couches; le rapprochement des fibres ligneufes ne fe fera pas par des fecouffes qui les faffent éclater, mais par une force lente & ménagée qui obligera les fibres à s'écarter les unes des autres; ainfi, au lieu de grandes fentes, il fe formera un nombre de petites gerces qui ne feront aucun tort aux pieces, & c'eft-là tout ce qu'on peut defirer; car dans un rondin de bonne qualité, il faut néceffairement que les couches extérieures prêtent de quelque façon que ce puiffe être.

J'ai fait encore plufieurs expériences qui démontrent l'évidence de ce que je viens d'avancer; je dois les rapporter ici tout de fuite.

§. 12. *Troifieme Expérience.*

J'ai dit dans le premier article de ce Chapitre, que j'avois fait abattre deux gros Chênes, dont l'un avoit été marqué *A*, & l'autre *B* (*Pl. XVII. fig. 1*); que j'avois fait fcier leurs troncs par billes de trois pieds de longueur; que chaque arbre m'en avoit fourni quatre qui avoient été numérotées 1, 2, 3, 4; que la bille numéro 1, de l'arbre *A*, étoit reftée en grume; que celle numéro 2, du même arbre avoit été équarrie; que la bille, numéro 3, étoit reftée en grume, & celle, numéro 4, équarrie. A l'égard de l'arbre *B*, la bille, numéro 1, fut écorcée; celle numéro 2, équarrie; la bille, numéro 3, fut écorcée, & celle, numéro 4, équarrie. J'ai dit que tous ces bois avoient été mis fous un même hangar; & j'ai établi dans quelle proportion s'étoit faite l'évaporation de leur humidité. J'ai auffi donné mes remarques fur la différente qualité de leur bois; mais je n'ai rien dit des obfervations que j'avois faites fur les fentes de ces différentes billes : voici le lieu d'en rendre compte.

Un plus grand détail me paroît cependant inutile, il fuffira de favoir que les rondins qui avoient été écorcés, étoient tellement fendus jufqu'au cœur, qu'on auroit pu, avec les moindres efforts, en détacher des quartiers.

Quoique les billes équarries fuffent moins fendues que les premieres, cependant elles l'étoient beaucoup plus que celles qui étoient reftées dans leur écorce, & celles-ci l'étoient fi peu, & feulement par les bouts, qu'en les équarriffant, toutes les fentes qui étoient fort petites, ont difparu entiérement; mais en y regardant de près, on y appercevoit un grand nombre de gerces, à la vérité fort petites, & qui ne pouvoient pas empêcher que ces billes ne puffent être employées à toute forte d'ufage.

§. 13. *Remarque.*

CETTE expérience confirme les conféquences que j'ai tirées de mes deux premieres; je n'ajouterai donc ici qu'une fimple remarque; c'eft qu'en obfervant attentivement le defféchement des rondins écorcés de ma troifieme expérience, j'ai plus particuliérement reconnu que, quand on fait defféchger trop promptement le bois, il s'ouvre dans les premiers mois de grandes fentes qui fe referment enfuite en partie, & que les petites gerces difparoiffent entiérement.

Je fouhaitois fort qu'on pût exécuter de pareilles expériences en Provence, parce que je jugeois que la différence entre les bois écorcés & ceux qui ne le feroient pas, y feroit plus confidérable que dans nos Provinces, non-feulement parce que les arbres qui y croiffent, étant de meilleure qualité que les nôtres, y gercent infiniment plus, mais encore parce que l'air y étant plus chaud & plus fec, fait fendre le bois d'une maniere extraordinaire.

M. de Héricourt, Intendant des Galeres, fe prêta volontiers à mes vues; en conféquence, tout fut difpofé pour l'expérience pendant un féjour que je faifois à Marfeille; & après mon départ, M. Garavaque, Ingénieur de la Marine, ayant bien voulu fe charger de fuivre celles que j'avois commencées, il s'en acquitta de la maniere la plus fatisfaifante pour moi : je vais rapporter ces expériences en détail.

§. 14. *Quatrieme Expérience.*

Le 18 Mai 1736, on abattit dans le terroir de Marfeille quatre gros Chênes; on les fit voiturer fur le champ dans l'Arfenal; on les coupa par billes, & on en tira toutes les pieces qui pouvoient être propres pour la conftruction des Galeres; on en équarrit une partie; on en écorça une autre, & on laiffa le refte en grume : toutes ces pieces furent dépofées fous un même hangar.

Voici les obfervations qui ont été faites fur ces pieces de bois, vers le mois de Juin 1738, lorfqu'on les a examinées pour la derniere fois.

Les billons qu'on avoit confervés avec leur écorce, ne paroiffoient point, ou prefque point fendus fur leur longueur; mais on voyoit des fentes affez confidérables fur les bouts ou fur l'aire de la coupe. Ces gerces avoient commencé à fe former dans la partie moyenne qui eft entre le cœur & la fuperficie; & elles avoient fait des progrès vers l'une & vers l'autre, fans pour l'ordinaire y être parvenues tout-à-fait; quelques fentes cependant s'étendoient dans quelques pieces jufqu'au cœur, & même le traverfoient (*Pl. XVII. fig.* 2), mais prefque jamais elles n'atteignoient l'écorce; enforte que fi l'on eût dépouillé ces billons de leur écorce, on n'auroit apperçu aucune fente confidérable à la fuperficie, puifque de toutes celles qui paroiffoient fur la coupe, aucune n'atteignoit la circonférence.

Pour s'assurer si ces fentes qu'on voyoit par les bouts pénétroient bien avant dans les billons, & s'il ne s'en formoit pas d'autres dans l'intérieur, on fit couper à l'un des bouts de quelques billons, une tranche de deux pouces d'épaisseur, & l'on trouva que les fentes diminuoient considérablement dans l'intérieur ; on en enleva ensuite une seconde tranche de la même épaisseur, pour pouvoir pénétrer davantage dans l'intérieur du billon, & les fentes disparurent presque entiérement, sans qu'on en découvrît de nouvelles. On fit aussi refendre à la scie quelques-uns de ces billons, & on n'y découvrit aucune fente ; mais quoiqu'il y eût deux ans & demi que les arbres avoient été abattus, ce bois étoit encore chargé de seve.

Ces observations ont été répétées plusieurs fois sur d'autres arbres, sans qu'on ait pu remarquer aucune différence considérable.

Les billons du même temps, & qui avoient été équarris, étoient dans un état bien différent, quoiqu'ils eussent resté sous le même hangar où l'on avoit mis ceux en grume. Ils étoient traversés de beaucoup de fentes, larges vers la superficie, & qui se perdoient au centre où peu d'entr'elles y touchoient, quoique leur direction fût toujours vers cet endroit : voyez Pl. XVII. figure 4, & encore pour les arbres écorcés, la figure 3.

Enfin ces billons équarris étoient bien plus secs, que ceux qui avoient été conservés en grume, quoique les uns & les autres eussent été abattus dans le même temps, & conservés dans le même lieu.

§. 15. Conséquences de la précédente Expérience.

CETTE expérience, quoiqu'exécutée dans une Province éloignée, & suivie par une autre personne que moi, s'accorde à merveille avec les précédentes.

L'écorce forme non-seulement un obstacle à l'évaporation de la seve ; mais outre cela elle est une sorte d'éponge qui se charge de l'humidité de l'air, comme nous l'avons démontré dans le précédent article : je pense que c'en est assez pour empêcher que les bois ne fe fendent, & pour que la plûpart des fentes des bouts ne puiffent atteindre la fuperficie des billons qui font recouverts d'écorce.

Comme la feve a une libre iffue par les bouts, il doit s'y former des fentes, mais qui ne pénétreront point avant dans le bois.

Le contraire de tout cela doit arriver dans les arbres équarris: c'eft encore ce qu'on voit dans l'expofé de cette expérience.

Ce feroit cependant chercher à fe faire illufion que de fe perfuader, qu'en ralentiffant l'évaporation de la feve, il y auroit beaucoup à gagner du côté des fentes, fi réellement on ne faifoit que les retarder; car s'il eft vrai que le bois ne fe fend qu'à proportion de l'humidité qu'il perd, on accordera volontiers qu'au bout d'un certain temps, celui qui eft en grume fe trouvera moins fendu que le bois écorcé ou équarri, puifqu'il eft fuffifamment prouvé que l'écorce fait un obftacle à l'évaporation de la feve. Mais auffi on conviendra qu'il faut à la fin que cette feve s'échappe; & fi après un an d'abattage, lorfqu'on viendra à équarrir du bois qui fera refté pendant ce temps dans fon écorce, il vient à fe fendre comme fi on l'avoit équarri tout verd, il eft clair qu'on n'auroit rien gagné à le laiffer en grume pendant ce même temps. C'eft donc ici le lieu d'examiner fi la lenteur du defféchement qui réuffit fi bien aux Potiers de terre, peut avoir fon application à l'égard du bois.

§. 16. *Continuation des précédentes Expériences.*

C'eft dans cette vue que j'ai écrit à M. Garavaque pour le prier de faire équarrir, neuf mois après leur abattage, quelques - uns des billons qu'il avoit confervés en grume; ce qu'il voulut bien exécuter. De mon côté, j'ai fait équarrir, un an après qu'ils avoient été abattus, les bois en grume de ma feconde expérience & encore ceux de la troifieme: tous font reftés plus d'un an en cet état. Il s'eft formé fur ceux de M. Garavaque & fur les miens, beaucoup de gerces & quelques fentes, mais qui n'étoient ni fi ouvertes ni fi profondes que celles des billons qui avoient été écorcés ou équarris fur le champ : cette multitude de petites fentes n'a point empêché qu'on n'ait pu faire ufage de ces pieces.

§. 17. *Conféquences de ces Expériences.*

Ces expériences prouvent que les pieces de bois, ainfi que les ouvrages des Potiers de terre, fe fendent moins, quand on peut ralentir leur defféchement, que quand on veut le précipiter ; mais avec cette différence, qu'en y apportant beaucoup de précautions, on peut empêcher les ouvrages de terre de fe fendre en aucune façon ; au lieu que les bois fe gercent, quelque précaution qu'on y apporte, & c'eſt à l'inégale denfité du bois que j'attribue cette différence.

Cependant, puifqu'il eſt démontré qu'on peut, en fufpendant l'évaporation de la feve, diminuer beaucoup les fentes, & faire qu'au lieu d'une grande fente, il s'en forme plufieurs petites & moins préjudiciables, c'eſt déja un moyen de préferver les bois du dommage qu'elles leur caufent : ce moyen eſt praticable en certains cas. Nous allons propofer d'autres expédients ; mais avant de finir cette matiere, il eſt à propos de faire quelques obfervations relatives au bois qu'on conferve en grume.

§. 18. *Premiere Remarque.*

Nous avons dit dans le premier article de ce Chapitre, que les bois dont on fufpendoit le defféchement, foit en les tenant dans des lieux frais, foit en les laiffant recouverts de leur écorce, étoient plus tendres que ceux qu'on expofoit à un prompt defféchement ; on fait d'ailleurs que les bois tendres fe gercent moins que les bois forts : il pourroit donc arriver que cet affoibliffement des fibres ligneufes contribuât à diminuer le progrès des fentes ; mais je ne vois pas comment on pourroit, par des expériences, parvenir à faire une diſtinction précife de ce que produit dans ce cas l'affoibliffement des fibres ligneufes, ou le fimple rapprochement tonique dont nous avons parlé.

§. 19. Seconde Remarque.

POUR efpérer quelques avantages de l'écorce, il ne fuffit pas de conferver les bois en grume l'efpace de deux ou trois mois. En preuve de ce que j'avance, je rappellerai ce qu'on a vu dans mes expériences précédentes, qu'un rondin couvert de fon écorce, qui devoit perdre, pour être réputé fec, un tiers de fon poids, n'en a perdu, pendant les mois de Février, Mars & Avril, qu'un quinzieme.

Cependant le foleil commence à avoir bien de la force en Mars & en Avril. Il n'eft pas douteux que ces rondins auroient beaucoup moins diminué de poids, fi on les eût abattus en Décembre, & pefés à la fin de Février. Mais je prends le cas le plus favorable à l'évaporation de la feve; & l'on voit qu'au commencement de Mai le rondin dont il eft queftion ci-deffus, n'ayant diminué que d'un quinzieme, étoit peu différent, quant au poids, de ce qu'il étoit dans le temps précis de la coupe: ainfi, fi je l'avois fait équarrir au commencement de Mai, temps où le foleil a beaucoup de force, & dans lequel la feve s'évapore très-promptement, il eft clair qu'il fe feroit confidérablement fendu, & prefque autant que fi on l'avoit abattu dans cette même faifon, & équarri fur le champ.

J'ai encore pefé ce même rondin à la fin de Décembre, c'eft-à-dire, dix mois après avoir été abattu, il n'étoit encore gueres plus diminué de poids que d'un feizieme, au lieu d'un tiers qu'il devoit perdre, & qu'il a effectivement perdu par la fuite.

Cette expérience prouve qu'il faut au moins conferver les bois jufqu'à la fin de l'Eté dans leur écorce, fi l'on veut empêcher par ce moyen qu'ils ne fe fendent par grands éclats; alors on pourra hardiment les équarrir, parce que les chaleurs étant paffées, il n'y aura point à craindre que le refte de la feve ne fe diffipe trop brufquement; feulement une partie s'évaporera lentement pendant la faifon de l'Hiver, & les bois en feront plus en état de fupporter les chaleurs du Printemps & de l'Eté de l'année fuivante.

Je

Je vais plus loin, & je dis qu'il vaudroit mieux les équarrir auſſi-tôt qu'ils ont été abattus, pendant l'Hiver, que de remettre ce travail au Printemps ſuivant, parce que, comme la ſeve s'échappe plus promptement d'un morceau de bois équarri, que de celui qui reſte en grume, il s'en diſſipera davantage pendant l'Hiver, ſaiſon où l'on doit moins redouter une trop prompte évaporation, parce que, nonobſtant l'équarriſſage, elle s'opérera toujours lentement.

Cette évaporation lente n'eſt pas à négliger : elle a monté dans un gros morceau de bois quarré que j'avois pris du même arbre qui m'a fourni le rondin dont je viens de parler, à près d'un quart dans les mois de Février, Mars & Avril; & il ſe trouvoit fort ſec à la fin de Décembre, ayant alors perdu plus d'un tiers de ſon poids ; par conſéquent une bonne partie de la ſeve s'eſt échappée doucement dans l'eſpace de trois mois; au lieu qu'elle ſe feroit échappée bruſquement, ſi l'on eût remis à équarrir cette piece de bois au Printemps ſuivant.

§. 20. *Troiſieme Remarque.*

J'AI prouvé dans le détail de mes expériences, que les bois qui reſtent en grume ſont moins ſujets à ſe fendre & à s'éclater, que ceux qu'on équarrit preſque auſſi-tôt qu'ils ont été abattus ; & j'ai penſé qu'on étoit redevable de cet avantage au ralentiſſement de l'évaporation de la ſeve occaſionné par les écorces. Malgré les preuves expérimentales que j'ai rapportées pour appuyer mon ſentiment, quelques perſonnes exercées dans l'exploitation des forêts, en convenant avec moi du fait, en donnent une autre raiſon. Ils regardent l'écorce des arbres comme une gaîne capable de réſiſtance, & qui s'oppoſe à l'effort que font les fibres pour ſe ſéparer.

Mais pour faire ſentir que la réſiſtance des écorces ne peut produire un grand effet, je demande qu'on examine l'écorce du Chêne ; il eſt vrai qu'on découvrira, ſur-tout ſur les jeunes branches, un épiderme dont les fibres ont plutôt une direction circulaire que verticale par rapport à la longueur du tronc ;

R r r

mais cet épiderme eſt ſi mince & ſi fragile qu'on le peut hardiment compter pour rien ; le ſurplus de l'écorce eſt une eſpece
de laſſis, ou un aſſemblage de fibres ligneuſes qui ont une direction longitudinale, mais qui ſont mal unies latéralement les
unes avec les autres, & qui forment un réſeau dont les mailles
ſont remplies par des véſicules, ou un parenchiſme, ou des
vaiſſeaux extrêmement capillaires, auſſi incapables les uns que
les autres d'une grande réſiſtance ; c'eſt en conſéquence de
cette organiſation que l'écorce peut réſiſter avec force quand
on tire ſes fibres ſuivant leur longueur, & qu'elle cede aiſément quand on ne tend qu'à les ſéparer en tirant l'écorce dans
ſa largeur.

Que l'on compare à préſent cette foible réſiſtance (que tout
le monde peut éprouver) à la force conſidérable des fibres
ligneuſes qui tendent à ſe déſunir, force capable de rompre
les aſſemblages de menuiſerie les mieux conditionnés, & de
produire beaucoup d'autres effets dont je parlerai par la ſuite.

Je crois donc que la force des écorces, dans le cas dont il
s'agit, n'égale pas à beaucoup près celle d'une couche ligneuſe.

On m'objectera que la grande réſiſtance de l'écorce ſe voit
ſenſiblement dans un arbre qui végete, & que ſi l'on fend avec
la pointe d'une ſerpette l'écorce d'un arbre vigoureux ſuivant
la direction de ſon tronc, on voit en peu de temps la plaie
s'ouvrir & l'arbre groſſir ; ce qui prouve que l'écorce oppoſoit
une grande réſiſtance à l'effort des fibres ligneuſes qui ten-
doient à s'étendre ſuivant la groſſeur du tronc.

Ce raiſonnement paroîtra concluant à qui n'aura pas examiné la choſe de plus près : mais ſi l'on y veut prêter attention,
on s'appercevra bientôt que l'écartement de l'écorce ne vient
pas de ce que le bois ſe trouvoit gêné par l'écorce, mais de
ce que l'écorce l'étoit elle-même par le bois ſur lequel elle
étoit étendue ; ainſi, pour entendre préciſément ce qui en eſt,
il faut ſe repréſenter un morceau de parchemin mouillé, très-
mince & très-aiſé à déchirer, qui ſeroit tendu ſur un morceau
de bois ; ce parchemin ne ſeroit pas capable d'empêcher le
bois de ſe fendre, puiſque je le ſuppoſe mince, aiſé à ſe rompre

& expanfible ; mais fi l'on fait une incifion à ce parchemin, il eft clair que les levres coupées fe retireront en vertu de la tenfion & de l'élafticité du parchemin. Il en eft de même de l'écorce que l'on fend fur un arbre ; comme elle eft fur le bois dans un état de tenfion, elle fe retire, ce qui doit déja faciliter l'augmentation de groffeur de l'arbre ; outre cela, il s'échappe, des fibres coupées ou rompues, un fuc qui s'endurcit, & qui fait une augmentation de volume dans le lieu de la cicatrice, capable quelquefois de produire de bons effets, comme de redreffer de jeunes arbres un peu courbés, ou de leur donner de la groffeur dans les endroits où, par quelque accident, ils n'avoient pas pris affez de corps. Mais comme tout ceci n'eft pas de mon fujet, il me fuffit d'avoir prouvé que la réfiftance des écorces n'eft pas capable de produire un grand effet dans le cas dont il s'agit ici ; & je reviens à mon objet.

On a vu que, quand la fuperficie des rondins fe deffeche trop promptement en comparaifon du centre, les bois fe fendent confidérablement, & qu'on peut prévenir cet accident en retardant l'évaporation de la feve.

Je crois auffi avoir démontré qu'il fe formoit néceffairement des gerces fur un rondin qui fe deffeche, par la raifon que les couches du centre ne fe contraĉtent pas proportionnellement à celles de la circonférence : on peut bien, en fufpendant l'é-vaporation de la feve, empêcher qu'il ne fe forme de grands éclats ; mais quelque chofe que l'on faffe, il eft néceffaire qu'il fe forme beaucoup de petites fentes fur la fuperficie d'un rondin qui fe deffeche. J'ai jugé que la même chofe n'arriveroit pas, fi l'on débridoit, pour ainfi dire, les cercles ligneux, pour leur faciliter la liberté de fe contraĉter ; ce qui m'a confirmé dans cette opinion, c'eft que j'ai remarqué que quand il fe formoit une grande fente à la circonférence d'un cylindre, il ne s'en trouvoit prefque pas dans le refte du corps de lá piece : cette réflexion m'a engagé à faire l'expérience fuivante.

§. 21. *Cinquieme Expérience.*

Dans les premiers jours de Janvier, je fis débiter trois

tronces d'orme & trois tronces dans des Chênes qui avoient été abattus à la mi-Décembre : j'en fis écorcer deux de chaque efpece de bois, & j'en confervai une auffi de chaque efpece en grume ; je fis traverfer celles-ci dans leur longueur par un trait de paffe-par-tout *a b* qui alloit jufqu'au cœur. (Voyez *Pl. XVI. fig. 6.*) : j'en fis autant à une rondine d'Orme, & à une de Chêne écorcées.

J'ai dit ci-devant que les fentes fe forment dans l'endroit de la circonférence où les couches ligneufes font les moins fortes ; moyennant le trait de fcie *a b*, tous les cercles ligneux fe trouvant coupés, le lieu de la fente eft déterminé; & tout ce qui doit arriver, c'eft qu'à mefure que les couches fe retireront, le trait *a b* s'élargira, & formera l'ouverture *e b d* : voici ce qui eft arrivé. Les rondins fimplement écorcés, fe font beaucoup fendus en différents endroits de la circonférence, comme le repréfente la figure 3 (*Pl. XVII*). Les rondins écorcés & qu'on avoit traverfés d'un trait de fcie jufqu'à l'axe, fe font fendus auffi en plufieurs endroits de la circonférence, mais beaucoup moins que les autres, le trait de fcie s'étant élargi & tenant lieu d'une grande fente : ceux qui font reftés avec leurs écorces, fe font peu fendus dans toute la circonférence; il n'y a prefque eu que le trait qui s'eft ouvert.

§. 22. *Conféquences de l'Expérience précédente.*

ON voit par cette expérience que je ne me fuis pas fort éloigné de la vérité, quand j'ai établi, fur une fimple fuppofition, la grandeur & la forme que doit avoir une fente qui confomme toute la contraction des couches ligneufes.

Outre cela, il me femble qu'il y a des cas où l'on pourroit traverfer ainfi, par un trait de fcie, des cylindres & des rouleaux fans porter aucun préjudice aux pieces ; & alors ce feroit encore un moyen de diminuer les fentes, qui, répandues dans la totalité de ces pieces, leur deviendroient préjudiciables. Si, par exemple, on fe propofoit de faire un treuil, (*Pl. XVI. fig. 7*), comme on a coutume de faire dans toute la longueur du cylindre *A B*, une rainure *C D*, pour placer l'axe dans le centre, il est évident qu'on devroit, pour éviter les fentes, faire cette tranchée lorsque le cylindre est tout nouvellement abattu, encore verd & plein de feve ; au lieu qu'ordinairement on ne fait cette rainure que quand le bois est devenu sec, & qu'alors il s'est beaucoup fendu. Mais si un trait de scie qui ne s'étend pas au-delà de l'axe de la piece, a déja diminué sensiblement les fentes, n'y a-t-il pas tout lieu de juger qu'on pourra diminuer ces fentes à proportion qu'on facilitera la contraction des couches ligneuses ? Cela sera aisé à pratiquer toutes les fois que la destination des pieces permettra de les refendre en deux ou en quatre. Comme j'ai tenté ce moyen, on va voir quel a été le succès de mon expérience.

§. 23. *Sixieme Expérience.*

J'ai fait refendre à la scie plusieurs rondins de Chêne & quelques pieces de bois quarré ; les uns par un seul trait de scie qui passoit par l'axe de la piece, & qui la partageoit en deux, (*Pl. XVII. fig. 5*) ; d'autres, par deux traits de scie qui se croisoient au centre & qui la séparoient en quatre (*fig. 6*) : je les ai laissés se dessécher parfaitement pendant plusieurs années, & au bout de ce temps, voici en quel état je les ai trouvés.

Les faces sciées, qui d'abord étoient nécessairement plates, comme *a b*, (*fig. 5*) *c d e f*, (*fig. 6*), étoient devenues courbes ; & quand on les appliquoit les unes sur les autres, elles laissoient entr'elles les espaces *g h i*, *k l m* (*fig. 7*), & les espaces *n, o, p; q, r, s; t, u, x; y, z, &* (*fig. 8*) : ces espaces devant être considérés comme autant de fentes, il n'est pas surprenant que les moitiés de ces rondins 1, 2, (*fig. 7*), se soient trouvés peu fendues, & que les quartiers 3, 4, 5, 6, (*fig. 8*), aient été presque exempts de toute fente.

§. 24. *Conséquences de l'Expérience précédente.*

1°, On voit par l'expérience précédente, que les ouvertures

g h i, k l m, (*fig.* 7), & *t u x*; *o p n*, &c. (*fig. 8*), qui tiennent
lieu de fentes, font formées par des courbes qui approchent
beaucoup de celles que j'ai déterminées au commencement
de ce Chapitre.

2°, Il est évident que plus on débride, pour ainsi dire, les
couches ligneuses, plus on leur donne de liberté pour se contracter, moins on a à craindre qu'il ne se fasse des fentes.

3°, Il n'y a donc plus à balancer : il faut refendre en deux
ou en quatre toutes les pieces qui font destinées à l'être, auffi-
tôt que les arbres ont été abattus ; & ne pas, comme on le
fait, conferver en billes & en plançons, les pieces qui doivent
être refendues pour faire des madriers, des plates-formes, des
précintes ou les membres des Galeres, des chevrons, des
membrures, des planches, &c.

Il ne fera pas, je crois, inutile de rapporter encore ici plufieurs obfervations particulieres que j'ai eu occafion de faire,
en exécutant l'expérience que je viens de rapporter.

§. 25. *Premiere Obfervation.*

Un rondin fendu en deux *a b*, (*Pl. XVII. fig. 5*), est moins
endommagé par les fentes, que s'il étoit resté dans fon entier.
Mais on concevra aifément, en jettant les yeux fur la Figure 1
de la Planche XVIII, qu'une piece de bois équarrie fe fendra
encore moins qu'un rondin, parce que les portions *a b c, c d e,
e f g, g h a*, qui font de jeune bois capable de la plus grande
contraction, font retranchées, & que ce retranchement fera
aussi que les ouvertures *i l m*, & *n o p*, feront moins grandes
que dans le cas repréfenté par la Figure 7 de la Planche XVII.

§. 26. *Seconde Obfervation.*

Si au lieu de refendre une rondine par le centre, comme
a b, (*Planche XVII. figure 5*), on la refendoit en *a b*, (*Figure*
2, *Planche XVIII*) ; on fent bien, pour peu qu'on fasse attention à la direction de la contraction, qu'il fe doit ouvrir
de grandes fentes en *e d* ; mais il fera affez rare qu'il s'en forme
dè confidérables à la circonférence *a f b*, & encore moins à
celle *a g b*.

§. 27. *Troisieme Observation.*

Quand le cœur de l'arbre se trouve renfermé dans une piece de bois quarrée, mais plus d'un côté de la piece que d'un autre, il s'ouvre presque toujours de très-grandes fentes sur les faces de la piece qui sont les plus voisines du cœur ; telles que les fentes *a, a, a,* (*Pl. XVIII. fig. 3 & 4*), & ces fentes se terminent à rien au centre de la piece.

§. 28. *Quatrieme Observation.*

Au contraire, si le cœur de l'arbre est hors de la piece, il ne se formera presque jamais de grandes fentes sur les faces qui forment l'angle qui répond au cœur de l'arbre ; c'est-à-dire, sur les faces *ab, ac, ad, ae, af, ag, ah*: Voyez(*Pl. XVIII. Figure 5*).

§. 29. *Cinquieme Observation.*

Il ne se forme presque jamais de fentes sur les faces des pieces, lorsque ces faces se trouvent paralleles aux rayons qui s'étendent du centre à la circonférence. Il n'y en a point, par exemple, de *a* en *h*, de *a* en *g*, (*fig. 5*); & un secteur, tel que *agb*, (*fig.* 2), ne se fend que par des accidents particuliers.

§. 30. *Sixieme Observation.*

Lorsque le cœur de l'arbre est hors de la piece, & qu'il répond à son milieu, il se forme ordinairement quelques fentes en cet endroit, comme on le voit à la piece de la figure 4. Ceci se voit très-sensiblement dans les figures 1 & 2. de la Planche XIX. Voyez l'expérience du §. 35.

§. 31. *Septieme Observation.*

Si l'on creuse un rondin de bois, comme pour en faire un tuyau, ordinairement il ne se fend pas, à moins qu'on ne l'expose à un desséchement très-prompt ; il diminue seulement de diametre, & il se forme quelques petites gerces à la superficie, telles què *a a a*, (Pl. XVIII. *fig.* 6); & fi on le féparoit en deux comme en *d*, (*fig.* 7), il fendroit encore moins.

§. 32. *Huitieme Observation.*

CE que je viens de dire fur les fentes, eft communément vrai, mais n'eft pas toujours conftamment de même; car il arrive beaucoup d'accidents qui dérangent abfolument l'ordre commun : le double aubier, les nœuds, les couronnes de bois fort, les gélivures, la roulure, la quadranure, &c, dérangent l'ordre naturel. Outre cela, fi un des côtés d'une piece de bois refte conftamment tourné vers le foleil, elle fe fendra beaucoup pour cette feule raifon ; & au contraire, les faces qui font tournées vers la terre, ne fe fendent prefque pas ; c'eft pourquoi il y a des cas où il eft avantageux d'enchanteler les pieces de bois, en mettant plutôt un des côtés de la piece vers la terre qu'un autre ; le côté *a b* (*Figure* 7), par exemple, plutôt que le côté *e*.

§. 33. *Neuvieme Observation.*

GÉNÉRALEMENT parlant, il eft certain que les bois refendus ne fe fendent pas tant que les bois qu'on laiffe dans leur entier, foit qu'ils foient en rondins ou équarris ; & les fentes qui s'ouvrent fur les bois refendus ne leur caufent pas autant de préjudice, parce qu'elles n'entrent prefque jamais bien avant dans l'intérieur des pieces

§. 34. *Dixieme Observation.*

UNE piece de quartelage qui feroit équarrie fur trois faces, & dont la quatrieme refteroit chargée de fon écorce, ne fe trouvera prefque jamais fendue fur cette face *e*. Voyez la figure 7.

§. 35. *Onzieme Observation.*

LES Figures 1 & 2 de la Pl. XIX, repréfentent l'aire de la coupe de deux pieces de bois quarré, bois de Provence, qui avoient été réduites, encore vertes, à huit pouces en quarré, comme on le le voit par les lettres *A B, C D,* (*Fig. 1*), & *E F, G H,* (*Fig. 2*), les lignes inscrites *a b c d,* (*Fig. 1*), ainsi que *e f g h,* (*Fig. 2*), marquent la grosseur des pieces lorsqu'elles ont été bien seches; il faut observer que ce dessein est très-correct. *M N O,* (*Fig. 1*), & *N B P,* (*Fig. 2*), marquent la direction des couches annuelles: *i i i i,* &c, marquent la direction des fibres rayonnées qui ne vont pas toujours en lignes droites, & qui ne se prolongent pas toujours sans interruption depuis le centre jusqu'à la circonférence; *k,* le cœur de l'arbre; *L L L,* &c, les fentes.

On voit, 1°, que le cœur de l'arbre *k,* (*Fig. 1*), est dans la piece, & qu'elle se trouve beaucoup plus fendue que la piece, (*Fig. 2*), où le cœur est dehors ; 2°, la plus grande partie des fentes se trouve du côté *a d,* qui est le plus voisin du cœur ; 3°, on peut remarquer que les courbures *e f,* (*Fig. 1 & 2*), ressemblent assez à celles que nous avons déterminées au commencement du second article de ce Chapitre.

En voilà, me semble, assez sur les pieces de bois refendues en deux ou en quartelage ; je vais maintenant examiner ce qui doit arriver aux pieces débitées en plateaux, en membrures, en bordages, & en planches de différentes épaisseurs : il y a lieu de croire que les bois débités de ces différentes façons se fendront encore moins, puisque les couches ligneuses ont pu se contracter d'autant plus facilement. Il est à propos d'examiner cela en détail, & de rapporter les expériences que j'ai faites sur des pieces de bois débitées de toutes ces manieres.

§. 36. *Septieme Expérience.*

La premiere figure de la Planche XX représente un arbre verd qui a été refendu en planches épaisses, ou en bordages, par les lignes *a, b, c, d, e*; on a ensuite conservé ces planches dans un lieu sec, jusqu'à ce qu'elles eussent entiérement perdu leur humidité. On les a voulu poser ensuite les unes sur les autres, comme si l'on avoit dessein d'en reformer un corps d'arbre en entier; mais ces planches ne pouvoient plus se joindre aussi exactement qu'elles le faisoient en *a,* en *b,* en *c,* en *d,* en *e :* elles se touchoient bien par leur milieu ; mais leurs

S f f

bords reſtoient écartés, comme on le voit en *m m*, en *n n*; en *o o*, &c; par conſéquent ces planches s'étoient toutes courbées; mais *m n*, moins que *n o*; *n o* moins que *o p*; *o p* moins que *p q*. La Planche *D*, (*fig.* 2), ne s'étoit cependant point courbée, & les ouvertures *a a*, *b b*, ont été produites principalement par la contraction des portions *c c*.

Voilà le fait; mais pour mieux concevoir par quelle méchanique il s'opere, il faut jetter les yeux ſur la figure 2, Planche **XX**.

La membrure *D*, (*fig.* 2), a été levée au cœur de l'arbre; elle eſt formée des couches *Y*, *X*, *V*, *T*, *S*, &c, qui ſont de différents âges, & par conſéquent de différente denſité. Celle du cœur eſt la plus denſe, & *Y*, celle qui l'eſt le moins: toutes ces couches ſe contracteront; ainſi *a a*, & *b b* ſe rapproche-ront du centre; la planche perdra de ſa largeur: ce n'eſt pas tout; elle diminuera auſſi d'épaiſſeur, plus en *Y* où le bois eſt moins denſe, qu'en *X V T S*, &c, où le bois devient denſe de plus en plus. Mais la planche ne ſe courbera pas, parce que la contraction ſera la même ſur la face *a a* que ſur la face *b b*.

Il n'en ſera pas de même de la planche *m m*, *a a*, de la figure 1: comme il y a plus de bois jeune à la face *n n*, qu'à la face *m m*, la face *n n* doit plus ſe contracter que la face *m m*: la planche ſe courbera donc, & les faces de cette planche prendront la figure repréſentée par les lignes ombrées ſur cette figure.

Toutes les planches de la figure 1, s'arqueront d'autant plus, qu'il y aura plus de différence entre la denſité du bois des faces *n n* & *o o*, *o o* & *p p*, *p p* & *q q*.

Conſéquences de l'Expérience précédente.

1°, On voit clairement par l'expérience que je viens de rap-porter, qu'une planche qui contient le centre d'un arbre, comme eſt la planche *D*, (*Pl. XX. fig.* 2), ne s'arque pas.

2°, Que toutes les autres planches s'arquent d'autant plus, qu'elles ſont plus éloignées de ce centre.

3.°, Il eſt évident que les planches ſe doivent arquer d'autaut moins qu'elles feront plus minces : ainfi les planches *a a*, *h h*, *h h*, *b b*, fe courberont moins que les planches *a a*, *b b*, *b b*, *c c*, *c c*, *d d*, qui font plus épaiffes.

4º, Ces planches feront toutes très-peu endommagées par les fentes ; celles qui feront fort épaiffes, auront feulement quelques gerces à la partie moyenne de la face convexe, & quelques fentes à leurs bouts ; mais comme les fentes des bouts font caufées par le racourciffement des fibres & non par leur rapprochement, j'en parlerai après que j'aurai rendu compte des expériences exécutées à Marfeille par M. Garavaque.

§. 37. *Huitieme Expérience.*

Lorsque j'étois à Marfeille, on reçut dans le port des billons encore verds de Chêne de Bourgogne pour en faire des lattes * : on a coutume de les conferver ainfi en billons, & de ne les refendre en lattes que quand on doit les employer. On trouve ordinairement ces billons traverfées par de grandes fentes qui font tomber beaucoup de bois en pure perte. Je fis refendre fur le champ plufieurs de ces billons en lattes, & je les mis fous un même hangar avec d'autres pieces que je confervai en billons. M. Garavaque les a vifités plus de quatre ans après : il a trouvé que les lattes refendues étoient fans aucune fente & en très-bon état ; mais les billons de comparaifon étoient fendus autant que le Chêne de Bourgogne peut l'être ; car, comme je l'ai déja remarqué, il ne s'ouvre jamais autant que les Chênes de Provence.

§. 38. *Conféquences de l'Expérience précédente.*

On peut conclure de cette expérience, qu'il eft très-avantageux, pour prévenir les fentes, de refendre tout verds les bois qui font deftinés à être débités ainfi, de fe hâter de percer les corps de pompe & tous autres tuyaux, de vuider les gouttieres, &c ; il en réfultera une grande économie, du moins

---

* Les lattes, pour le fervice des Galeres, font faites de madriers affez épais, & qu'on refend avec la fcie-de-long dans des pieces de bois quarré qu'on appelle *billons*.

pour les bois de Bourgogne, & proportionnellement pour ceux
de Provence.

§. 39. *Neuvieme Expérience.*

Le 27 Mai 1736, M. Garavaque choifit douze billons de
Chênes de Provence de diverfe groffeur & de différents âges;
ces billons avoient quatre ou cinq mois de coupe.

Le bois de quatre de ces billons étoit d'environ 60 ans, &
ces pieces portoient 10 à 12 pouces d'équarriffage.

Le bois de quatre autres billons étoit d'environ 100 ans:
les pieces portoient 15 à 16 pouces d'équarriffage.

Le bois des quatre billons reftants, étoit beaucoup plus
âgé: les pieces avoient 30 à 32 pouces de diametre.

Il fit refendre fix de ces billons, favoir, deux de chaque
âge, en tranche de 5 à 6 pouces d'épaiffeur; il les fit placer
dans un magafin avec d'autres billons qui étoient reftés dans
leur entier & qui devoient fervir de pieces de comparaifon.

Le 6 Juillet 1739, plus de trois années après le fciage de
ces pieces, il trouva que les plateaux du bois le plus jeune
étoient plus fendus que ceux du bois plus âgé; & parmi les
tranches du plus âgé, les unes étoient très-peu fendues, &
d'autres ne l'étoient point du tout.

Les billons de comparaifon étoient fort ouverts, excepté
du côté qui étoit tourné vers la terre.

Les dix-huit plateaux qu'on avoit tirés des fix billons étoient
donc plus ou moins gercés; M. Garavaque en trouva cinq fans
aucune fente, neuf qui en avoient quelques-unes, mais qui
ne pénétroient pas fort avant; enfin quatre autres étoient traverfées de grandes fentes.

§. 40. *Conféquences de cette Expérience.*

Voila donc quatorze pieces de bois de différents âges qui
fe font confervées fans fe fendre confidérablement; & dans
ce nombre il y en a eu cinq qui s'en font trouvées totalement
exemptes, il n'y en avoit que quatre ou cinq qu'on pût dire

endommagées par les fentes ; au lieu que les six billons qu'on
avoit confervés en entier comme pieces de comparaifon, fe
font trouvés tous très - fendus; cependant ils étoient de bois
de Provence, & les plateaux qu'on en a tirés avoient cinq ou
fix pouces d'épaiffeur, & la plupart avoient été pris dans des
pieces qui n'étoient pas fort groffes : tout cela influe beaucoup pour occafionner des fentes. Pour faire fentir combien
cet article eft important, fur-tout pour les ouvrages cintrés, il
faut jetter les yeux fur les figures 1, 2 & 3 de la Planche
XXII. La premiere repréfente un plateau dont on veut faire
trois eftamenaires pour les galeres ; il en feroit de même pour
les flafques des affuts de canons, &c.

§. 41. *Dixieme Expérience.*

A peu-près dans le même temps, M. Garavaque fit refendre
en bordages de trois pouces d'épaiffeur, un billon de Chêne
de la même coupe, & qui étoit encore très-verd : ces bordages
fe font confervés fans la moindre fente.

§. 42. *Conféquences de cette Expérience.*

CETTE expérience démontre que j'ai eu raifon d'affurer
qu'on pouvoit prévenir d'autant plus les fentes, qu'on refen-
dra les bois en planches plus minces : j'ai pouffé cet examen
jufqu'aux plus petites épaiffeurs, dont il eft inutile de rapporter le détail.

Après avoir donné des faits fur le rapprochement des fibres
ligneufes, je vais maintenant prouver qu'elles fe raccourciffent,
& examiner ce que ce racourciffement doit produire.

ARTICLE III. *Où l'on démontre que les fibres fe contractent fuivant leur longueur.*

QUOIQUE les parties des plantes qui portent le fuc nourí-
cier, & qui le diftribuent, foient ordinairement appellées *vaif-*
feaux, à caufe qu'elles ont les mêmes fonctions que les vaif-

feaux des animaux , néanmoins leur ftructure , & quelques autres ufages qui leur font particuliers, montrent qu'elles ne font le plus ordinairement que de véritables fibres.

Soit que ces fibres foient fiftuleufes, comme elles le paroif. fent dans plufieurs plantes aquatiques & dans les arondina. cées, foit qu'elles foient fimplement fibreufes comme elles le paroiffent dans plufieurs autres plantes, & comme je les ai ob. fervées dans l'anatomie de la poire. (V. *la Phyfique des Arbres*); il eft certain que c'eft par le moyen de ces parties que fe doit faire la diftribution du fuc nourricier. Il y a cependant beau-coup d'apparence que les fibres ont encore d'autres ufages: ils font en quelque façon le fquélette des plantes, parce qu'en effet ils les foutiennent & les affermiffent. M. Tournefort s'eft particuliérement attaché à prouver que ces vaiffeaux devien-nent fouvent des fibres capables de contraction, quand les par-ties, où elles fe trouvent placées, ont entiérement pris leur ac-croiffement, & qu'elles n'ont plus befoin de nourriture. Ainfi, de même que les vaiffeaux ombilicaux du fœtus deviennent des ligaments dans un adulte; les vaiffeaux des plantes qui fouvent ne font que des fibres abreuvées du fuc nourricier, deviendront des efpeces de mufcles : en fe defféchant, ces fibres perdent l'emploi de vaiffeaux, elles en doivent donc perdre auffi le nom; mais fi ces fibres, en fe defféchant, fe con-tractent, & fi par leur contraction elles produifent quelques mouvements, ce ne peut être qu'en écartant certaines parties, en en refferrant d'autres ; & il fera tout naturel alors de les confidérer comme des efpeces de mufcles.

Cependant, quoique dans cette circonftance, l'effet des fibres ligneufes foit le même que celui des fibres mufculaires des animaux, le méchanifme qui le produit eft très - différent. Quand un mufcle animal fe contracte ; il fe gonfle ; il eft pro-bablement plus rempli de fucs ; il gagne en groffeur ce qu'il perd en longueur ; au lieu que les mufcles végétaux, ou fi l'on veut, les faifceaux de fibres ligneufes ne produifant leur effet qu'en vertu de leur defféchement , perdent en même temps de leur longueur, de leur groffeur & de leur poids. C'eft un fait que j'ai particuliérement en vue d'établir, & que je vais essayer de démontrer. Pour éviter trop de longueur dans cette discussion, j'exhorte mes Lecteurs à voir ce que j'ai déja écrit sur cet objet dans mon ouvrage intitulé *Physique des Arbres*, dont je vais seulement donner ici le précis.

§. 1. *Sommaire du détail des Observations qui se trouvent dans le Traité de la* Physique des Arbres, *sur la contraction des fibres ligneuses.*

1°, Les capsules qui renferment les semences de l'Ellébore noir, sont composées de plusieurs cornets membraneux : chacun de ces cornets est un muscle creux à deux ventres, auxquels est attaché un tendon commun relevé à vive-arrête ; de ce tendon partent des fibres annulaires qui vont aboutir à un autre tendon qui se divise en deux parties, quand les fibres annulaires se contractent.

2°, Les capsules des Aconits sont, à quelque chose près, semblables à celles de l'Ellébore.

3°, Les capsules de la Couronne Impériale s'ouvrent en trois quartiers par la contraction des fibres qui les composent, lorsqu'elles viennent à se dessécher.

4°, Il en est de même des gousses des plantes légumineuses.

5°, Les fruits du Pavot épineux, du Concombre sauvage, de la Belsamine, fournissent des exemples de semblables contractions.

Nous allons maintenant tirer des conséquences de ces exemples pour éclaircir cette matiere.

§. 2. *Conséquences des Observations précédentes.*

CES observations prouvent, 1°, que les fibres, en se desséchant, se contractent suivant leur longueur; 2°, qu'elles se contractent d'autant plus, qu'elles sont plus longues; 3°, qu'elles agissent par leur contraction sur les parties auxquelles elles sont adhérentes, & qu'elles leur font prendre différentes figures, suivant leur différente direction.

On ne peut donc s'empêcher de reconnoître dans les végétaux, des especes de muscles, & des mouvements qui réfultent de la tenfion des fibres. Mais ces fortes de mouvements s'exercent-ils dans les fibres ligneufes d'un tronc d'arbre? On ne le penfe pas communément: on croit au contraire
que ces fibres confervent toute leur longueur lorfqu'elles fe
deffechent; & cela, parce qu'on n'apperçoit pas auffi fenfiblement qu'un morceau de bois perde de fa longueur, qu'on le
voit diminuer de groffeur. Mais de ce que cette contraction
eft moindre, il ne s'enfuit pas qu'elle n'exifte réellement pas:
l'expérience fuivante va le prouver; elle fera fentir que cette
contraction, quelque petite qu'elle paroiffe, produit néanmoins dans certains cas des défordres affez confidérables dans
le bois.

§. 3. *Premiere Expérience.*

J'AI pofé verticalement un chevron de Charme de 3 pouces
d'équarriffage, (*Pl. XXI. Fig. 3*), & de 18 pieds de longueur
nouvellement abattu : un des bouts de cette piece repofoit en
en bas fur une pierre de taille folide, & au bout fupérieur étoit
un index qui étoit traverfé à une petite diftance par un tou-
rillon; & cet index répondoit, par fon extrémité, à un limbe
éloigné d'environ deux pieds de la cheville qui traverfoit l'index, ce qui devoit rendre le racourciffement du chevron bien
fenfible : en peu de temps le bout du cylindre remonta de 4 à
5 pouces fur le limbe; mais enfuite il n'a plus fait que de petites variations.

§. 4. *Seconde Expérience.*

J'AI pris de groffes perches de différents bois, (*Pl. XXI. fig.*
1.); je les ai fait fendre en quatre, *a b c d*, comme quand on veut
en faire des cercles; après avoir mis plufieurs de ces quartiers
dans l'eau, j'ai obfervé qu'ils y confervoient à peu-près leur
premiere direction, & qu'ils reftoient droits; j'en ai laiffé à
l'air où ils fe font defféchés, mais en fe courbant de telle forte
qu'ils formoient un arc de cercle, (*Figure 2*), dont la partie
extérieure

extérieure *E* étoit formée par le cœur, & la partie intérieure *F* par l'écorce.

J'ai fait auffi refendre en deux une piece de bois quarrée encore toute verte, (*Fig.* 5), & auffi-tôt j'ai vu les bouts *a, a, a, a,* s'écarter les uns des autres, de forte qu'il n'y avoit que les milieux *b* qui fe touchoient, comme on le voit (*Fig.* 6) : lorfque j'en faifois refendre en quatre, tous les bouts s'écartoient de la même façon : on a fait la courbure très-forte dans la figure, pour rendre la chofe plus fenfible.

§. 5. *Conféquences des Expériences précédentes.*

On voit maintenant (fur-tout après ce qui a été dit au commencement de cet article) que les pieces dont je viens de parler, ne deviennent courbes que parce que les fibres fe raccourciffent à proportion qu'elles perdent de leur humidité, & qu'elles fe raccourciffent inégalement fuivant leur différente denfité : celles qui font à la circonférence & qui font moins ligneufes, plus que celles du centre qui le font plus.

Nous voilà donc bien certains, que les fibres ligneufes perdent de leur longueur à mefure qu'elles fe deffechent, & qu'elles en perdent d'autant plus, qu'elles font plus longues & plus chargées d'humidité ; enfin que leur force de contraction agit fuivant leur direction. Ces principes pofés, voyons ce qui en doit réfulter à l'égard des bois qui fe deffechent.

ARTICLE IV. *Des inconvénients qui réfultent du raccourciffement des fibres.*

ENTRE les rondins que j'ai fait deffécher fubitement, il y en a eu qui fe font fendus en deux, en trois ou même en quatre (*Fig.* 7 & 10), & c'eft ce que les Bûcherons appellent *s'ouvrir en lardoire.* On fent bien que l'écartement des quartiers vient du raccourciffement des fibres longitudinales ; & quoique ce raccourciffement ne foit pas fenfible dans une petite longueur, en comparaifon du rapprochement de ces mêmes fibres ; cependant comme les fibres fe prolongent dans toute la longueur des

T t t

pieces, la contraction étant d'autant plus grande, que les fibres font plus longues, elle ne laisse pas d'être assez considérable & de former une grande ouverture.

· Les bois rondins ne font pas souvent endommagés par ces fortes d'éclats, non plus que les bois quarrés, la force de cohésion résiste ordinairement à cette contraction ; & comme la force de cohésion est répandue dans toute la longueur de la piece, je crois qu'elle résisteroit toujours à la contraction des fibres longitudinales, si cette force de cohésion n'étoit pas beaucoup affoiblie par les fentes que le rapprochement des fibres produisent. Mais s'il arrive par hazard, que deux ou trois grandes fentes s'étendent presque jusqu'au centre d'un rondin, & qu'elles le partagent en plusieurs portions, c'est alors que la contraction des fibres longitudinales s'exerce ; elle écarte les quartiers les uns des autres, & cela avec d'autant plus de facilité, qu'elle n'a plus à vaincre la cohésion ; d'ailleurs j'ai peu vu les bois gras où vieux se fendre de cette façon, & presque jamais les bois forts & jeunes, quand je les ai confervés avec leur écorce, ou quand je les ai tenus dans un lieu frais pour empêcher qu'ils ne se desséchassent trop promptement ; mais il y a des cas où ces fortes d'éclats font particuliérement à craindre.

Quelquefois au lieu de débiter les arbres en quarré, on leve des croûtes épaisses fur deux faces, & l'on n'ôte que peu de bois fur les deux autres côtés, ce qui rend ces pieces plus larges qu'épaisses, ou méplates, (*Figure 8*) ; en cet état les croûtes deviendront courbes dans leur longueur, mais la piece du milieu s'éclatera par le bout, (*Fig. 10*). Ceci deviendra plus fensible dans les arbres refendus en planches.

Je suppose que l'arbre (*Fig. 9* ou *IX*), soit refendu en planches par les lignes *a,b,c,d*; je dis que la planche *aa* qui contient le cœur de l'arbre, restera droite & sans s'arquer, parce que la contraction s'exerce également sur toutes les faces ; mais elle se fendra en *f*, (*Fig. 10*). Pour en faire sentir la raison, je divise cette planche (*Fig. 8*), en tranches par les lignes ponc-

* Les grandes lettres de la Figure IX indiquent les mêmes chofes que les petites lettres de la Figure 9.

tuées 1, 2, 3; la tranche 3 eſt compoſée du bois le plus jeune:
elle ſe contractera donc plus que la tranche 2, & celle-ci plus
que les tranches plus intérieures. Ainſi il faut concevoir deux
forces antagoniſtes appliquées en *a,a*, (*Fig. 9*), qui tendent à
ſéparer la planche par le milieu; & comme la force de cohéſion
a été conſidérablement diminuée par le retranchement des planches *b b*, *c c*, *d d*, (*Fig. 9*), cette force ne pourra réſiſter à
celle de la contraction, & il s'ouvrira une grande fente en *f*,
(*Fig. 10*). J'ai obſervé à l'égard des fentes qui ſe font ſur les
plateaux & ſur les plançons équarris, que les premieres cauſent
moins de dommage, parce qu'elles ne ſont ni ſi larges, ni ſi
profondes, ni ſi obliques; les fentes qui ſe font ſur les billons
étant toujours comme des rayons, elles tranchent les bordages.

Il n'en ſera pas de même des planches *b b*, *c c*, *d d*; celles-
ci feront moins ſujettes à ſe fendre, mais elles s'arqueront: on
en ſentira la raiſon en jettant les yeux ſur les figures 11 & 12,
qui repréſentent les planches *b b*, & *a a* de la figure 9; on y
voit que les côtés *d*, *d*, ſont formés de bois plus denſe que
les côtés *e, e*, & l'on en doit conclure que les côtés *e, e*, ſe contracteront plus que les côtés *d, d*; ce qui fera néceſſairement
arquer ces planches. Et comme cette différence de denſité ſera
d'autant plus grande, que les planches feront plus éloignées
du centre, la planche *d d*, s'arquera plus que la planche *b b*;
auſſi ſera-t-elle moins ſujette à ſe fendre par le milieu, parce
qu'il y a moins de différence entre la denſité du bois des côtés
d e, d e, & celle du bois du milieu *f* (*Fig. 11*), qu'il n'y en
a entre les côtés 3, 3, & le milieu 1 de la planche, (*Fig. 8*).

Auſſi remarque-t-on conſtamment dans les arbres débités
en planches, que celles du cœur, ou qui en approchent, ſont
plus fendues par les bouts, que celles qui en ſont éloignées;
& ſi l'on refendoit ces planches en deux, par exemple, la
planche *a a*, (*Fig. 9*) par la ligne 1, 1 (*Fig. 8*), il eſt ſûr que les
moitiés ne ſe fendroient point; mais elles s'arqueroient chacune en ſens contraire, comme on le voit dans la figure 12.

Une rondine qui étoit reſtée plus d'un an en grume, & dans
ſon écorce, n'avoit qu'une ſeule gerce qui ſe faiſoit voir ſur le

bois de bout; on leva dans le milieu de cette piece une planche de deux pouces d'épaiffeur, & dans laquelle étoit contenue cette gerce, que l'on voyoit s'ouvrir à mefure que la fcie avançoit, parce qu'elle diminuoit la force de cohéfion des fibres. Cette gerçure qui d'abord étoit peu confidérable, devint en deux jours de temps une fente de deux pieds de longueur, après quoi elle s'arrêta à ce point, & ne fit par la fuite aucun progrès : voilà un effet bien marqué de la tenfion des fibres longitudinales.

Jufqu'à préfent, j'ai toujours fuppofé que les fibres ligneufes étoient dans une pofition réguliere. Cependant les nœuds, les cicatrices, l'infertion des groffes branches changent cette marche réguliere, & la rendent très-bizarre dans les bois de paliffe, dans les baliveaux, &c ; car alors les effets de la contraction feront auffi fort irréguliers ; des faifceaux de fibres ligneufes qui iront aboutir à l'angle d'une planche, l'emporteront d'un côté ou d'un autre : on verra, par exemple, une planche fe contourner en aile de moulin, parce que dans une partie de fa longueur, les fibres ligneufes fe jetteront fur un de fes côtés ; fi deux faifceaux de fibres ont des directions oppofées, il fe formera un éclat, & les portions féparées fe voileront en des fens oppofés. J'ai fouvent pris plaifir à examiner avec attention les bois qu'on appelle *rebours* ; il m'a paru que les contours bizarres de ces pieces étoient toujours une fuite, foit du rapprochement des fibres ligneufes, foit de leur contraction.

ARTICLE V. *Moyens tentés infructueufement pour empêcher les bois de fe fendre.*

POUR effayer de prévenir les fentes qui fe forment dans le bois, j'ai fait couvrir de brai des bois verds abattus dans la forêt d'Orléans, & des madriers de bois de Provence qui avoient été refendus encore tout verds, & qui étoient deftinés à la conftruction d'une Galere. J'avois deffein de ralentir par-là l'évaporation de la feve ; mais comme le brai s'applique mal fur le bois humide & encore plein de feve, cet enduit n'a pas paru faire un grand effet ; car les bois de la forêt d'Orléans qui avoient été équarris, fe font fendus ; & fi les madriers de Provence fe font peu fendus, c'eft qu'ils avoient été refendus pendant qu'ils étoient encore tout verds : d'autres madriers de la même exploitation qui n'avoient point été enduits de brai, ne fe font prefque pas fendus; au lieu que quelques billons qu'on avoit confervés entiers pour fervir de comparaifon, fe trouvoient très-fendus.

Je croyois encore parvenir à empêcher qu'il ne fe formât des fentes aux pieces de bois récemment abattus lorfqu'elles fe féchoient, fi je les affujettiffois fortement avec des moifes de bois ou des liens de fer, de la maniere que le repréfentent les Numéros 2, 3, 4, &c, (Fig.4) de la Planche XXII ; mais comme il arrive que le bois diminue de volume en fe féchant, quelque attention que j'aie eu de faire refferrer les liens de ces pieces avec des coins, cela n'a pu empêcher qu'elles ne fe foient beaucoup fendues.

Comme il étoit très-intéreffant de faire répéter par d'autres que par moi une pareille expérience, j'ai engagé M. Garavaque à la faire fur des bois de Provence. Il voulut bien prendre la peine de choifir lui-même deux gros billons d'un Chêne très-dur & d'excellente qualité, qui avoit été abattu depuis deux mois: il les fit fcier chacun en quatre, ce qui produifit huit pieces : il fit arrondir deux pieces de chacun de ces billons, & équarrir deux autres ; de forte qu'il y avoit quatre pieces rondes & quatre quarrées de chaque billon: le cœur de l'arbre fe trouvoit dans les pieces numérotées 1, 2, 3, 4; & à celles numérotées 5, 6, 7, 8, le cœur étoit en dehors.

A peine ces pieces de bois furent-elles achevées d'être travaillées, qu'elles commencerent à fe fendre, quoiqu'on les eût couvertes de haillons mouillés, auffi-tôt qu'elles eurent été travaillées. On ferra les pieces, (N°. 2 & 6) avec des cercles de fer, & les pieces 4 & 8 avec des moifes ; on les dépofa enfuite fous un hangar.

Quoiqu'on prît foin tous les jours de frapper les cercles & les moifes pour refferrer ces pieces, les fentes s'ouvroient cependant à vue d'œil ; celles qui étoient cerclées, se fendoient à peu-près autant que celles qui ne l'étoient pas.

Au bout de quatre mois, ayant présenté sur les pieces numé. rotées 1, 2, 5 & 6, un fil de fer qui avoit été mesuré sur la grosseur qu'elles avoient avant l'expérience, leur volume se trouva être presque le même, le resserrement n'étoit indiqué que par les ouvertures des fentes.

Les fentes ont continué à s'ouvrir pendant près de dix mois, quoiqu'on ait toujours eu l'attention de serrer souvent les cercles & les moises.

Il est donc évident que ce moyen ne peut empêcher que les bois ne se fendent ; parce que comme le bois diminue de volume en se séchant, les cercles ne peuvent faire aucun obstacle à cette diminution.

ARTICLE VI. *Moyens de remédier aux dommages que cause la contraction des fibres.*

PAR le détail où je viens d'entrer, il est constant que dans certains cas, la contraction des fibres ligneuses fait éclater les bordages par les bouts, & que dans d'autres elle les fait arquer. Ces inconvénients ne sont cependant pas sans remede, ou bien ceux auxquels il seroit difficile de remédier, ne peuvent causer un grand préjudice aux pieces de bois : c'est ce qui me reste à prouver.

Il est vrai que si l'on abandonnoit à elles-mêmes les planches nouvellement sciées, elles s'arqueroient quelquefois beaucoup: on a coutume, après qu'elles ont été débitées, de les arranger les unes sur les autres, de façon cependant que l'air les frappe de tous côtés. Quoiqu'elles soient ainsi serrées les unes contre les autres, & absolument hors d'état de se voiler en aucun sens, il n'est pas si aisé d'empêcher que le bout des planches ne s'éclate ; mais heureusement cet inconvénient n'est pas considérable ; 1°, il n'arrive pas à toutes les planches de se fendre ainsi; il n'y a gueres que celles du cœur qui y soient exposées ; 2°, sur un bordage de 25 ou 30 pieds de long, il n'y a ordinairement que la longueur de deux ou trois pieds de l'extrémité, qui répond aux racines, qui se fende ; 3°, ces fentes n'obligent pas toujours de rogner un bordage ; si la fente n'est pas oblique, si elle n'est pas fort ouverte, on la peut calfater ; & si elle se trouve trop ouverte, on y rapporte un *rombaillet* ; 4°, on pourroit bien, s'il ne s'agissoit que de conserver quelques bordages, les empêcher de se fendre, en les garantissant du grand air & les tenant à couvert ; car j'ai remarqué dans les Ports où les bordages sont empilés sous des hangars, que les bouts qui sont les plus exposés à l'air ; ceux qui sont du côté de l'ouverture de ces hangars, sont plus fendus que les bouts qui sont tournés vers le fond, & par conséquent plus à l'abri du soleil & du vent. Mais quand même on ne pourroit prévenir ces accidents, il y aura toujours un grand avantage à refendre, le plutôt qu'il sera possible de le faire, les pieces destinées à faire des bordages, celles destinées pour la Menuiserie, l'Artillerie, &c, en un mot toutes celles qui ne doivent pas être employées en entier, plutôt que de les conserver en plançons, sur-tout quand elles seront de bois de bonne qualité ; car il est certain que ces bois se fendent infiniment plus que ceux qui sont tendres, gras ou usés. On souhaiteroit peut-être en savoir la raison ; mais les recherches que j'ai faites à ce sujet ne m'ont conduit qu'à de simples conjectures : après cet aveu, j'ai cru qu'il n'y auroit point d'inconvénient à les proposer, en attendant que je sois en état de donner quelque chose de plus satisfaisant.

ARTICLE **VII.** *Pourquoi les Bois de bonne qualité se fendent & se tourmentent plus que les autres Bois.*

IL semble qu'on pourroit comparer les bois de médiocre qualité, aux bois trop jeunes, & qui n'ont pas encore acquis toute la bonté dont ils sont capables. Par exemple, le bois de Bourgogne qui sera venu dans un terroir un peu humide, à l'aubier ou au jeune bois de Provence ; le bois de Lorraine, au jeune bois de Bourgogne, &c. A l'égard de la contraction du bois & des fentes, cette comparaison ne se peut soutenir, puifque nous avons vu par toute la fuite de nos expériences & de nos obfervations, que le jeune bois eſt celui qui ſe contracte le plus, & que les jeunes bois ſe fendent & ſe tourmentent plus que les autres ; au lieu qu'il eſt très-certain que les bois gras, même ceux qu'on appelle ſimplement tendres, ſe gercent confidérablement moins que les bois forts : quand j'ai cherché la raiſon de ce fait, il m'a paru qu'il y avoit moins de différence entre la denſité du bois du cœur & celle de celui de la circonférence ; dans les bois tendres que dans les bois forts. Comme nous avons prouvé qu'un cylindre, dont les parties ſont compoſées d'une matiere homogene, pourroit ſe deſſécher ſans qu'il ſe formât aucune fente, il s'enſuivroit que les bois, dont les parties approchent le plus de cette homogénéité, doivent moins ſe fendre que ceux qui s'en éloignent.

Cette raiſon paroîtra ſatisfaiſante à qui voudra examiner des bois deſſéchés avec le ménagement & les précautions requiſes ; mais ſi l'on fait attention que, même quand on précipite le plus l'évaporation de la ſeve, les bois gras fendent encore moins que les bois forts, on ſentira qu'il faut qu'il s'y rencontre quelque choſe de plus que de la denſité ; car dans l'hypotheſe même d'une matiere homogene, pour qu'il ne ſe forme point de fentes, il faut que le deſſéchement ſoit à peu-près le même au centre qu'à la circonférence, pour que les rayons ſe raccourciſſent en proportion de leur rapprochement ; or, dans le cas d'un deſſéchement précipité, les couches extérieures doivent entrer en contraction avant que les rayons puiſſent ſe raccourcir ; & ſi la contraction des couches extérieures étoit proportionnelle à l'humidité qu'elles contiennent, elle ſeroit conſidérable dans les bois gras, parce qu'ils ſont fort chargés d'humidité.

J'ai quelques raiſons pour penſer, 1°, que les bois gras ne ſe contractent pas autant que les bois forts ; 2°, qu'ils ne ſe contractent pas avec autant de force : c'eſt ce que je vais eſſayer d'établir.

1°, Il eſt certain que dans un même eſpace, il ſe trouve plus de fibres ligneuſes dans un morceau de bois fort, que dans

dans un morceau de bois gras ; donc , si la contraction du bois ne se fait que par le ressort des fibres ligneuses , le ressort & par conséquent la contraction , doivent être plus considérables dans un morceau de bois fort , que dans un morceau de bois gras.

2°, Je prouverai ailleurs qu'il y a plus de matiere raisi-neuse, gommeuse & mucilagineuse dans les bois forts, que dans ceux qu'on appelle gras ; il est d'ailleurs certain que ces matieres se retirent beaucoup & avec beaucoup de force quand elles se desséchent ; d'où je conclus encore que les bois forts se doivent contracter davantage , & plus fortement que les bois gras.

Ainsi , il faut concevoir que les bois gras sont susceptibles de peu de contraction : ils contiennent à la vérité beaucoup d'humidité , mais elle s'échappe , sans que les fibres ligneuses se rapprochent beaucoup ; au lieu que les jeunes bois de bonne qualité , sont chargés de quantité de seve , & cette seve est elle-même chargée d'une substance gélatineuse qui s'épaissit par le desséchement , & qui devient capable de contraction. Les fibres ne sont pas fort serrés dans le jeune bois , parce qu'il n'a pas encore acquis la densité qu'il doit avoir avec l'âge ; elles sont tendres , parce qu'elles sont très-humectées ; quand elles se desséchent , elles deviennent capables de ressort , & alors elles se contractent. Enfin je crois que la densité est moins inégale dans les bois gras que dans ceux qui sont forts , & tout cela doit concourir à empêcher qu'ils ne se fendent au-tant que les autres.

Essayons présentement de mettre à profit les lumieres que nos expériences & nos observations ont pu fournir.

ARTICLE VIII. *Conclusion.*

LES moyens que j'ai imaginés pour empêcher que les bois ne fussent endommagés par les fentes & par les éclats, se ré-duisent, ou à ralentir l'évaporation de la seve, ou à faire refendre les bois dans le moment qu'ils ont été abattus, & à les ré-

Vuu

duire aux plus petites dimensions que leur destination pourra permettre : ces deux moyens ne peuvent cependant être employés à la fois ; ils ont chacun des avantages particuliers qu'il convient d'employer dans diverses circonstances différentes ; c'est ce qui me reste à expliquer.

§. I. *Dans quel cas convient-il de ralentir l'évaporation de la seve ?*

On peut ralentir l'évaporation de la seve, soit en tenant les bois nouvellement abattus dans des lieux frais, à l'abri du soleil & du vent, soit en les conservant dans leur écorce.

Le premier moyen est impraticable pour une grande quantité de grosses pieces, quand même on auroit d'assez grands bâtiments ; il faudroit les empiler les unes sur les autres, mais alors l'humidité de tous ces bois qui ne pourroit se dissiper aisément, les feroit pourrir ; car quand il s'agit de grandes opérations, il ne faut jamais compter sur l'exactitude de soins pénibles & journaliers ; comme d'ouvrir, quand il regne un vent du Nord, les portes & les fenêtres, afin de dissiper l'humidité ; les fermer ensuite pour ralentir l'évaporation de cette humidité, sans l'intercepter. Ces attentions m'ont réussi, en petit ; & avec ces précautions, j'ai garanti des pieces qui m'étoient précieuses d'être endommagées par les fentes : je les tenois renfermées, couvertes de litiere que je renouvellois fréquemment jusqu'à la fin des chaleurs de l'Eté, après quoi je commençois à leur donner de l'air par degrés. Mais ces moyens qui n'effrayeront pas quiconque veut s'instruire par des expériences, ou à qui il importe de conserver en bon état quelques pieces de bois précieuses pour son usage, ne feroient point praticables pour de grandes exploitations. Au reste, j'avoue que tout ce que j'ai gagné par ces attentions a été de prévenir les grandes fentes, mais je n'ai pu empêcher qu'il ne s'en soit formé quantité de petites.

Il est plus aisé de conserver les bois dans leur *écorce* ; &

cela conviendroit particuliérement pour les baux, les quilles, les membres des vaiffeaux, les poutres des bâtiments, les arbres des moulins, les moyeux de roues, & généralement pour tous les bois qu'on emploie dans leur entier & fans être refendus. En confervant ces pieces dans leur écorce, & en prenant le foin de recouvrir leurs extrémités avec de la terre ou de la mouffe qu'on y affujettiroit avec un bout de planche, on parviendroit à empêcher qu'il ne s'y formât de grandes fentes ; & c'eft tout ce qu'on pourroit fouhaiter pour de pareilles pieces, fur-tout pour les membres des vaiffeaux. Cette pratique n'eft cependant pas fans inconvénient.

1º, Le tranfport des bois en grume eft très-difficile.

2º, Ces bois occuperoient bien de la place dans un Port ; il faudroit des hangars d'une étendue immenfe pour les tenir à couvert, & il y auroit du rifque à les laiffer à l'humidité ; il faudroit les équarrir après que les chaleurs feroient paffées.

3º, Il en couteroit beaucoup plus pour les équarrir & les travailler quand ils feroient fecs, que pour les faire débiter dans les forêts.

4º, Comme ces bois fe deffechent très-lentement, il faudroit les conferver long-temps dans les Ports avant de les employer.

5º, On a vu par les expériences précédentes, que la qualité du bois étoit toujours un peu altérée quand on fufpendroit l'évaporation de la feve ; que cette altération étoit confidérable quand c'étoit des bois de médiocre qualité, où il fe trouvoit ordinairement des veines de bois tendre, fur-tout fi l'on avoit laiffé long-temps ces bois dans les forêts, ou expofés à la pluie.

On ne peut donc recourir à ce moyen que dans des cas particuliers : fi, par exemple, en Provence où les fentes font beaucoup de défordre dans le bois, & où le bois eft de la meilleure qualité, on faifoit une exploitation à portée des Arfenaux, on pourroit préférer de perdre quelque chofe fur la qualité du bois pour prévenir les éclats & les fentes énormes qui le rendent quelquefois entiérement inutile.

Je prie qu'on obferve que je dis, à deffein, des fentes énormes ; car il n'y a que ces fentes qui puiffent endommager les pieces deftinées à faire les membres ; les habiles conftruc-teurs favent bien employer les membres fendus, placer les chevilles & les gournables dans le bon bois qui eft entre les fentes : ce ne font donc pas les groffes pieces, celles qui reftent dans leur entier, qui font les plus endommagées par les fentes ; ce font les pieces qui doivent être refendues pour faire des madriers, des eftamenaires, des lattes pour les Galeres, les précintes, les bordages des Vaiffeaux, &c, les affuts des ca-nons & tous les ouvrages de Menuiferie. Heureufement qu'on peut trouver le moyen de préferver ceux-ci d'un auffi grand dommage ; & nous allons faire fentir quelle économie il en doit réfulter pour les bois qu'on emploie refendus.

§. 2. *Qu'il y a une économie confidérable à refendre les Arbres dans la forêt même, dans le temps qu'ils ont toute leur feve, & auffi-tôt qu'ils ont été abattus.*

J'AI prouvé par nombre d'expériences, que les bois fe fen-dent d'autant moins qu'ils font refendus en plus de parties.

Un arbre refendu en deux, fe fendra moins que s'il étoit refté dans fon entier ; il fe fendra encore moins fi on le refend en quatre : fi on le refend en plateaux épais, il fe fendra plus que s'il étoit débité en quartiers, mais moins que fi on l'avoit refendu en deux ; il ne fe fendra prefque pas fi on le débite en planches, fur-tout fi elles n'ont pas une grande épaiffeur, & fi on les refend dans le fens des mailles. Tout cela a été, me femble, fuffifamment prouvé par mes expériences : ainfi, pour mettre à profit les obfervations qu'elles m'ont fournies, il faut faire refcier dans les forêts mêmes les lattes, les madriers, les eftamenaires, & généralement les courbants qu'on deftine pour les Galeres, les précintes, les bordages & généralement toutes les pieces qui ne doivent pas être employées dans leur entier à la conftruction des Vaiffeaux ; au lieu de voiturer ces pieces dans les Ports en billons ou en plançons, comme cela

fe pratique prefque toujours, l'ufage étant ordinairement de
ne les refendre qu'à mefure que l'on en a befoin pour la conftruction : voici l'avantage confidérable qu'il y auroit à fuivre
la pratique que je propofe.

1°, Quand on vient à débiter ces billons ou ces plançons
qu'on a laiffé fe deffécher dans leur entier, on rejette en ro-
gnures ou en copeaux, près de la moitié du bois de ceux qui
font deftinés pour la conftruction des Galeres ; il y a auffi un
déchet affez confidérable fur les plançons deftinés à faire des
bordages, fur-tout quand ils font de bon bois : voilà donc du
bois, de la main-d'œuvre, & des frais de tranfport qu'on pourroit épargner en bonne partie, en fuivant la méthode que je
propofe ; j'ajoute qu'il en coûtera moins de fciage quand les
bois feront verds, que quand ils feront devenus fecs.

2°, En refendant les bois dans les forêts, on pourra découvrir les vices intérieurs, que la plus grande application ne
peut faire connoître quand ils font dans leur entier. Si ces défauts font confidérables, les Marchands changeront la deftination des pieces qui fe trouveront tarrées ; ils éprouveront
peu de perte, & on gagnera les frais de tranfport. Si les défauts font légers, on empêchera, en les expofant à l'air, qu'ils
ne faffent des progrès ; car tous les endroits attaqués de pourriture, font déforganifés & chargés d'une humidité qui ne
pouvant fe diffiper à caufe de la déforganifation des parties,
fermente, fe corrompt & porte l'altération dans les parties
voifines : en découvrant la plaie, l'humidité fe diffipe, & le
progrès du mal eft arrêté.

3°, Les bois refendus fe deffechent bien plus promptement
que les autres ; ils feront donc plutôt en état d'être employés :
c'eft déja un grand avantage ; mais outre cela, ces bois en feront plus fermes, puifque ceux que l'on fait deffécher lentement, font plus tendres que les autres.

4°, La facilité du tranfport mérite bien qu'on y faffe attention ; car les pieces ainfi débitées, étant moins groffes, on les
pourra enlever avec de petites voitures : dans les faifons
humides, & par des chemins difficiles, s'il fe rencontre de

mauvais pas, on peut plus aifément décharger & recharger les voitures : bien plus, tous les membres des Galeres, fi l'on en excepte les *Rodes* & les *Capions*, peuvent être chargés à dos de mulet; ainfi, dans les endroits où les charrois ne pourroient parvenir à raifon de la difficulté du terrein, on pourroit enlever à fommes des bois précieux pour la conftruction des Galeres, & pour quantité d'oüvrages civils, & mettre à profit des arbres qu'on n'abandonne fouvent que parce qu'on les croit dans des lieux inacceffibles.

5°, Enfin ces bois ainfi refendus, pourront être rangés avec beaucoup plus d'ordre & avec moins de peine pour les Journaliers, fous les hangars & dans les chantiers, & ils y occuperont beaucoup moins de place.

Il eft inutile de faire remarquer que ce que je viens de dire, principalement fur les bois deftinés à l'Architecture navale, a auffi fon application pour ceux qui doivent être employés aux travaux civils & militaires, de même que pour les bois qui doivent être convertis en merrain, en traverfin, en lattes, en échalas, ou en autres ouvrages de fente.

Je ne m'arrêterai pas non plus à expliquer comment on pourroit faire ufage de mes expériences pour placer les traits de fcie avec adreffe ; car connoiffant à peu-près le point où dans tel & tel cas il fe doit former de plus grandes fentes, on pourra quelquefois placer le trait de fcie, de façon qu'il ne fe forme point de grandes fentes dans les parties qui en feroient particuliérement endommagées. Au refte, ces détails ne pourroient être abrégés, & ils deviendroient inutiles à ceux qui voudront réfléchir avec un peu d'attention fur ce qui a été dit; d'ailleurs, nous ne pourrons nous difpenfer d'en parler dans le Livre où il fera queftion du bois de fciage ; mais il eft très-important de faire attention aux deux conféquences fuivantes.

1°, Dans les cas où l'on aura peu à craindre les fentes, & où il fera important de ménager la qualité du bois, il faudra faire équarrir promptement les arbres.

Ainfi, fi l'on eft dans l'obligation de conftruire des Vaiffeaux,

ou de faire de grandes charpentes avec des pieces de bois
tendre; comme il n'y a alors que les grandes fentes qui foient
préjudiciables, & comme l'on fait que les bois tendres fe fendent peu, il faudra les équarrir promptement. De même, dans
les pays froids où l'air eft fouvent chargé de brouillards, il ne
faudra pas laiffer long-temps les bois dans leur écorce, parce
que les bois qui croiffent dans le Nord fe fendent peu, & l'humidité qui regne dans l'air de ces contrées empêche que l'évaporation de la feve ne fe faffe trop brufquement.

2°, Dans les cas où l'on aura plus à craindre les fentes, qu'à
ménager la qualité du bois, il faudra conferver l'écorce le plus
long-temps qu'il fera poffible, ou faire refendre les bois tout
verds. Ainfi, en Provence où les bois fe fendent beaucoup, il
ne faudra écorcer les bois que le plus tard poffible, fi les pieces
doivent être employées en entier; mais fi leur deftination exige
qu'on les refende, il ne faudra pas attendre qu'ils foient fecs;
le plutôt qu'on pourra y mettre la fcie, fera le meilleur; finon
on prendra le parti de les conferver en grume jufqu'au temps
qu'on les voudra refendre, ou au moins refendre dans les Ports,
& le plutôt poffible, tous les plançons, à mefure que les
fourniffeurs les livreront.

J'ai dit qu'il falloit refendre le plutôt qu'il feroit poffible,
tous les bois qui font deftinés à l'être; j'aurois dû en excepter
les *pieces de tour* qui ne peuvent être refendues avant le temps
de la conftruction, parce qu'elles font affujetties à des gabaris
trop précis; mais j'ai cru cette exception inutile; 1°, parce qu'il
eft aifé de choifir pour ces fortes de pieces, les courbants qui
font les moins endommagés par les fentes; en fecond lieu,
parce que je crois qu'il eft très-avantageux de ne point gabarier les pieces de tour en garniffant les parties courbes des Na-
vires, avec des bordages droits attendris dans des étuves,
pour les rendre propres à fe ployer fuivant le contour du Vaiffeau.

Je penfe qu'on conviendra aifément qu'il eft poffible de refendre en bordages tous les plançons droits, en prenant attention de donner aux bordages différentes épaiffeurs, fuivant le

befoin qu'on pourroit en avoir : on trouvera peut-être quelque difficulté à refendre les plançons courbes, parce que, fuivant différentes circonftances, on les refend, foit en fuivant la
courbure des plançons, foit fur la face droite ; mais j'en parlerai dans le Livre fuivant : on fe procureroit ainfi de quoi
fatisfaire à tous les befoins de conftruction.

Il y a encore un moyen de prévenir les fentes, c'eft de refendre les bois fuivant la maille, ou bien par des lignes dirigées à peu-près du centre à la circonférence ; mais comme je
m'apperçois que ce Chapitre eft déja plus long que je ne m'étois
propofé de le faire, je renvoie ce qui regarde cette façon de
débiter les bois, à l'endroit où je traiterai du bois de fciage.

Le flottage fournit encore un moyen de prévenir un peu les
fentes : j'en parlerai amplement dans la fuite.

Après avoir difcuté les deux queftions précédentes, qu'on
peut regarder comme un préliminaire effentiel fur l'exploitation des gros bois, je vais maintenant parler des bois qui fe
vendent en grume.

CHAPITRE III.

De l'exploitation des Bois que l'on vend le plus ordinairement en grume pour le Charron- nage, l'Artillerie, &c.

ARTICLE I. *Des Bois propres au Charronnage & au fervice de la Marine.*

PRESQUE tous les bois de charronnage font de Chêne, ou
d'Orme, ou de Frêne : dans quelques Provinces on y emploie
le Hêtre.

Dans les hauts-taillis de 50 à 60 ans, on trouve des Chênes
de

de 30 à 40 pouces de circonférence : on les fcie à 18, 20 ou 22 pieds de longueur, & on les vend en grume aux Charrons pour faire des limons de charrette; ils trouvent encore dans ces pieces de quoi faire des pommelles, ou de quoi faire du bois de corde, à moins qu'il ne fe trouve dans les branchages de quoi faire des ages & des manches de charrue ; comme nous en avons parlé dans l'exploitation des taillis, nous nous contenterons de faire remarquer qu'on fait ces parties des charrues indifféremment avec de l'Orme, du Frêne & du Chêne.

Si les corps de Chêne dont nous parlons, étoient fort gros au pied, on pourroit lever une ou deux longueurs de rais, & couper le refte pour en faire des limons : nous avons auffi parlé des rais à l'occafion des bois taillis.

On paye au Bûcheron 50 fous du cent d'abattage de ces bois. Les moyeux des roues fe font tous avec de l'Orme; & l'efpece qu'on nomme *tortillard*, eft infiniment fupérieure aux autres.

Les moyeux pour les roues de carroffe, fe livrent en troncons de 9 pieds & demi de longueur fur 30 pouces de circonférence; & on appelle une pareille piece, *toife de moyeux*.

Les moyeux pour les groffes voitures, fe livrent auffi en grume, mais par paires; les plus gros ont 51 à 52 pouces de circonférence ; la paire doit avoir 4 pieds & quelques pouces de longueur, il y en a de moins gros; les petits doivent être de 36 pouces de circonférence, & les billons, pour la paire, ont 20 à 22 pouces de longueur.

On vend encore des moyeux pour les brouettes & les rouelles des charrues, qui ont 18 pouces de circonférence fur environ 12 pouces de longueur pour chaque moyeu.

Les effieux de Frêne & de Charme fe livrent auffi en grume; les pieces doivent avoir 7 à 8 pouces de circonférence fur 6 ou 7 pieds de longueur; il ne faut pas qu'ils foient ni trop verds ni trop fecs. On prend ordinairement ces pieces dans les bois de débit ou dans le *herfage* : on appelle *bois de débit* de jeunes arbres auxquels on ménage toute la longueur qu'ils peuvent porter, comme 30 ou 40 pieds fur 15 ou 18 pouces de circonférence vers le petit bout. C'eft avec ces bois

X x x

qu'on fait les traverfes & quantité de menus ouvrages; ils fe livrent en grume, & de toute leur longueur.

Les bois de *herfage* font de menus bois en grume, propres aux Charrons de la campagne : on les nomme ainfi, parce qu'ils fervent à faire les herfes; au refte, les Charrons en font ufage pour tous ouvrages où leurs dimenfions permettent de les employer.

Les pieces de bois pour les armons doivent avoir 24 à 27 pouces de circonférence fur 6 pieds de longueur; fouvent on les prend dans les bois de débit.

Les fleches à arcade pour les carroffes font de 36 à 40 pouces de circonférence fur 10 à 12 pieds de longueur; il eft bon d'en ménager aufli de 12, 13, 14 & 15 pieds de lon- gueur, bien courbées, fans nœuds, & d'un beau *braquement*.

On livre aufli en grume des corps d'arbres, foit d'Orme, foit de Frêne, pour faire les brancards des Brelines; il eft bon que ces pieces aient de la courbure : les habiles Charrons favent en profiter pour donner plus de grace & de commodité à ces voitures. Comme on doit prendre les deux brancards dans une même piece, il faut qu'elle ait 36 à 40 pouces de circonférence, & 13 à 14 pieds de longueur. On laiffe ordi- nairement les corps d'arbres de toute leur longueur; ce que les Charrons en retranchent, leur fert à d'autres ufages.

Les brancards pour les chaifes de pofte & pour les cabrio- lets, fe prennent aufli dans des arbres qu'on livre en grume aux Charrons : ceux que l'on fait de Hêtre & de Frêne font très-bons; on refend ces arbres en deux ou en quatre avec la fcie, fuivant la groffeur des arbres : la longueur de ces bran- cards eft de 14 à 16 pieds.

On débite les pieces pour les *liffoires* depuis quatre pieds & demi de longueur jufqu'à 6 pieds & demi, fur 4 à 5 pouces d'épaiffeur, & depuis 6, 7, jufqu'à 15 & 18 pouces de lar- geur.

Les pieces pour les *moutons*, ont 6, 7 ou 8 pieds de long fur 6 à 8 pouces de large, & 4, 5 ou 6 pouces d'épaiffeur : on les prend ordinairement dans les bois de débit.

Les timons ont ordinairement 9 à 10 pieds de longueur, 4 à 4 pouces & demi d'équarriffage vers le gros bout ; ce font les Charrons eux-mêmes qui les débitent, & ils fe fervent communément de pieces de Chêne ou de Frêne qu'on leur fournit en grume, comme bois de débit.

Les Charrons emploient les fouches des gros Ormes à faire des *Pelotons* pour les Chaircuitiers, les Bouchers, les Cuifiniers, &c.

On ne court aucun rifque de livrer aux Charrons qui travaillent en gros ouvrages, des corps d'Orme ou de Frêne de différente groffeur, & de 10, 12, 15 ou 18 pieds de longueur ; les gros qui ont 27 à 30 pouces de circonférence, leur fervent à faire des haquets à l'ufage des ports de Paris.

Les coquilles des carroffes fe font d'Orme : on les débite de 3 pieds & demi de longueur fur 24 à 26 pouces de largeur, 3 pouces & demi d'épaiffeur par un bout, & 4 & demi par l'autre.

Les pieces pour les jantes de roues fe débitent dans les forêts ; on les fait quelquefois de brin, dans la partie d'une branche où fe trouve une courbure convenable ; on frappe ces pieces fur deux côtés, & on laiffe toute leur largeur dans le fens de la courbure : ordinairement on refend en deux les branches courbes qui fe trouvent avoir depuis 24 pouces jufqu'à 30 de circonférence ; quand elles font plus groffes, on y peut donner deux traits de fcie pour en former trois jantes que l'on réduit à 2 pouces & demi ou à 3 pouces & demi, felon la force que doivent avoir les roues ; & fuivant l'ufage de chaque pays, on les fait de 30, ou de 37 à 38 pouces. Quand on fait ces pieces de 6 à 7 pouces d'épaiffeur, les Charrons qui travaillent pour les équipages, les refendent en deux : on les vend au cent.

Les gros corps d'orme qui ont 48 à 50 pouces de circonférence, fe débitent pour les Charpentiers qui en font des écrous de preffoir, des maies de preffes ; on en fait auffi des plateaux de 4 pouces d'épaiffeur, dont les Charpentiers fe fervent pour les chanteaux des rouets de moulin, ou des tables de cuifine, des établis de Menuisier, &c : nous en parlerons dans la suite.

On fournit à la Marine des plateaux d'Orme & de Frêne dont on fait des rouets de poulie : on fournit aussi des pieces en grume pour les boîtes de *Caliorne*, les caps de *mouton*, &c. On se sert encore d'Ormes fort droits, & où se trouvent peu de nœuds pour faire des corps de pompe & des tuyaux de conduite : c'est aussi quelquefois avec ce bois que l'on fait les membres des canots & des chaloupes.

ARTICLE II. *Des Bois propres au service de l'Artillerie.*

IL ne sera point question ici des perches, rames & ramilles dont on fait des fascines, des saucissons, des gabions & des claies, non plus que des arbres qu'on fend pour former des palissades : nous avons suffisamment parlé de ces objets dans le Livre des bois taillis.

L'Artillerie emploie beaucoup de planches de Chêne d'un pouce & demi d'épaisseur, & des chevrons de même bois de 3 à 4 pouces d'équarrissage qu'on emploie à faire les plates-formes des batteries. Mais comme nous n'avons rien de particulier à dire sur ces pieces de bois, nous remettons à en parler quand nous traiterons des bois de sciage.

Il est donc particuliérement question ici des pieces qu'on emploie pour les affûts, soit de canons, soit de mortiers.

Pour ces usages, on livre communément aux Artilleurs des pieces d'Orme ou de Frêne en grume, & quelquefois en plateaux ou en bois quarré : pour juger de la grosseur & de la longueur que ces pieces doivent avoir, il suffit de donner les principales dimensions des affûts.

§. 1. *Des affûts pour les canons de Marine.*

COMME la force & la grandeur des affûts doivent être relatives au calibre des canons, il suffit d'en donner trois différentes dimensions, pour qu'on en puisse conclure aisément les calibres intermédiaires.

La longueur des affûts, (*Pl. XXIII. fig.* 2), pour les canons de 36 livres de boulet, doit être de 5 pieds 11 pouces : la longueur des flafques, (*Fig. 1*), de 5 pieds 6 pouces fur 6 pouces d'épaiffeur : la longueur des effieux d'avant, (*Fig. 3*), quatre pieds cinq pouces fur un pied 6 pouces de circonférence : la longueur & la groffeur des effieux de l'arriere, doivent être un peu moindres que pour ceux de l'avant ; mais on prend les uns & les autres dans des rondines d'Orme de 10 pieds de longueur fur 20 pouces de circonférence. Le diametre des roues d'avant, (*Fig. 4*), doit être d'un pied 6 pouces, & leur épaiffeur de 6 pouces.

La longueur des affûts pour les canons, de 18 livres de bale, eft de 5 pieds 4 pouces : la longueur des flafques, 5 pieds fur 5 pouces d'épaiffeur : la longueur de l'effieu d'avant, 3 pieds 7 pouces fur un pied 5 pouces 6 lignes de circonférence : le diametre des roues d'avant, 1 pied 3 pouces fur 5 pouces d'épaiffeur.

La longueur des affûts pour les canons de 8 livres de boulet, doit être de 4 pieds 6 pouces : la longueur des flafques, de 4 pieds 3 pouces fur 4 pouces 6 lignes d'épaiffeur : la longueur de l'effieu d'avant, de 2 pieds 10 pouces, & fa circonférence d'un pied 1 pouce 6 lignes : le diametre des roues d'avant, d'un pied 1 pouce, & de 4 pouces d'épaiffeur.

Il eft bon de favoir que les effieux & les roues dans chaque affût, font de plus grandes dimenfions pour l'avant que pour l'arriere; mais comme cette différence eft peu confidérable, elle n'influe point fur les fournitures ; & l'on peut conclure des dimenfions que nous venons de donner, que les fournitures des pieces de bois propres aux affûts de Marine, doivent être des qualités fuivantes.

1°, Pour les effieux, des pieces de bois d'Orme ou de Frêne, jeune & de brin en grume, droit & fans nœuds, qui aient depuis 5 pouces de diametre jufqu'à 7, & auxquels on laiffe toute la longueur qu'elles peuvent porter.

2°, Pour les roues, des plateaux d'Orme (on y a quelquefois employé du Hêtre, mais ce bois n'eft pas convenable); ces plateaux refendus à la fcie, doivent avoir différentes épaiffeurs,

depuis 6 pouces jufqu'à 4 , & affez de largeur pour qu'on
puiffe prendre des roues du diametre, foit d'un pied 6 pouces
dans les plateaux de 6 pouces d'épaiffeur, & d'un pied 1
pouce dans ceux de 4 pouces d'épaiffeur, & pour les autres
calibres à proportion.

3°, Pour les flafques , des plateaux d'épaiffeur depuis 6
pouces jufqu'à 4 pouces fix lignes , dont la longueur foit telle
que dans les plateaux de 6 pouces , on puiffe prendre , fans
déchet, des flafques de 5 pouces 6 lignes de longueur, &
dans ceux qui n'ont que 4 pouces 6 lignes d'épaiffeur , des
flafques de 4 pieds 3 pouces de longueur.

§. 2. *Des Affûts de Canons de Campagne & de Places.*

J'ai dit ci-devant que l'on fourniffoit pour le fervice de l'Artillerie , les bois ou en grume ou fimplement dégroffis , fur-tout
pour les affûts ; ainfi on pourra juger de la groffeur des bois
que l'on doit fournir pour ce fervice par la dimenfion des pieces qu'on en doit tirer ; en conféquence , je vais donner les dimenfions des principales pieces d'affûts pour tous les calibres :
ces affuts & les flafques doivent être de bois d'Orme bien fec,
& les entre-toifes de bois de Chêne très-fec.

Pour les pieces de 33, les flafques, (*Pl. XXIII. fig. 5*), doivent avoir 14 pieds de longueur, 6 pouces d'épaiffeur, 17
pouces de largeur, & 7 pouces d'arc ou de ceintre ; ainfi, fi
l'on vouloit prendre un affût dans une piece droite , il faudroit
qu'elle eût 24 pouces de largeur ; mais cette largeur n'eft pas
néceffaire quand les arbres ont une courbure naturelle &
convenable ; trois entre-toifes de 8 pouces de largeur & de 6
pouces d'épaiffeur ; & celle de la lunette de 5 pouces 6 lignes
d'épaiffeur, 18 pouces de largeur.

Pour les pieces de 24 , les flafques ont 13 pieds & demi de
longueur, 5 pouces 6 lignes d'épaiffeur, 15 pouces de largeur, 7 pouces d'arc ou de ceintre ; trois entre-toifes de huit
pouces de largeur, fur 6 pouces d'épaiffeur ; & celle de la lunette de 16 pouces de largeur fur 5 pouces d'épaiffeur.

Pour les pieces de 16, les flafques ont 13 pieds 3 pouces de longueur, 14 pouces de largeur fur 5 pouces d'épaiffeur; l'arc ou le ceintre, 5 pouces 3 lignes; les entre-toifes, 6 pouces 9 lignes de largeur fur 4 pouces 9 lignes d'épaiffeur; & celle de la lunette de même épaiffeur, fur 15 pouces de largeur.

Pour les pieces de 12, les flafques ont 12 pieds de longueur, 4 pouces 6 lignes d'épaiffeur, 13 pouces de largeur, 11 pouces d'arc ou de ceintre; les entre-toifes font, comme pour les canons, de 16, excepté l'entre-toife de la lunette qui a 14 pouces de largeur, & 4 pouces 3 lignes d'épaiffeur.

Pour les pieces de 8, les flafques ont 10 pieds 4 pouces de longueur, 4 pouces d'épaiffeur, 12 pouces de largeur, 10 pouces d'arc ou de ceintre; les entre-toifes ont 5 pouces 6 lignes de largeur, 4 pouces d'épaiffeur; celle de la lunette a 12 pouces de largeur, & 3 pouces 9 lignes d'épaiffeur.

Pour les pieces de 4, les flafques ont 9 pieds de longueur, 3 pouces d'épaiffeur, 10 pouces de largeur, 8 pouces 6 lignes d'arc ou de ceintre; les entre-toifes ont 4 pouces de largeur & 3 pouces d'épaiffeur; celle de la lunette a 10 pouces de largeur & 3 pouces d'épaiffeur.

Les moyeux des rouages fe font de bois d'Orme verd; les jantes & les effieux, de bois d'Orme fec, les rais, de bois de Chêne fec & fans nœuds.

Pour les pieces de 33, les roues ont 4 pieds 10 pouces de diametre.

Les moyeux, (*Fig. 6*), ont 22 pouces de longueur & 20 pouces de diametre: 12 jantes, (*Fig.7*), de 6 pouces 6 lignes de largeur, 4 pouces 6 lignes d'épaiffeur: 24 rais, (*Fig. 8*), de deux pieds & demi de longueur, de 4 pouces 9 lignes d'équarriffage vers le bout qui entre dans le moyeu, & qu'on nomme l'*empattage*, & dans le furplus de la longueur, ils peuvent avoir 6 lignes de moins, & la même chofe à peu-près pour toutes les rais des roues d'autre calibre; c'eft ce qui fait que je ne marquerai que leur groffeur vers la patte, c'eft-à-dire, à l'endroit où les rais entrent dans les moyeux; les effieux, (*Fig. 9*), ont 7 pieds 6 pouces de longueur, & 12 pouces de diametre.

Pour les pieces de 24, les roues ont 4 pieds 8 à 10 pouces de diametre ; les moyeux ont 21 pouces de longueur, 16 pouces de diametre ; les jantes, 6 pouces de largeur, 4 pouces d'épaisseur ; les rais, 2 pieds 6 pouces de longueur, 4 pouces 6 lignes vers l'empattage : les essieux pareils aux précédents.

Pour les pieces de 16, les moyeux ont 19 pouces 6 lignes de longueur & 15 pouces de diametre : le diametre des roues est de 4 pieds 2 pouces ; les jantes ont 5 pouces de largeur, 3 pouces 6 lignes d'épaisseur ; les rais ont 2 pieds 2 pouces de longueur, & 4 pouces d'équarrissage vers la patte ; les essieux, 7 pieds 4 pouces de longueur, & 10 pouces de diametre.

Pour les pieces de 12, les moyeux ont 19 pouces de longueur, 14 pouces de diametre ; les roues sont de la même hauteur que celles des affûts de 16 ; les jantes ont 4 pouces 8 lig. de largeur, 3 pouces 3 lignes d'épaisseur ; les rais, 2 pieds 2 pouces de longueur, 3 pouces 6 lignes d'équarrissage à la patte : les essieux comme pour les pieces de 16.

Pour les pieces de 8, les moyeux ont 18 pouces de longueur, 11 pouces de diametre ; les roues ont 4 pieds de diametre ; les jantes ont 4 pouces 6 lignes de largeur, 3 pouces 6 lignes d'épaisseur ; les rais, 2 pieds 2 pouces de longueur, 3 pouces 6 lignes d'équarrissage à la patte : l'essieu, a 7 pieds 4 pouces de longueur, & 9 pouces de diametre.

Pour les pieces de 4, les moyeux ont 17 pouces de longueur, 9 pouces 6 lignes de diametre ; les roues ont 4 pieds de diametre ; les jantes ont 4 pouces de largeur, 2 pouces 6 lignes d'épaisseur ; les rais, 2 pieds 2 pouces de longueur, 3 pouces d'équarrissage à la patte ; les essieux ont 7 pieds 4 pouces de longueur, & 9 pouces de diametre.

Les avant-trains ne font que de trois grandeurs : les plus gros servent pour les pieces de 33 & de 24 : les moyens, pour les pieces de 16 & de 12 ; les petits pour les pieces de 8 & de 4.

Voici les proportions des pieces qui forment un gros avant-train ; 1°, une limoniere formée de deux limons de Chêne ou d'Orme, (Fig. 10), de 8 pieds 6 pouces de longueur ; 2°, deux entre-toiles

entre-toifes ou *épares* de Chêne de 3 pieds de longueur, y compris les tenons : il n'y a à l'arriere que 2 pieds entre les limons ;
3°, la fellette (*Fig. 11*), qui repofe fur l'effieu, & qui porte la
cheville ouvriere, eft faite d'Orme ou de Chêne : elle a 3 pieds
4 pouces de longueur, 5 pouces 6 lignes d'épaiffeur, 18 pouc.
de hauteur ; au milieu, à l'endroit où fe met la cheville ouvriere,
& 4 ou 5 pouces de chaque côté de cette cheville, la fellette
eft évidée ; 4°, l'effieu (*Fig. 12*), qui eft d'Orme ou de Chêne,
a 6 pieds 3 pouces de longueur, & 6 pouces de diametre.

Les moyeux des roues de l'avant-train font faits d'Orme, &
ont 16 pouces de longueur fur 8 à 9 pouces de diametre. Les
jantes d'Orme fec ont 3 pouces 6 lignes de largeur, 2 pouces
6 lignes d'épaiffeur ; il n'en faut que 10 ; on ne met à ces roues
que 20 rais de Chêne, qui ont 2 pouces 6 lignes d'équarriffage
à l'empatage : ces roues n'ont que 3 pieds 3 pouces de diametre.

Il fuffit, je crois, d'avoir donné les dimenfions d'un gros
avant-train, parce que les autres font formés des mêmes pieces, mais plus petites, fans que cette diminution de grandeur
exige aucune précifion : comme l'avant-train n'eft pas, à beaucoup près, aufli chargé que l'arriere-train, il n'eft pas néceffaire que fa force foit aufli exactement proportionnée au poids
des canons ; d'ailleurs ces bois font fournis bruts.

ARTICLE III. *De quelques autres bois qui fe vendent
en grume, & particuliérement de ceux qu'on nomme
Bois blanc.*

CES fortes de bois ne faifant jamais ou prefque jamais l'objet
de grandes exploitations, c'eft ici le lieu d'en parler : en effet,
lorfque ces bois font en maffif, on eft dans l'ufage de les vendre
fur le pied de demi-futaie ; & lorfque ces arbres font gros, c'eft
quand ils font ifolés, & ne font ainfi que des arbres détachés.

Nous avons dit que quand ces bois étoient de force de taillis, on en faifoit des cerceaux, des perches, des échalas de
brin, du charbon, de la corde ou du fagot. A l'égard des

Y y y

branchages des gros arbres, on les exploite comme les taillis; favoir, en charbon, en corde, en fagots ou en bourrées; ainfi comme nous n'avons rien à ajouter à ce que nous avons dit fur ces fortes d'exploitations, il ne s'agira dorénavant que de parler des troncs.

§. I. *Du Bois de Tilleul.*

Il y a dans nos forêts des Tilleuls à petites feuilles dont le bois eft très-ferme, quand les arbres ont crû dans des terreins qui ne font point trop humides; leur bois n'eft pas d'un grand blanc; leur couleur eft d'un roux un peu pâle. Il n'en eft pas de même des Tilleuls à grandes feuilles, qu'on nomme à Paris *Tilleuls de Hollande:* le bois de ceux-ci eft fort blanc & plus tendre que celui de nos forêts.

Ceci bien entendu, les plus gros Tilleuls à petites feuilles de nos forêts peuvent être débités en bois quarré, & fournir de fort bonnes poutres; mais communément on refend toutes les efpeces de Tilleuls en plateaux qu'on vend aux Sculpteurs qui travaillent pour les bâtiments civils; ou bien, quand on eft à portée des Ports où l'on conftruit des vaiffeaux, on les vend en grume pour certains ouvrages de fculpture dont on orne ces bâtiments, & qui exigent ordinairement de fort grandes pieces.

On les vend auffi en grume aux Tourneurs pour en faire différents ouvrages, & de petits barrils dans lefquels les Chaffeurs confervent leur poudre à tirer.

Souvent les Boiffeliers les achetent fur pied pour les faire travailler en fabots, comme nous l'expliquerons dans peu.

Enfin l'on en débite en planches de différentes longueurs & épaiffeurs, pour l'ufage des Menuifiers & des Layetiers, & en merrain pour les tonnes de marchandifes feches. On en fait encore quelques ouvrages de raclerie, fans compter l'ufage que l'on fait, foit de leur écorce pour des cordes, foit des perches pour divers emplois: nous avons fuffifamment parlé ci-devant de ces deux objets.

§. 2. *Du Bois de Peuplier.*

QUAND les Peupliers noirs ont crû en bon terrein ; on en peut faire quelques pieces de charpente pour des bâtiments de campagne & de peu de conféquence ; on en fait des planches ou de l'aubage pour de légers ouvrages de Menuiferie, ou pour les Layetiers.

Au refte, comme toutes les efpeces de Peuplier peuvent s'employer aux mêmes ufages que le Tilleul, nous pouvons nous difpenfer de nous étendre davantage fur cette efpece de bois. On fe rappellera feulement que nous avons dit dans le Livre des taillis, qu'on faifoit des fourches avec toute forte de bois blanc ; parce que la légéreté de ce bois le rend plus propre à cet emploi que les bois durs.

§. 3. *Du Bois de Marronnier-d'Inde.*

LE bois du Marronnier-d'Inde, quoique moins bon que le Peuplier, s'emploie cependant aux mêmes ufages : on en débite en planches & en membrures pour les Menuifiers & les Ebéniftes. Ce bois fe vend prefque toujours en grume & fur pied aux Sabotiers : quelquefois on fait percer les plus droits pour faire des tuyaux de conduite pour les eaux : les perches de ce bois fe vendent aux Tourneurs : les Teinturiers font quelque ufage de fon écorce.

§. 4. *Du Bois de Bouleau.*

QUAND nous avons parlé des taillis, nous avons dit qu'on faifoit des balais avec les plus jeunes branchilles du Bouleau élevé en taillis ; que cet arbre fournifoit encore d'affez bons cerceaux ; & que quand ces taillis étoient devenus plus grands, on en faifoit des cercles pour les cuves.

Au refte, on fait le même ufage des bois de bouleau que des autres bois blancs ; favoir, des fabots, quelques ouvrages de tour & de raclerie. On fera bien de revoir ce que nous avons dit dans le Chapitre IV du Livre précédent, des avantages que l'on peut tirer des différentes especes de bois.

§. 5. *Du Bois de Sureau & de Buis.*

Le bois du vieux Sureau est très-dur : on l'emploie pour faire des peignes communs : les Tourneurs en font des boîtes rondes qui se ferment à vis : ce bois se vend en grume.

Les gros Buis se vendent à la livre aux Tourneurs qui en font divers ouvrages ; & aux Tabletiers, pour en faire des peignes ou autres petits ustensiles ; aux Graveurs en bois, &c. Quand les pieds de ce bois sont fort gros & bien sains, on en tire un gros prix.

ARTICLE IV. *Travail du Sabotier.*

Autrefois on faisoit quantité de sabots avec le bois de Noyer. Comme ce bois est léger, qu'il est liant & qu'il fend peu, ces sabots étoient d'un excellent usage ; mais depuis que l'Hiver de 1709 a rendu ce bois moins commun, on ne l'emploie plus à cet usage que dans des Provinces éloignées de Paris : les meilleurs sabots qu'on fait aujourd'hui, sont de branches de Hêtre, mais le plus ordinairement de bois blanc.

On vend aux Boisseliers ou aux Sabotiers & sur pied, les arbres propres à faire des sabots ; ce sont ces Ouvriers qui les abattent eux-mêmes avec la cognée, comme on fait les autres bois, c'est-à-dire, depuis le temps de la chûte des feuilles, jusqu'au mois de Mai.

On fait des sabots, soit avec des rondines, soit avec du bois fendu par quartiers : il faut que la rondine ou le bois fendu aient 18 à 20 pouces de circonférence pour faire un gros sabot ; de sorte que pour qu'un arbre puisse fournir quatre sabots de quartier, il faut qu'il ait au moins trois pieds de circonférence : dans les arbres plus menus, on ne peut prendre qu'un sabot dans une rondine. Lorsqu'elles ont moins que 18 pouces de grosseur, on en fait des sabots pour les femmes & les jeunes gens ; les plus petits propres aux enfants en jaquette, se nomment *Cotillons* ou *Camions*.

Pour faire les gros fabots, on fcie les corps d'arbres par
troncs de 9 à 12 pouces de hauteur, (*Pl. XXIV. E F, fig. 6*),
on les fait de plus en plus courts , à mefure que les fabots font
plus petits ; deforte qu'il y a des troncs qui n'ont que quatre
pouces de hauteur.

On peut compter, à peu-près , qu'un arbre qui aura 45 à
50 pieds de tige fur 3 pieds de circonférence, mefurée à 10 ou
12 pieds du gros bout, fournira cinq à fix douzaines de fabots ,
dont les plus grands auront un pied de longueur, & les plus
petits 3 ou 4 pouces , par conféquent deux de ces arbres pourront fournir une groffe, c'eft-à-dire , douze douzaines de fabots. Deux Ouvriers font ordinairement deux douzaines de fabots par jour. Dans la forêt de Villers-Cotrets, les Marchands
paient la façon des fabots à la groffe ; favoir , ceux pour
hommes, 13 livres ; ceux pour femmes, 10 livres ; ceux de 8 à
9 pouces, 9 livres ; les bâtards qui ont 6 à 8 pouces, 8 livres;
& encore à plus bas prix , ceux qui font plus petits : les Marchands en gros vendent ces fabots aux détailleurs par affortiment, compofé de grands fabots pour les hommes , de moins
grands pour les femmes, de plus petits , qui fe nomment *Sabots de pâtres,* ou *d'écoliers* ou *d'enfants* de 12 à 15 ans, & enfin
de *Cotillons* ou *Camions* qui font pour les enfants en jaquette.

Les Marchands de la forêt de Villers-Cotrets apportent ordinairement ces fabots à Paris , où ils les vendent par groffes
afforties. La groffe de fabots d'hommes n'eft que de 8 douzaines : celle de fabots de femmes eft de 12 douzaines : la groffe
de fabots d'écoliers de 18 douzaines : les groffes de ces différentes efpeces fe vendent toutes un même prix; par exemple,
32 livres la groffe.

Pour la Province , les groffes de toutes les efpeces contiennent 156 paires de fabots , mais de différent prix établi
fur celui des femmes ; & en fuppofant que le prix courant de
ceux-ci foit de 30 ou 31 livres la groffe , celle des fabots pour
hommes eft d'un écu plus cher: ceux d'écoliers coûtent 3 liv.
moins que ceux des femmes ; les bâtards , 3 livres moins que
ceux d'écoliers, & les camions ou cotillons, 3 livres moins que

les bâtards. Il eſt bon de ne pas ignorer ces différents uſages.

Les ſabotiers commencent par abattre les arbres à raze-terre avec la grande cognée , comme les Bûcherons abattent les arbres dans les forêts ; ils obſervent les mêmes ſaiſons pour ne point endommager les ſouches ; & quand la ſaiſon preſſe, ils mettent les corps d'arbres ébranchés en gros tas, pour qu'ils ne ſe deſſechent point trop.

Lorſqu'ils ont abattu un certain· nombre d'arbres, ils les coupent par tronçons, depuis un pied de longueur juſqu'à 4 poûces : pour ſcier commodément ces tronces , ils emploient deux eſpeces de ſelles *a*, *a* (*Pl. XXIV, fig. 1*), qui n'ont des pieds que d'un ſeul côté, l'autre qui porte à terre, & un peu plus haut s'éleve ſur chacune une forte cheville *b b* ; c'eſt dans l'angle que cette cheville forme , avec le deſſus de la ſelle *a a*, qu'ils mettent la piece de bois *cc*, qu'ils ſe propoſent de ſcier par tronces. On voit vers *d* le commencement d'un trait de ſcie.

La ſcie dont ſe ſervent les Sabotiers, eſt quelquefois un paſſe - par - tout (*Fig. 2*) ; ſouvent elle eſt montée & dentée comme celle des Charpentiers ; mais on lui donne beaucoup de voie pour qu'elle puiſſe paſſer aiſément dans le bois verd.

Quand les billes ſont trop groſſes , on les fend avec le coutre *k* (*Fig. 3*), à l'aide de la maſſe *h* (*Fig. 3**). Dans la forêt de Villers-Cotrets , les Sabotiers fendent leurs billes avec l'outil *i* (*Fig. 3*), qu'ils nomment un ciſeau, & qui n'eſt proprement que la lame d'un coutre ſans manche. Cet outil a 4 ou 5 pouces de longueur & 2 & demi ou 3 pouc. de largeur : ils ſe ſervent d'un coin de fer *g*, (*Fig. 3*) pour achever de fendre la rondine , & ils l'enfoncent avec le gros maillet *l* (*Fig. 4*), pour avoir des quartiers pareils à celui de la Figure 4, de grandeur à faire un ſabot : une tronce de deux pieds & demi de circonférence, peut être fendue en deux pour faire une paire de ſabots ; mais ſi elle n'avoit qu'un pied & demi, on n'en pourroit faire qu'un ſeul pour homme.

On ébauche le ſabot ſur le billot *a* (*Fig. 5*), avec la hache & l'herminette *b* (*Fig. 5*) : voici comment l'Ouvrier procede.

Suppoſons qu'il veuille faire un ſabot de la rondine *E*, (*Fig.*

6), il emporte avec la hache la partie *a a*, pour faire le deffous du fabot, comme on le voit en F (*Fig. 6*); puis encore avec la même hache, il retranche les parties *b, b*, & arrondit le deffus du fabot; enfuite avec l'herminette, il fait les échancrures *c, c*, pour former l'entrée du fabot & le talon.

Enfin, en fe fervant tantôt de la hache & tantôt de l'herminette, il donne à peu-près au morceau de bois la forme extérieure du fabot, comme on le voit en H (*Fig. 6*) ou en G : il a l'attention d'ébaucher le fabot du pied droit différemment de celui du pied gauche.

Pendant qu'un Ouvrier A (*Fig. 13*), ébauche les fabots, comme je viens de le dire, un autre B ou C, les creufe : pour faire cela commodément, il en affujettit une paire avec des coins dans l'entaille *o* du banc *nn* (*Fig. 7*), qui doit être établi d'une maniere bien folide dans la loge (*Fig. 8*). C'eft ordinairement derriere ces bancs que font placés les lits des Saboriers : ces lits confiftent en une fimple couverture, un drap & de la paille ; & comme il eft important que tous les outils foient bien tranchants, on les pofe pendant le jour fur ces lits, & pendant la nuit on les fufpend aux perches qui forment la loge.

Une paire de fabots étant ainfi affujettie dans l'entaille du banc, l'Ouvrier commence à percer chaque fabot avec la vrille ou amorçoir *k* (*Fig. 9*); il fait à chaque fabot un trou en *r* (*Fig. 7*), & un autre en *s*; enfuite il acheve de les creufer avec de larges tarrieres ; puis il les évuide avec les cuilliers *h, i, l,* (*Fig. 9*). Ces outils font très-tranchants ; il en a de différentes grandeurs, & proportionnés à celle des fabots. Cette opération exige de l'adreffe; car, 1°, il faut que le fabot foit plus large au point où répond le fort du pied qu'à l'entrée; 2°, il ne faut pas laiffer trop de bois, parce que cela l'appefantiroit inutilement ; 3°, il faut creufer le fabot de façon que le pied y foit à l'aife ; & pour cela il eft néceffaire que la forme intérieure du fabot ne foit point fymmétrique, afin que les doigts de chacun des pieds y foient logés commodément ; 4°, il faut prendre garde de percer le fabot d'outre en outre, & cependant de ne pas laiffer trop de bois vers le bout : l'Ouvrier, pour éviter ces deux in-convéniens, fonde de fois à autre l'intérieur avec le manche de la cuiller , & en compare la profondeur avec le dehors, pour juger à peu-près de l'épaisseur du bois qui doit refter au bout; mais le plus ordinairement il en juge en mettant une main au bout du fabot & en regardant le fond par l'ouverture; ces Ouvriers fe font fait une habitude de juger ainfi à vue de l'épaiffeur de leur bois. L'Ouvrier - perceur ébarbe les bords tranchants du fabot, & il efface les fillons de la cuiller avec un crochet tranchant, (*Fig. 10*) qui s'appelle *Rouette.*

Un troifieme Ouvrier D (*Fig. 13*), finit l'extérieur du fa-bot avec un couteau tranchant, (*Fig. 11*), qu'il appelle le *Paroir,* attaché par une boucle à un banc folide *s s.* On ne peut s'empêcher d'admirer avec quelle adreffe les Sabotiers ma-nient cet inftrument : quelquefois ils le font mordre beaucoup; d'autres fois ils n'enlevent que des copeaux extrêmement minces; enfin, avec ce feul inftrument, ils donnent aux fa-bots les différentes formes qu'ils doivent avoir, fuivant l'ufage des différents pays ; car ici on les veut ronds , ailleurs pointus; quelquefois les talons doivent être fort bas, d'autres fois on les veut hauts ; dans quelques Provinces, il faut que l'entrée foit très-ouverte, & telle qu'on la peut voir en *d* (*Fig. 12*), dans d'autres, on la demande plus petite, comme en *b, e* : on voit en *a* la coupe d'un fabot.

A mefure que les fabots font faits , on les arrange par lits dans la loge,& on les couvre de copeaux, pour empêcher qu'ils ne fe fendent.

Chaque art a fes fineffes pour mafquer les défauts : fi par hazard il fe trouvoit un nœud qui formât un trou, cela feroit rebuter une paire de fabots; pour y remédier, le *Sabotier* le bouche de façon qu'il faut y regarder de bien près pour l'ap-percevoir ; il prend pour cela de la feconde écorce verte de jeunes Ormes qu'il pile fur un billot de bois, & il en forme une efpece de pâte dont il remplit le trou, & paffe enfuite pardeffus un fer chaud, moyennant quoi il eft difficile de voir le défaut lorfque le fabot eft enfumé.

Une

Une ou deux fois chaque femaine on enfume les fabots, &
voici comment on procede. On pique en terre quatre gros piquets qui forment un quarré de 6 à 7 pieds de côté; ces piquets
fortent de terre d'environ 18 pouces; on fixe fur la tête de ces
piquets, aux deux bouts du quarré, deux fortes perches, fur
lefquelles on pofe en travers d'autres perches moins fortes,
qui forment une efpece de plancher, fur lequel on met quatre
rangs de fabots les uns fur les autres; quand on met cinq rangs,
le dernier fe trouve mal enfumé.

On place les fabots à côté les uns des autres, la pointe en
en haut, le talon en bas, enforte qu'ils font un peu inclinés
du côté de leur entrée, afin que la fumée & la chaleur du feu
pénetrent mieux dans l'intérieur : on obferve le même ordre
pour les quatre rangées. On difpofe ainfi les fabots dès le foir,
& pendant la nuit on allume pardeffous un feu de copeaux
verds qui répand beaucoup de fumée, fans prefque faire de
flamme: c'eft afin de pouvoir mieux voir le progrès du feu qu'on
fait cette opération pendant la nuit; car pendant le grand jour
on courroit rifque de mettre le feu aux fabots.

On enfume ordinairement quatre groffes de fabots à la fois,
& cela n'exige qu'une heure & demie ou deux heures de temps.

L'objet qu'on fe propofe par cette opération, n'eft pas feulement d'empêcher les fabots de fe fendre, mais de durcir le
bois, & lui donner de la couleur; car fi par la fuite on expofoit au hâle ces fabots enfumés, ils fe fendroient beaucoup;
mais comme le bois eft mince, on prévient qu'ils ne fe fendent,
en les tenant à couvert dans un lieu frais jufqu'à ce qu'ils fe
vendent.

Dans les Provinces des environs de Paris, on ne fait pas
l'ouverture des fabots auffi grande qu'en *d*, (*Fig. 12*); mais
on la tient plus étroite comme *b* ou *e* (*Fig. 12*); & afin d'empêcher qu'ils ne fe fendent vers l'ouverture, on y applique ce
qu'on appelle un *emblai*, qui eft ou un brin de fil de fer, ou
une courroie *c* qui s'attache par-deffus, comme on peut le voir
en *b*. L'ouverture des fabots pour femmes, fe garnit d'une
peau de mouton *e* (*Fig. 12*), afin qu'elle ne leur bleffe pas le
coudepied.

Z z z

Dans la Marche, le Limousin & l'Angoumois, on fait l'entrée des sabots fort grande, de sorte qu'elle ne porte point sur le coudepied; mais on y attache une courroie *d* (*Fig. 12*), qui retient le coudepied, & empêche que le pied ne sorte du sabot; les talons de ces sabots sont hauts & pointus; & pour les faire durer plus long-temps, on les arme de petits fers *f, g* (*Fig. 12*), qu'on y attache avec des clous.

La Figure 13 fait voir quatre Ouvriers en attitude qui travaillent les sabots: *A*, est un Ouvrier qui ébauche; *B*, celui qui perce; *C*, celui qui évide le dedans du sabot; *D*, celui qui en pare les dehors.

On fait encore avec les mêmes bois des formes pleines pour les Cordonniers, telles qu'en *A* (*Fig. 14*), ou brisées comme en *B*; des semelles de galoches avec leur talon *C*; & des talons de souliers pour hommes & pour femmes *D, E*.

Tout cela s'ébauche avec la hache & l'herminette, & se finit avec la plane de la figure 11. Les formes se font le plus ordinairement de Frêne, & les talons de Tilleul ou autre bois blanc; on ne fait qu'ébaucher ceux-ci dans la forêt, & ce sont les Cordonniers qui achevent de les perfectionner.

ARTICLE V. *Maniere de faire de petits Barrils d'un seul bloc de Saule.*

CES petits barrils ne sont en usage que dans quelques Provinces: ils sont travaillés avec les mêmes outils qu'emploient les Sabotiers, & ce sont ordinairement ces mêmes Ouvriers qui les font.

Le corps du barril est fait d'un seul morceau taillé en rond, avec un petit empatement en-dessous pour lui former un point d'appui; les deux fonds sont faits chacun d'une planche du même bois. Voyez *Planche XXXI, Fig. 18*.

On creuse le corps du barril comme on creuse un tuyau, avec des cuillers à peu-près semblables à celles des Sabotiers; la forme extérieure du barril se donne avec la plane dont les Sabotiers se servent. Ils ont ordinairement depuis 8 pouces jus-

qu'à 15 de longueur fur 6 pouces, & au plus 9 de diametre,
L'ouverture pour emplir & vuider ces barrils, eft placée au
milieu du corps comme aux futailles ordinaires; on tient le
bois plus épais à cet endroit qu'ailleurs, afin qu'on puiffe chaf-
fer le bouchon avec affez de force fans endommager le petit fût; on y attache une main de fer retenue par deux viroles,
affez élevée pour y paffer la main fans être gêné par le bondon; tout le refte du barril, excepté à l'endroit du bondon,
eft de 8 à 9 lignes d'épaiffeur; à un pouce de diftance du bord
eft une rainure de deux lignes de profondeur pour recevoir
la piece du fond.

Lorfqu'on a taillé un fond felon le diametre du barril pris
au jable, (il eft effentiel de ne prendre cette mefure que
quand le bois eft bien fec), on taille les bords de ce fond en
chanfrein; il faut que l'intérieur du barril, depuis le jable jufqu'au bord, aille un peu en s'évafant; on force un peu le fond
pour le faire entrer dans cette partie évafée; quand le fond
eft engagé dans cette partie, on met le barril avec le fond dans
une chaudiere d'eau bouillante; le bois s'y attendrit & eft en
état de fe prêter aux efforts qu'il faut faire pour faire entrer le
fond dans le jable; comme le barril fe refferre en fe féchant, le
fond joint exactement : quelques Ouvriers ferrent la partie du
barril qui répond au jable avec une corde & un garot; il vaut
mieux que le fond foit un peu à l'aife dans le jable que trop
ferré; car comme le bois fe comprime beaucoup en fe féchant
& en fe réfroidiffant, le fond qui ne fe retire pas proportionnellement feroit fendre le corps du barril.

Article VI. *Travail du Fendeur.*

C'est ici le lieu de parler des bois que l'on livre en grume
aux Fendeurs pour être débités felon différentes deftinations.
Quand les Bûcherons ont abattu les arbres, & qu'ils en ont
retranché les branches, le Marchand qui les a deftinés à faire
du bois de fente, livre en cet état les corps d'arbres, & quelquefois auffi les groffes branches aux Ouvriers Fendeurs, qui;

felon la groffeur & la longueur de ces tronces , les débitent
pour différents ouvrages que nous expliquerons dans la fuite.

Plufieurs motifs déterminent les Marchands à faire faire du
bois de fente ; 1°, lorfque par la pofition d'une forêt , certaines
marchandifes font d'un débit avantageux, telles que le merrain,
le traverfin, les échalas, &c, pour les pays de vignoble ; les
rames, les gournables ou chevilles pour la conftruction des vaiffeaux, lorfqu'on eft à portée des Ports de mer ; ailleurs les cerches pour la Boiffellerie ; aux environs des grandes villes, les
lattes pour les couvertures des toîts ; & dans quantité d'endroits, les ouvrages de raclerie, qui confiftent en différents petits ouvrages de Hêtre, comme clayettes, lattes pour les fourreaux de fabre & d'épée, lanternes, panneaux de foufflets,
bâts, arçons de felle , &c.

2°, Quand le bois n'eft pas d'affez bonne qualité pour fournir de bonnes pieces de charpente ; par exemple, un arbre mort
en cîme, ou qui, dans la longueur de fon tronc, a des nœuds
pourris ou des yeux de bœuf, ou dont le tronc fort court a
pris des contours défavantageux ; ces arbres peuvent fournir
des billes faines ; quoique courtes, elles font propres pour la
fente.

3°, Quand, par la difficulté des chemins, par l'éloignement des
rivieres navigables & des grandes routes, ou par la diftance
trop grande de la forêt, jufqu'aux lieux où l'on en pourroit
faire la confommation, le tranfport devient trop coûteux ; enfin, quand quelques-unes de ces raifons empêchent de voiturer les groffes pieces de bois, alors on prend le parti de les con-
vertir en ouvrages de fente qui peuvent être tranfportés facilement, foit par petites voitures, foit à fomme de cheval. Mais
le Marchand doit faire attention que fi d'un côté il retire un
grand produit du corps d'un gros arbre qu'il fait débiter en
fente, d'autre part, il lui en coûte néceffairement un prix
confidérable pour la façon.

Il feroit d'une bonne police de mettre des entraves à la cu-
pidité des Marchands, & de les détourner de couper par tronces les plus beaux & les plus gros arbres, pour en faire de la

cerche ; car on pourroit faire de très-bons feaux avec du merrain de bois blanc, cerclés de fer, & débiter les arbres dont
on fait de la cerche en bois de Menuiferie, de charpente ou
de conftruction, fuivant la qualité & la nature du bois.

Je ne dis rien des échalas, des lattes ni du merrain, parce
que tout cela peut fe prendre dans des arbres qui ne font pas
fort gros.

On a pu voir dans la *Phyſique des Arbres*, qu'un tronçon de
bois eft compofé de fibres qui s'étendant fuivant la longueur
du tronc, forment fur l'aire de la coupe du tronc des orbes
concentriques, & que ces fibres longitudinales font liées les
unes aux autres par un tiffu cellulaire, & par des fibres tranf-
verfales, qui ont été nommées *infertions*.

La force qui unit ces fibres longitudinales les unes aux autres, eft beaucoup moindre que celle de ces mêmes fibres ; &
c'eft pour cela qu'il eft bien plus aifé de les féparer, que de les
rompre. On peut remarquer que les fentes s'ouvrent toujours
par les rayons ou infertions.

Les Ouvriers qui travaillent les bois dans les forêts ont bien
fu profiter de cette propriété du bois pour le fendre, & en
faire d'une façon expéditive plufieurs ouvrages qui, par cette
manœuvre, font beaucoup meilleurs que s'ils étoient refendus à la fcie.

En effet, combien n'employeroit-on pas de temps à divifer
avec la fcie des lattes, des douves de futailles, des cerches de
Boiffeliers, &c ? Au lieu que par l'induftrie qu'emploient les
Fendeurs, ces ouvrages font faits prefque en un inftant. J'a-
joute qu'ils font beaucoup meilleurs ; ce qui deviendra fenfible
fi l'on fait attention que la fcie ne fuivant point réguliérement
les inflexions des fibres, elle les coupe, & ne fait que du bois
tranché ; au lieu que par la méchanique du Fendeur, ces fibres
reftent dans leur entier, & les ouvrages en ont beaucoup plus
de folidité.

Joignons à cela qu'en fendant le bois, on épargne ce que le
trait de la fcie emporte, ce qui ne laiffe pas d'être confidérable ; car ce trait ne pouvant être moindre que 2 à 3 lignes,

cela fait l'épaisseur d'une latte & presque d'une douve qui a au plus 3 lignes : il est bien vrai que le bois refendu à la scie est mieux dressé que celui qu'on fend, & qu'on ne peut rendre droit qu'en retranchant du bois.

Il y a dans les forêts des Ouvriers qu'on nomme *Fendeurs*, qui s'occupent presque uniquement à faire ces sortes d'ouvrages, qui ne laissent pas, dans certains cas, d'exiger de l'adresse de la part de ces Ouvriers, pour bien conduire la fente & mettre tout le bois à profit. Nous nous proposons de faire remarquer cela, après que nous aurons fait connoître les signes qui peuvent faire conjecturer si tel ou tel arbre sera propre pour la fente.

§. 1. *Des marques qui peuvent faire juger qu'un arbre sera propre pour la fente.*

On a déja vu lorsque j'ai parlé des bois taillis qu'on peut fendre différentes especes de bois, Châtaignier, Chêne, Bouleau, pour en faire des cerceaux pour les poinçons, des cercles pour les cuves, des cerches pour les cribles, &c ; on verra dans la suite, qu'on peut également destiner à faire des ouvrages de fente, quantité de bois de différentes especes. Il y a des especes de bois qui se fendent beaucoup mieux que d'autres : le Chêne & le Hêtre se fendent communément beaucoup mieux que l'Orme, l'Erable, &c. Je dis communément ; car j'ai vu des Ormes qui étoient aussi aisés à fendre que le Chêne ; mais cela ne se rencontre pas ordinairement, & dépend quelquefois de l'espece ; l'Orme-teille & celui qu'on nomme *Orme femelle* à larges feuilles, se fendent ordinairement beaucoup mieux que l'Orme-tortillard : de même, parmi les *Chênes,* celui qui porte son fruit en grappes, se fend ordinairement mieux que celui dont les fruits sont attachés à des queues fort courtes : au reste, on ne doit pas regarder ceci comme regle générale. Mais ce qui est encore plus singulier, c'est que la même espece d'arbre élevée dans le même terrein & à la même exposition, tantôt se trouve être de bonne fente, & tantôt ne peut être employé à cete deſtination ; bien plus, il arrive aſſez communément qu'un arbre qui ſe fendra bien vers les racines, ſera très-difficile à fendre vers le haut de ſa tige.

En général, les Ouvriers jugent qu'un Chêne ſe fendra bien quand ſon écorce eſt fine, quand l'arbre diminue uniformément de groſſeur, & quand il a peu de nœuds.

Les bois *roux*, *pouilleux* & *vergetés*, ſe fendent quelquefois aſſez bien quand ils ont toute leur ſeve ; mais ces bois défectueux ſont d'un mauvais emploi.

Les bois *roulis* doivent être rejettés pour les ouvrages de fente, parce qu'ils donnent beaucoup de déchet.

On prétend que le Hêtre dont la tige n'eſt pas exactement arrondie, & où il ſe trouve des eſpeces de côtes qui s'étendent ſuivant la longueur du tronc, eſt le meilleur de tous pour la fente. *Quand, lorſqu'on enleve dans le temps de la ſeve, un morceau d'écorce de ces arbres*, on voit en le pliant en ſens contraire, c'eſt-à-dire, la cuticule en dedans, que les fibres longitudinales ſe ſéparent aiſément ; on préfere l'arbre où ces mêmes fibres ont une direction droite, & qui forment une hélice ou *vrille* très-alongée. Il y en a qui prétendent que quand les fibres tournent de droite à gauche, l'arbre ſe fend mieux vers la tête qu'au pied ; & que le contraire arrive ſi les fibres tournent de gauche à droite ; mais cette opinion ne paroît avoir aucun fondement : j'ai toujours vu que les arbres ſe fendoient d'autant mieux, que leurs fibres ſuivoient une ligne plus droite dans toute la longueur du tronc ; & peut-être que ce qui fait qu'une partie d'un même arbre ſe fend bien pendant qu'une autre eſt de mauvaiſe fente, c'eſt parce que la direction des fibres longitudinales ſe trouve dérangée, ſoit par l'inſertion de quelque groſſe racine, ſoit par l'irruption d'une groſſe branche. On peut conſulter ſur ce point ce que nous avons dit plus en détail dans la *Phyſique des Arbres* ſur la direction des fibres du bois.

Il arrive quelquefois que tous les arbres d'une vente ſe fendront mieux que ceux d'une autre : cela peut dépendre de la qualité du terrein ; car on remarque que les arbres qui pouſſent

avec force, se fendent mieux que ceux qui croissent lentement. En général, les jeunes arbres se fendent mieux que les
vieux ; & le bois verd se fend beaucoup mieux que le bois sec.

Il suit de ce que je viens de dire, qu'il y a des arbres dont
le bois se fend beaucoup plus réguliérement que d'autres ; mais
qu'il n'est pas aisé de décider avec certitude, si un arbre sur
pied sera de bonne fente ou non.

On doit absolument rebuter tous les arbres noueux,
ainsi que ceux qui ont leurs fibres très-torses ; je dis très-
torses, car on ne laisse pas de tirer parti des arbres dont les
fibres le sont un peu moins, pour les employer à des ouvrages
qui permettent de les redresser au feu : j'ai vu faire de très-
bons panneaux de menuiserie avec du merrain qui avoit ce
défaut.

Comme la direction des fibres des bois rustiques & très-
forts, n'est pas ordinairement droite & réguliere, ils sont
rarement propres à la fente.

Les bois gras se fendent assez bien, pourvu qu'ils ne soient
pas secs ; car quand ils ont perdu toute leur seve, ils deviennent cassants ; c'est pour éviter cela que les Marchands ont
grand soin de faire fendre leurs bois aussi-tôt qu'ils ont été abattus ; 1°, parce qu'alors ils se fendent réguliérement, & sans
qu'aucune piece se rompe, 2°, parce que les fentes qui se forment dans les bois qui se sechent, leur occasionneroient un
déchet considérable ; 3°, parce que l'aubier du bois verd se
fend très-bien, & qu'on peut en passer une partie avec le bon
bois ; au lieu que cet aubier devient en pure perte, quand le
bois est trop sec ; 4°, si l'on fend une grosse bille de bois gras
anciennement abattu, la circonférence de la piece a peine à
se fendre réguliérement ; mais le centre conserve ordinairement assez de seve pour qu'on puisse le bien fendre. Ce qui
rend avantageuse l'exploitation de la fente, c'est qu'on trouve
à employer pour différents ouvrages, les billes de toute longueur ; savoir, de 6 pieds pour les échalas d'espaliers ; de 4
& demi pour les échalas des vignes ; de 4 pieds pour la latte ;
de 3 & demi pour les merrains des demi-queues ; de 2 pieds
2 pouces

2 pouces pour leur enfonçure ; de 2 pieds pour les barres ; de 18 pouces pour le paliſſon ; de 8 pouces pour les chevilles des Tonneliers, &c ; en conſéquence, on peut tirer parti de billes aſſez courtes qu'on leve, ſoit entre deux branches, ſoit entre deux nœuds.

Les Fendeurs ne laiſſent pas que de faire uſage des bois blancs ; ſavoir, le Tremble, le Peuplier, le Bouleau, le Saule, &c : ils en font du merrain pour des futailles, & des tonnes à enfermer le ſucre, & d'autres marchandiſes ſeches ; des tinettes pour contenir des beurres ; des barres, des chevilles pour les Tonneliers ; des paliſſons pour les entre-voûtes des planchers de Payſans, &c. Quand il s'agit d'ouvrages plus importants, on n'emploie guere que le Chêne & le Hêtre ; & dans les Provinces méridionales, le Châtaignier, le Mûrier, le faux Acacia. Dans nos Provinces, tous les ouvrages de fente ſe font avec le Chêne, & les ouvrages de raclerie avec le Hêtre.

§. 2. *Outils dont ſe ſervent les Fendeurs.*

Le métier de Fendeur n'exige pas un grand nombre d'outils : le principal eſt un *Attelier* ou *ſelle à fendre*, (*Pl. XXV. fig.* I). Pour s'en former l'idée, il faut ſe repréſenter un gros fourchet de bois *A B C* ; la branche poſtérieure *A B*, eſt plus élevée que la branche antérieure *C B*.

Ce fourchet eſt ſoutenu par un pied ſolide *D*, qui ſe trouve placé à la réunion des deux branches, & par le pied *E* placé vers l'extrémité de la branche *C*. A l'égard de la branche *A*, comme il eſt à propos, ſuivant la hauteur du corps de l'Ouvrier, & ſelon les ouvrages qu'il doit faire, de la tenir plus haute ou plus baſſe, elle eſt ſimplement ſoutenue par une fourche *F*. Mais comme pendant le travail, l'Ouvrier fait toujours des efforts qui ſoulevent cette branche *A*, elle eſt affermie par une piece de bois *G* qui paſſe ſur cette branche, enſuite ſous la branche *C* ; elle porte à terre par le bout inférieur *G*, & le bout ſupérieur eſt fortement lié au poteau vertical *HH*, qui eſt lui-même attaché par le bout ſupérieur, ſoit à quelque piece

Aaaa

du plancher, si le travail se fait dans un bâtiment, soit à une branche d'arbre, si l'on fend dans la forêt; le bout inférieur est un peu enfoncé en terre: de cette maniere l'attelier se trouve solidement assujetti.

On voit en B, à la réunion des branches, une petite plate-forme arrondie qui sert à poser la masse ou mailloche I qui doit être toujours à portée de la main du Fendeur.

Pour comprendre l'usage de cet attelier, supposons qu'on veuille fendre la piece de bois N O (Fig. 1): on la pose pres-que verticalement en dedans des fourches, de façon qu'elle s'appuie contre la branche C; puis plaçant le tranchant du Coutre P, suivant la direction qu'on veut donner à la fente, on frappe sur le dos de ce coutre avec la masse I, (Fig. 1 & 12); cette fente étant commencée, pour la continuer, on place la piece de bois presque horizontalement dans la position K L; de maniere que le bout K passe sous la branche A B de l'attelier, & le bout L sur la branche C B: il est évident qu'en appuyant alors sur le manche M du coutre, on fait étendre la fente suivant le fil du bois; quand la fente est ouverte, on empêche qu'elle ne se re-ferme en y introduisant un coin Q; puis on avance fortement le coutre, qui coupe les fibres qui ne sont point séparées; & en appuyant encore sur le manche, on prolonge la fente qui bientôt s'étend jusqu'à l'extrémité de la piece, que l'on tient toujours de plus en plus ouverte avec le coin Q.

Avant d'aller plus loin, il n'est pas hors de propos de faire une remarque sur la façon de manier le coutre; & pour cela je suppose, pour rendre la chose plus sensible, qu'on veuille fen-dre le morceau de bois a b (Fig. 2), avec le coutre c, dont la lame est fort large; on parviendra bien à forcer la fente de s'étendre jusqu'au bout b, soit en élevant, soit en abaissant le manche c du coutre; mais l'effet ne sera pas absolument le même; car si l'on éleve le manche c, le tranchant e du coutre, appuyera sur la portion d b de la piece de bois a b, pendant que le dos f du coutre appuyera sur g b de la même piece : or comme f b fait un plus long bras de levier que e b, la portion g b s'élevera, tandis que la portion d b restera presque immo-bile.

Si au lieu d'élever le manche *c* du coutre, on appuie deſſus pour l'abaiſſer, le contraire arrivera; c'eſt-à-dire, que le tranchant *e* s'appuyera ſur la partie *g b* de la piece de bois, & le dos *f* ſur la portion *d b* ; & comme *f b* fait dans ce cas un plus long levier que *e b*, la portion *d b* de la piece de bois, deſcendra pendant que la portion *g b* reſtera preſque immobile.

Pour faire comprendre que cette circonſtance n'eſt point indifférente aux Fendeurs qui veulent bien conduire leur fente, ſuppoſons que la piece de bois *k l* (*Fig. 3*), ſoit fendue juſqu'en *m*; ſi on ſuppoſe les fibres de ce bois tendues bien parallelement, depuis *k* juſqu'à *l*, & que deux forces pareilles appliquées en *n* & en *o*, agiſſent en ſens contraire pour écarter les parties *n o*, la fente doit naturellement s'étendre en ligne droite juſqu'à *l*, & de ſorte que les morceaux *n l* & *o l* ſeront d'égale épaiſſeur; mais il n'en ſera pas de même ſi nous ſuppoſons une des deux forces appliquées en *p* (*Fig. 4*), & l'autre en *q*; la portion *r p* reſtera droite, & la portion *q s* ſe courbera beaucoup. On ſent évidemment que cela doit être, parce que la puiſſance appliquée en *p*, n'agit, pour augmenter la fente, que par le court levier *p t*; au lieu que la puiſſance appliquée en *q*, agit par un plus long levier *q t*: or, comme la courbure *s q* occaſionne la rupture de quelques fibres ligneuſes en *r*; il en réſulte que la fente quitte la direction qu'on lui ſuppoſoit avoir ſuivant l'axe de la piece, & elle s'approche d'autant plus du côté *f*, que la courbure *q s* eſt plus conſidérable. Les Fendeurs ignorent les conſéquences du raiſonnement que je viens de faire; mais ils ſavent très-bien appuyer ou élever le manche de leur coutre, pour faire prendre à leur fente la direction qui leur convient; c'eſt pour cela qu'ils retournent en ſens différents la piece *K L* (*Fig. 1*), afin de pouvoir manier plus commodément le manche de leur coutre, ſuivant la direction qu'ils veulent donner à la fente : ce n'étoit que par ſuppoſition que j'ai dit que le Fendeur relevoit ſon coutre; car il eſt évident qu'il ne peut faire force qu'en appuyant, & c'eſt pour cela qu'il retourne ſa piece, & qu'il appuye toujours ſur le manche du coutre, ce qui fait le même effet que fi, fans changer cette piece de fituation, il relevoit fon coutre comme j'ai fuppofé qu'il faifoit.

Le Fendeur fait encore profiter de la courbure q s, (*Fig. 4*), d'une façon plus fenfible : pour le faire concevoir, fuppofons que la piece k l (*Fig. 3*), deftinée à faire deux lattes, foit placée dans l'attelier, de la même maniere que la piece de bois K L (*Fig. 1*) ; fi le Fendeur s'apperçoit que la fente s'approche trop de m, il met fa main en q (*Fig. 5*) ; & en appuyant, il fait prendre à cette partie la courbure q s ; alors en portant fortement le tranchant du coutre dans l'angle r, la fente change bientôt de direction & s'approche de s. Les Fendeurs employent fouvent & avec fuccès ces moyens pour fendre en ligne droite des pieces de bois, dont les fibres ont naturellement un peu d'obliquité.

Ces réflexions générales nous ont paru trop importantes fur cet objet, pour négliger de les rapporter. Je reviens maintenant au détail des outils.

Le coutre (*Pl. XXV. fig. 6*), a deux bifeaux ; c'eft l'outil qui fert le plus au Fendeur : la partie a b eft de fer acéré, & tranchante ; elle porte deux bifeaux, comme on le voit par la coupe e, la partie d g, eft le dos de ce coutre fur lequel l'Ouvrier frappe avec une maffe pour commencer la fente ; ce dos eft d'environ deux lignes & demie d'épaiffeur ; la longueur de c en b, eft de 9 pouces plus ou moins, fuivant les ouvrages qu'on a à fendre ; les coutres des Fendeurs de cerches font néceffairement plus longs. La largeur du fer de d en c eft ordinairement de quatre pouces ; la partie c b qui, comme on le peut voir par la coupe e, forme un coin mince & tranchant, eft terminée par une forte douille i k, plus ouverte du côté de k, que du côté de i ; c'eft pour cela que le manche qui eft fait de bois, doit être plus menu par le bout L que par le bout k, qui eft entré à force dans la douille & qui excede un peu le fer du coutre.

C'eft avec ce coutre que l'Ouvrier commence la fente, & qu'il la prolonge tout le long de la piece, comme nous l'avons dit ci-deffus en parlant de l'attelier. Il eft évident que fi la longueur du manche augmente la force du Fendeur, la largeur du tranchant la diminue.

Le grand coutre (*Fig 7*) , diffère du premier (*Fig. 6*) ; 1°, en ce que fon fer eft de 3 pouces plus long ; 2°, fon manche a 18 pouces de longueur ; 3°, la partie *a b c d* , n'a qu'un feul bifeau ; la partie *a b* eft acérée & fort tranchante ; & la partie *c d* forme un tranchant mouffe : la coupe de ce coutre eft repréfentée en *e* ; il eft éminčé à la partie *c d*,& échancré en *f* pour le rendre plus léger ; car ce coutre ne fert point à fendre ; les Ouvriers l'emploient comme une hache à main pour dégauchir leurs pieces, ainfi qu'on le voit dans la figure 8. Comme le tranchant de ce coutre eft fort large , il dreffe mieux les pieces de bois que ne pourroit faire le tranchant d'une coignée à main , dont le fer qui eft étroit , forme des efpeces de fillons fur le bois.

La figure 9 repréfente une forte cognée d'abatteur , & dont les Fendeurs fe fervent quelquefois pour dégroffir leurs pieces de bois ; mais elle leur tient lieu plus fouvent de maffe ; & c'eft avec la tête *a* de cette cognée qu'ils ont coutume de frapper des coins de bois dur qu'ils enfoncent dans les fentes des groffes billes : la forme de ces coins eft repréfentée par les figures 10 ; on les fait avec du charme ; ils font fort longs , minces , & fort tranchants.

Les Fendeurs emploient auffi des fcies en paffe-par-tout, voyez *Fig. 11*), des mailloches (*Fig. 12*) , & quelquefois une maffe ou gros maillet (*Figure 13*). La lame des fcies eft dentée comme *A A* (*Figure 11*) , où eft faite en feuillet qui porte des dents comme *B B*, auxquelles on donne beaucoup de voie pour faire paffer plus facilement la fcie dans le bois verd.

Quand les Fendeurs veulent partager en deux une bille de bois , ils marquent l'endroit de la fente avec le coutre à deux bifeaux ou avec la cognée ; ils frappent fortement ces outils avec la maffe ; puis ils mettent le tranchant d'un de leurs coins dans ce fillon, & en frappant avec la tête de leur cognée , cette fente s'ouvre. S'ils apperçoivent dans la fente quelques filandres de bois , ils les coupent avec le coutre : on eft furpris de voir une groffe bille de bois fe féparer en deux avec beaucoup de facilité; en fuppofant néanmoins que la piece eft de Chêne, fans nœuds, & que les fibres du bois font fort droites.

La figure 12 repréfente une maffe ou mailloche femblable à celle qu'emploient les Charrons, qui, en plufieurs circonf-tances fe fervent auffi d'un coutre pour fendre le bois qu'ils mettent en œuvre. Cette maffe ou mailloche eft faite d'un ron-din de charme, ou d'autre bois dur, dans lequel on ménage un manche *a* qui puiffe être empoigné commodément d'une main: elle fert prefque uniquement à frapper fur le dos du coutre à deux bifeaux.

On voit dans la *Figure 14* les coins de fer qui ne fervent guére qu'aux Ouvriers qui fendent le bois à brûler; comme ce bois, pour l'ordinaire, eft rempli de nœuds, & que fes fibres qui ont toutes fortes de directions, ne fe fendroient pas avec des coins de bois, on emploie ceux de fer, qu'on chaffe avec une groffe maffe (*Fig. 13*), qui fert également à frap-per les coins de fer & les gros coins de bois que l'on emploie alternativement, lorfque ceux de fer ont fait les premieres ouvertures.

La fcie en paffe-par-tout (*Fig. 11*), fert également aux Bûcherons, aux Scieurs de long & aux Fendeurs; fouvent même on fournit à ceux-ci les billes toutes fciées: quand les billes ne font pas trop groffes, on emploie des fcies pareilles à celles des Charpentiers, pour les débiter.

§. 3. *Des Rames pour les Galeres & pour la Marine.*

Les rames fe font avec du Hêtre de brin, que l'on fend à peu-près comme l'on fend les cercles de cuve, (voyez *ci-deffus Livre II*); toute la différence qu'il y a, c'eft que comme les arbres qu'on doit fendre pour cet objet, doivent être fort longs, il faut les foutenir fur un nombre fuffifant de chevalets, & avoir plufieurs coins qu'on infere dans la fente pour lui faire fuivre bien réguliérement le trait qu'on a tracé fur la piece.

Il faut que les arbres foient bien *filés*, de belle fente, & qu'il ne fe trouve aucun nœud dans l'étendue de 48 à 49 pieds de longueur pour les rames de toutes sortes de galeres ; avec cette différence, que pour les rames des Galeres extraordinaires, il faut que les pieds d'arbre puissent fournir en longueur, à compter du bout de la pelle, qui fait le tiers de celle de la rame, 11 pieds ; de ce point jusqu'à l'*estrope*, qui est la partie qui porte sur la galere, 20 pieds ; de l'estrope jusqu'au bout qu'on nomme le *genou*, 16 pieds : total 47 à 48 ; & pour les Galeres ordinaires, 41 pieds.

On peut tirer trois ou quatre rames des arbres qui ont plus de deux pieds & demi de diametre vers le pied ; mais on n'en peut tirer que deux de ceux qui n'ont précisément que deux pieds.

Lorsque l'arbre a été fendu en 2, 3 ou 4 pieces, on en enleve le cœur, dont on ne peut faire usage : on les livre en cet état, qu'on nomme en *attele* ou *ettele*, dans les Ports où les *Remolats* les travaillent & les perfectionnent.

On livre dans les Ports des rames en attele beaucoup plus courtes pour les Chébecs, les demi-Galeres, les Vaisseaux, les Felouques, Chaloupes, Canots, &c : les Fournisseurs se conforment pour ces usages aux dimensions qui leur ont été fixées par les états de fourniture.

§. 4. *Comment on fend le Bois à brûler.*

ON emploie pour le chauffage toutes les pieces de bois dont on ne peut faire aucun autre usage, ou quand ces pieces sont trop grosses & trop chargées de nœuds pour être œuvrées. Alors on les fend avec des coins de fer & de bois dur. Quand ce sont des souches fort grosses, on vient à bout de les mettre en éclats, en y employant le secours de la poudre à canon. Pour cet effet, on perce avec une tarriere, un trou *a* (*Pl. XXVI. fig. 14*), de 5 ou 6 pouces de profondeur ; on le remplit de poudre à canon ; on ferme l'ouverture avec une cheville que l'on frappe à coups de masse ; ensuite on perce une lumiere en *b* avec une vrille ; on amorce cette espece de mine, à laquelle on met le feu avec une lance d'artifice *b*, & l'on a soin de se retirer promptement au loin pour éviter d'être blessé par les éclats. Par ce moyen une souche se fend ordinairement en trois parties comme le représente c d e (*Fig.* 1 en *B*).

A l'égard des billes ordinaires, on en commence la fente avec un coup de cognée, & on y introduit un coin de fer & d'autres successivement, que l'on frappe avec une forte masse de bois : les rais pour les roues de voitures se fendent de la même maniere, ainsi que nous l'avons dit en parlant des taillis.

§. 5. *Comment on fend les chevilles pour les Tonneliers.*

Il convient que je parle de quelques ouvrages de peu de conséquence & aisés à faire, avant de traiter de ceux qui exigent plus d'adresse : je vais dire comment on fait les chevilles que les Tonneliers emploient pour les fonds de leurs futailles.

On fait ces chevilles avec toute sorte de bois : lorsque les Fendeurs se trouvent avoir des billes de Chêne qui n'ont que 8 ou 10 pouces de longueur, & qui par cette raison ne peuvent être employées à d'autres usages, ils les mettent à part pour occuper leurs apprentifs à en faire des chevilles ; mais quand il arrive que l'on manque de ces billes de fausse coupe, on se sert de bois de Tremble, de Peuplier, de Saule ou de Bouleau.

En Bourgogne on fait ces sortes de chevilles fort longues, parce qu'on en garnit tout le fond des demi-muids ; mais dans l'Orléanois, on ne donne à ces chevilles que 8 pouces de longueur pour les demi-quarts ; celles pour les quarts, sont moins longues ; en Angoumois, ces chevilles n'ont que 2 pouces de longueur, & ce sont les Tonneliers qui les font eux-mêmes. Tout le bois qu'on débite en billes pour l'usage de l'Orléanois, doit être scié à 8 pouces de longueur.

Le Fendeur (*Pl. XXVI. fig.* 2), assis sur un bloc de bois, prend une de ces billes *a* entre ses jambes ; il pose son coutre dans l'axe, & frappant avec la masse, il divise le tronçon en deux parties par la ligne 1, 1 (*Fig. 3*) ; puis plaçant successivement le coutre suivant les lignes 2, 2, le tronçon se trouve partagé en quatre ; & chacune de ces parties ayant été ensuite partagées

partagées par les lignes 3, 3 & 4, 4; il a six petites planches, (*Fig. 4*) d'un pouce d'épaisseur & de 8 pouces de hauteur sur différentes largeurs, à cause de la rondeur du tronçon. Il fend ensuite chacune de ces petites planches d'abord par la ligne 5 (*Fig. 5*), ensuite par les lignes 6, 6, enfin par les lignes 7, 7 &c. Un pareil tronçon, supposé de 8 pouces de diametre, fournit environ 40 chevilles.

Il faut ensuite dresser ces chevilles avec la plaine, les rendre plus menues par un bout que par l'autre, & les tenir même un peu moins épaisses qu'elles n'ont de largeur; mais cette derniere opération ne regarde plus le Fendeur, c'est le Tonnelier qui donne cette façon avec la plaine, à mesure qu'il veut employer ces chevilles.

Les fusées qu'on emploie pour faire les entrevoux des planchers des Paysans, n'étant que de longues chevilles de bois blanc, qu'on ne dresse point à la plaine, & auxquelles on donne 2 pieds de longueur sur 1 & demi ou 2 pouces en quarré, pour soutenir du trochis dont on forme les entrevoux de ces planchers, ces fusées (*fig. 5.*) se fendent comme les chevilles de poinçon: on fend de même à Paris des *diligences* ou petits cotrets, pour allumer le feu.

§. 6. *Comment on fend le Palisson & les Barres pour les futailles.*

ON appelle *Palisson* de petites planches fendues (*Fig. 6*), ou des especes de douves dont on garnit l'entre-deux des solives des planchers des fermes & des maisons de peu de conséquence. On les fait ordinairement avec du bois blanc fendu à l'épaisseur d'un pouce, qui se trouve réduite à trois quarts de pouces quand elles ont été dressées à la doloire: leur longueur est fixée par la distance qui se trouve entre les solives, & qui est communément de 18 pouces, parce qu'on ne met que 6 pouces d'intervalle d'une solive à l'autre.

Les barres (*Fig. 7*), pour soutenir le fond des futailles, ont à peu-près la même épaisseur que les palissons; on les fait de différentes longueurs, suivant la grandeur des futailles ; mais celles qu'on emploie dans l'Orléanois pour les poinçons ou les demi-queues, doivent avoir 22 pouces de longueur. Comme le palisson & les barres se fendent de la même maniere, nous parlerons de tous les deux à la fois.

On n'a pas besoin d'attelier pour fendre les chevilles, parce que les billes dont on les tire sont fort courtes ; mais on ne peut guere s'en passer pour faire le palisson & les barres ; néanmoins au lieu de l'attelier (*Pl. XXV. fig. 1*), que nous avons décrit ci-devant ; on emploie souvent pour ces petits ouvrages, une chevre à scier du bois telle que celle, *Pl. XXVI. fig. 8* : en y plaçant la piece *c* qu'on veut fendre sous la traverse d'en bas *a*, & sur celle du milieu *b*, on a un point d'appui assez solide pour résister à l'effort du coutre : il est cependant plus commode d'avoir un petit attelier qui, à la grandeur près, ressemble à celui de la Planche XXV. (*fig. 1*).

Quand on a scié les billes selon la longueur convenable, savoir, celles pour en faire du palisson, à 18 pouces, & celles pour les barres des demi-queues, à 22 pouces, le Fendeur prend une bille qu'il place verticalement, & posant son coutre dans le diametre de la piece, il le frappe avec une mailloche, & il commence la fente ; puis mettant le même morceau de bois dans la position où l'on voit la piece *c*, (*Fig. 8*), il appuie sur le manche du coutre ; alors la fente s'ouvre, mais il empêche qu'elle ne se referme, en y introduisant un coin ; ensuite il redresse le coutre, il le pousse plus avant dans la fente, il appuie de nouveau sur le manche, il fait suivre le coin ; de sorte que la piece de bois se trouve séparée en deux par la ligne 1, 1, (*Fig. 3*) ; après quoi il sépare en deux chaque moitié par les lignes 2, 2 ; enfin il fend encore chaque morceau en deux parties, par les lignes 3, 3, &c.

D'une bille de bois blanc de 8 pouces de diametre, on retire 8 palissons épais d'un pouce, qui se trouvent réduits à 9 lignes après qu'ils ont été dressés ; ou 9 barres, parce qu'elles sont un peu moins épaisses que les palissons. A l'égard de ceux-ci, on les laisse dans toute la largeur des billes dont ils font tirés ; mais on peut faire deux barres de celles qui font les plus larges.

Je remarquerai en paffant, que les Fendeurs qui font du douvain de Chêne, mettent à part une partie de leurs rebuts pour en faire des barres ; ce qui fait que l'on voit une affez grande quantité de barres qui font de bois de Chêne.

A mefure que les Fendeurs ont débité une bille, ils dreffent groffiérement les barres & les paliffons, avec le grand coutre à un feul bifeau, comme on le voit (*Pl. XXV. fig. 8*).

Le paliffon deftiné pour les bâtiments qui n'exigent aucune propreté, font employés tels qu'ils fortent des mains des Fendeurs ; mais ceux qu'on emploie dans les bâtiments qui méritent plus d'attention, font dreffés fur le plat avec la doloire, & encore fur le tranchant avec la colombe : ce travail eft du reffort des Tonneliers.

Pour ce qui eft des barres, on les livre brutes aux Tonneliers, & c'eft eux qui les dreffent avec la doloire ou la plaine, & ils les amincissent par les deux bouts *a b* (*fig. 7*).

Le paliffon prêt à être employé, forme, comme nous l'avons dit, de petites planches (*Fig. 6*) ; les barres, (*Fig. 7*), fe terminent en tranchant par les deux bouts, afin qu'elles puiffent s'ajufter mieux dans les jables.

Dans la forêt d'Orléans les Marchands vendent les barres par cent, & ils ajoutent 8 chevilles par chaque barre.

On fend du Chêne de la même façon, pour en faire du bardeau qui fert à couvrir des moulins ou d'autres bâtiments : on donne affez communément à ce bardeau 10 pouces de longueur fur 5 de largeur, on le dreffe avec la doloire : on l'attache fur les couvertures avec des clous comme les ardoifes.

§. 7. *Comment on fend les Echalas, les Gournables ou chevilles pour les Vaiffeaux.*

LES échalas de vigne, qu'on nomme dans la forêt d'Orléans *du Charnier*, & dans le Bourdelois *de l'Œuvre*, ne font pas toujours de bois de fente ; on les fait fouvent de menues perches de Tilleul, de Saule, de Peuplier, d'Aune, de Genevrier, de Pin, de Chêne, &c, que l'on coupe à 4 pieds & demi de longueur : on les arrange par bottes de 50 échalas ; 25 de ces bottes font une charretée. Quand on dit que les échalas coûtent 12, 15 ou 18 liv. la charretée, on entend que 1250 échalas valent cette fomme.

Les plus mauvais échalas de rondin, font ceux d'Aune, enfuite ceux de Marfeau, de Saule, de Peuplier ; ceux de Chêne ne valent guere mieux, parce qu'ils ne font que d'aubier. Les échalas de Pin font très-bons ; ceux de Genevrier font encore meilleurs ; & fi l'on pouvoit en avoir de Cyprès & de Cedre, ils feroient de très-longue durée : je conviens que ces arbres font rares en France ; mais c'eft parce qu'on ne veut pas les y multiplier ; car ils viennent avec une facilité étonnante, furtout dans les Provinces méridionales du Royaume.

On emploie rarement les gros troncs de bois blanc pour en faire des échalas de fente, parce qu'ils ne valent rien pour cet ufage quand le cœur n'eft pas fain ; & que quand ce bois eft fain, on l'emploie plus utilement à faire des barres, des femelles de galoches, des fabots, de la voliche, &c. On refend en deux ou en trois les groffes perches de Saule pour en faire des échalas. Ces perches fe fendent comme celles qu'on deftine à faire des cerceaux : comme nous en avons parlé à l'article des taillis, nous nous contenterons d'avertir, que quand on a fait de ces échalas refendus, il faut avoir foin de les lier par bottes, avec de bonnes hares qui puiffent les ferrer très-fortement, & qu'il ne faut employer ces échalas dans les vignes que quand ils font bien fecs ; autrement, les brins en fe féchant, deviendroient très-courbes, par la raifon qu'en fe féchant fans avoir été contenus par aucun lien, la circonférence du bois qui contient plus d'humidité que le centre, fe retireroit davantage, & l'on courroit rifque de rompre ces échalas en les piquant en terre.

Les échalas de Pin font faits de brins de 9, 10 ou 11 ans que l'on arrache : fans les refendre, on fe contente feulement de les ébrancher & de les couper de longueur; on les lie enfuite par bottes pour les vendre.

Si l'on veut faire des échalas de Genevrier, on doit y deftiner de jeunes pieds que l'on a foin d'émonder, pour les déterminer à former une tige bien droite. J'en ai fait tailler de cette façon qui ont formé de belles tiges; mais j'avois la précaution de laiffer ramper au pied quelques branches dont l'ombre étouffoit l'herbe: le Genevrier a cet avantage, qu'il fubfifte dans les plus mauvais terreins; il eft vrai qu'il y croît bien lentement, & qu'il n'y forme pas une auffi belle tige que dans les terreins de médiocre qualité où l'on pourroit les élever avec plus d'avantage.

Dans la plupart des vignobles de l'Orléanois, on ne fait ufage que des échalas de fente de Chêne: voici comment on les fend dans la forêt.

Comme il n'eft point effentiel que ces fortes d'échalas aient une figure réguliere, on n'emploie à cet ufage que les arbres qui font trop noueux pour en faire du douvain, de la latte, de la cerche, &c.

On coupe ces arbres par billes de 4 pieds & demi de longueur (*Pl. XXVI. fig. 9*); on les fend d'abord en deux par le centre *A B*, comme on fend celles pour les barres; enfuite on divife encore chaque moitié en deux par la ligne *C D*, toujours du centre à la circonférence, ce qui donne quatre quartiers; chacun de ces quartiers eft encore divifé en deux parties par les lignes *E, F, G, H*; de forte que chaque bille fournit huit morceaux ou fegments de cylindre *A C E* (*Fig. 10*), qui doivent être encore fendus de la maniere fuivante.

On commence par les fendre par la ligne *G F* (*Fig. 10*); on emporte par copeaux avec le grand coutre la partie *H*, qui n'eft que de l'écorce & de l'aubier; enfuite on fend la planche *A E, F G* par les lignes *I, K*, qui doivent toujours être des rayons qui fe dirigent vers le centre *C*, & on en tire trois échalas (*Fig. 11*), qui font, pour la plus grande partie, d'aubier: autrefois on rejettoit entiérement l'aubier; mais maintenant, comme le bois eft devenu plus rare, on emploie tout; quoiqu'un échalas d'aubier de Chêne dure moins qu'un rondin de faule : on fend le reftant du quartier par la ligne *L M*; & après avoir divifé en deux le morceau *F G L M* par la ligne *N O*, on a deux échalas de bon bois; enfin la portion *L M C*, étant encore fendue par la ligne *P Q*, on a un échalas triangu- laire *P Q C*; & comme le morceau *L M P Q* fe trouve trop menu pour faire deux échalas, & trop gros pour n'en faire qu'un, on leve une tranche *R S*, qui n'eft pas à la vérité pro- pre à grande chofe.

Comme la forme des échalas de vigne eft affez indifférente, & qu'on s'embarraffe peu qu'ils aient un air de propreté, le Fendeur ne fe donne pas la peine de les dreffer avec le grand coutre : il les couche entre quatre piquets *A, B, C, D*, enfon- cés en terre; (*Fig. 12*,) où il les arrange comme en *G H*. Ils font fupportés à chaque bout par deux morceaux de bois *E F*, afin que l'Ouvrier ait la facilité d'y paffer les harres pour les lier en bottes comme dans la Figure 13 : chacune de ces bottes doit contenir 50 échalas; 25 de ces bottes, comme nous l'avons dit, font une charretée, & la quantité de 1250 échalas.

Les Ouvriers ont grande attention de mettre vers la circon- férence des bottes & en parement, les échalas faits de cœur de Chêne, & de renfermer au centre ceux d'aubier.

Outre les échalas pour les vignes, on en fait d'autres pour les treillages des efpaliers; ceux-ci ont depuis 6 jufqu'à 7 pieds & demi de longueur; & comme ils doivent être dreffés avec la plaine par les Jardiniers, & quelquefois à la varlope par les Menuifiers, on les fait de bois plus parfait. Au refte, la ma- niere de les fendre eft la même que celle des échalas de vigne.

Les gournables ou chevilles que l'on emploie dans la conf- truction des Vaiffeaux, fe font de pur cœur de Chêne : il eft important que ce bois ne foit point gras; le plus fort eft tou- jours le meilleur. On fend les gournables comme les échalas; leur longueur doit être depuis 24 pouces jufqu'à 36 fur 2 pouc. & demi ou 3 pouces d'équarriffage. Les gournables pour les Vaiffeaux de 80 pieces de canon doivent avoir 15 lignes d'é- quarriffage; 14 lignes pour les Vaiffeaux de 74 & de 64 canons;

13 lignes pour ceux de 50 pieces ; & 12 lignes pour les Frégates : on les vend au millier.

§. 8. *Comment on fend les lattes pour la tuile & l'ardoise.*

Jufqu'à préfent je n'ai expliqué que la maniere de fendre les ouvrages les plus communs : ces opérations font ordinairement commifes aux Apprentifs-Ouvriers ; maintenant je vais parler des ouvrages de fente qui exigent plus d'adreffe & d'expérience : les lattes font de ce genre.

On doit avoir déja remarqué que les Fendeurs divifent leurs quartiers fuivant deux directions ; tantôt ils les fendent fuivant les lignes dirigées, comme *A B*, ou *C D*, (*Pl. XXVII. fig. 1*) ; d'autres fois fuivant des lignes qui forment des rayons *EF*, *EG*, *EH*, *EI*, &c ; mais on doit obferver qu'ils ne fendent leur bois fuivant les lignes *AB*, *CD*, &c, que pour les premieres divifions où il refte beaucoup de bois, & que les fubdivifions qui font plus difficiles à exécuter, parce que les pieces qu'on leve font minces, fe doivent faire toujours fuivant les directions *EF*, *EG*, &c. La raifon de cela eft, qu'ils ont apperçu que la fente fe fait toujours plus réguliérement par des lignes qui s'étendent du centre à la circonférence ; c'eft-à-dire, fuivant la direction des infertions ou mailles, que dans toute autre direction ; & l'on en comprendra la raifon, fi l'on veut recourir à ce que j'ai dit dans la *Phyfique des Arbres*, que le tronc d'un arbre eft formé par des couches qui fe recouvrent les unes les autres, & qui forment fur l'aire de la coupe d'un tronçon de bois les cercles *L*, *L*, *L*, *L*, &c. Comme ces cercles font plus durs que la fubftance qui les unit, cela fait que, quand on dirige la fente fuivant les lignes *A B*, ou *C D*, &c, il s'y fait des éclats qui fe détachent des cercles, où le bois a moins d'adhérence, pour refter unis aux cercles qui ont plus de denfité. La même chofe n'arrive pas quand on fend le bois fuivant les lignes *EF*, *EG*, *EH*, &c, qui coupent perpendiculairement les cercles *L*, *L*, *L*. Nous avons encore fait remarquer dans le même Traité, qu'on voyoit fur la coupe d'une piece de bois, des lignes qui s'étendent du centre à la circonférence : Grew compare ces lignes aux lignes horaires des Cadrans ; il les nomme *insertions* ou *mailles* ; il dit qu'elles font formées par le tiffu cellulaire ; qu'on les apperçoit par plaques brillantes fur le plat d'un morceau de bois fendu : or il eft certain que le bois a beaucoup de difpofition à fe fendre par ces points ; & que c'eft ce qui fait que les arbres ne fe fendent jamais plus réguliérement, que fuivant les rayons qui s'étendent du centre à la circonférence. Quelque jugement que l'on porte de cette théorie, le fait n'eft pas moins certain ; & les Fendeurs favent très-bien que leur fente feroit peu réguliere, s'ils levoient les pieces minces & délicates fuivant toute autre direction que *E F*, *E G*, *E H*, &c. Il y a encore une remarque générale à faire & qui eft importante ; c'eft que la fente fe conduit mieux quand les deux portions qu'on fépare, font à peu-près de même épaiffeur, que quand l'une fe trouve fort épaiffe & l'autre très-mince ; c'eft ce qui fait que les Fendeurs féparent toujours, autant qu'il leur eft poffible, leurs pieces par moitié ou par tiers : s'ils ont à fendre le quartier *E*, *F* (*Pl. XXVII*, fig. 1), en 4 tranches, ils ne commenceront pas par placer leur coutre en *a E*, mais en *b E* ; enfuite ils diviferont chaque morceau en deux, par les lignes *a E* & *c E*.

Par la même raifon, s'ils ont à fendre en lattes le quartier *a b c* (*Fig. 2*), ils commenceront par mettre le coutre en *d d*, puis en *e e*, & enfuite en *f f* ; chaque tranche fera divifée en lattes, d'abord par la ligne 1,1, puis par les lignes 2, 2, enfuite par les lignes 3, 3, &c.

Achevons d'expliquer par un exemple, la maniere de fendre les lattes quarrées pour la tuile.

On choifit pour cela des Chênes fans nœuds & les plus propres à la fente ; on les coupe par billes de 4 pieds de longueur, que nous fuppoferons avoir 9 pouces de diametre ; on les fend d'abord en deux ; chaque moitié encore en deux ; enfin chacun de ces quartiers encore en deux ; ainfi de chaque bille, l'Ouvrier retire huit quartelles femblables à *a b c* (*Fig. 2*), qui font 5 pouces de *b* en *c*, & 3 & demi de *a* en *c*.

Il

Il commence par fendre ces quartiers suivant la ligne *d d* (*Fig.* 2), puis *ee*, puis par la ligne *ff*. Il emporte avec le grand coutre l'écorce & une partie de l'aubier *a g e*; ensuite il leve dans la tranche *a c, e e*, trois échalas qui font presque entiérement d'aubier, & qui n'ont que 4 pieds de longueur, au lieu de 4 pieds & demi qu'ils devroient avoir; c'est la tranche *d d, e e*, qui fournit des lattes; cette tranche doit avoir 15 à 16 lignes d'épaisseur, parce qu'elle donne la largeur des lattes pour la tuile, qu'on nomme *lattes quarrées*. L'Ouvrier commence par la diviser en deux par la ligne 11; ensuite il fend chaque moitié en deux, par les lignes 2, 2, de sorte que chaque quart lui fournit trois lattes qui doivent avoir 2 lignes & demie ou 3 lignes d'épaisseur.

La ligne *e e* étant plus longue que la ligne *d d*, les lattes doivent être plus épaisses d'un côté que de l'autre; les Couvreurs mettent le côté le plus épais en en haut, pour recevoir le crochet de la tuile.

Quand une latte se trouve considérablement plus épaisse par un de ses bouts que par l'autre, le Fendeur la met entre les deux fourchets de l'attelier; il la courbe en en bas; il appuie dessus avec sa main gauche; & avec son coutre à deux biseaux, il en enleve un copeau qu'il conduit jusqu'au bout de la latte; ou bien il se contente d'enlever une partie de l'épaisseur du bois avec le grand coutre.

Dans une bille de 9 pouces de diametre, la seule couronne dont *d d, e e* fait une partie, fourniroit environ 96 lattes. L'Ouvrier arrange ensuite les lattes par bottes de 50, (*Fig. 4*), entre quatre chevilles, disposées comme le voit (*Fig. 5*).

Il ne faut que 20 bottes pour faire une charretée, par conséquent la charretée de lattes ne contient que 1000 lattes. Souvent la latte se vend au cent de bottes.

On fend pour Paris, & on débite en lattes quarrées la tranche *a c e e* (*Fig.* 2), qui n'est presque que de l'aubier. On nomme cette latte, *latte blanche*; elle sert à latter les parties qui doivent être recouvertes de plâtre, comme plafonds, cloisons, &c: les Maçons prétendent que la latte de cœur de Chêne tache le

plâtre; mais ce peut être un prétexte pour employer la latte blanche qui leur coûte moins que l'autre. Dans la forêt d'Orléans,
on fait des échalas avec cette tranche. Les lattes à ardoise se
fendent comme celles pour la tuile; elles ont de même quatre
pieds de longueur, environ deux lignes & demie d'épaisseur;
mais comme elles doivent avoir 3 pouces & demi ou 4 pouces
de largeur, il faut que la tranche *fg d e* (*Fig. 3*), ait 4 pouces
d'épaisseur, ce qui oblige de choisir des arbres plus gros, & souvent on renonce à faire des échalas au-dessus de la tranche
fg, & en ce cas la ligne *fg*; est placée au bord de l'aubier, &
l'on tire de la latte de la tranche *d e, a b* : les bottes de lattes voliches ne font que de 25 lattes.

A l'égard du triangle *h i k l*, (*Fig. 3*), on a coutume d'en
faire des échalas : nous remarquerons en passant, que les lattes
qu'on emploie en échalas font peu estimées, non-seulement
parce qu'elles font d'un demi-pied plus courtes que les autres,
mais encore parce que celles qui font prises dans la tranche
a c e e (*Fig. 2*), ne font presque entiérement que de l'aubier.

§. 9. *Comment on fend le douvain, le merrain ou tra-verfin, c'est-à-dire, les douves ou douelles de fond, & celles de long pour les futailles.*

LA maniere de fendre les douves ou douelles pour les futailles, differe peu de celle que nous avons expliqué pour les
lattes.

Il faut choisir du bois de belle fente qui ne foit point trop
gras : il est nécessaire que les rondines foient d'autant plus
grosses, qu'on a à faire des douves pour de plus grosses pieces,
parce que celles qui font destinées pour de grosses futailles,
font ordinairement plus larges que celles qu'on doit employer
pour des barrils, & qu'on prend toujours la largeur des douves
dans le même fens que les lattes de la *Figure 3* ; il est évident
que la largeur des lattes quarrées, étant de 15, 16 ou au plus
18 lignes, elles peuvent être prises dans un arbre moins gros,
que les douves qui ont 4, 5 & même 6 & 7 pouces de largeur.

Les Tonneliers ne trouvent jamais le merrain trop large, parce qu'il avance d'autant plus leur ouvrage; néanmoins plus les douves de long font étroites, meilleures en font les futailles; & j'en ai vu de très-belles dont les douves n'avoient que 2 pouces, 2 pouces & demi ou 3 pouces de largeur.

J'ai dit qu'il falloit choifir pour le merrain des arbres de belle fente: on en fentira la nécessité, quand on fera attention que les futailles qui ne font assemblées qu'à plat-joint, doivent contenir des liqueurs précieufes, assez exactement pour ne point courir rifque qu'il s'en perde dans les tranfports: or des nœuds qui donneroient aux douves des contours irréguliers, ou qui occafionneroient un défaut de bois, ne conviendroient point à un assemblage exact à plat-joint, furtout pour des planches qui n'ont qu'une petite épaisseur.

Les futailles qui feroient faites avec du bois perméable aux liqueurs, occafionneroient un grand coulage; c'est pour cela qu'on n'y emploie aucuns bois blancs, tels que Saule, Tremble, Peuplier, Tilleul, &c: on n'emploie communément pour les futailles qui doivent contenir du vin ou de l'eau-de-vie, que du Chêne.

Dans le Limoufin, l'Angoumois, &c, on fait de très-bonnes futailles avec le jeune Châtaigner; j'ai vu de grosses tonnes faites avec de l'Acacia; enfin dans les Provinces méridionales du Royaume, on fait du merrain avec le Mûrier blanc.

On rebute le Chêne qui est trop gras, non-feulement parce que ce bois est perméable aux liqueurs, mais encore parce que comme il est fort cassant, quelque douve pourroit fe rompre, lorfqu'on roule des pieces pleines fur un terrein dur où elles pourroient rencontrer un caillou.

Le bois de Chêne extrêmément gras, prend une couleur roufse bien différente du bon Chêne dont le bois est prefque blanc; c'est pourquoi il est défendu par les Statuts des Tonneliers d'Orléans, d'employer pour les futailles où l'on renferme des liqueurs, aucunes douves de bois rouge ou vergeté, excepté la douve du bondon qu'il leur est permis de mettre de ce bois.

Dans les Ports où l'on fait de groſſes recettes de douvain, outre les marques extérieures qui font juger de la qualité du bois, on éprouve les douves en les frappant le plus fortement qu'il eſt poſſible ſur l'angle d'une enclume ou d'une groſſe pierre fort dure : alors ſi elles réſiſtent à ce coup, ou ſi elles ſe rompent, on juge de la qualité de leur bois par les éclats qu'elles forment : ſi elles rompent net & ſans éclats, c'eſt ſigne que le bois eſt gras ; & quand il eſt trop gras, on le rebute. Il eſt bon que ceux qui font exploiter des bois, ſoient avertis des défauts qui pourroient empêcher les Tonneliers d'acheter leur merrain, afin qu'ils évitent de laiſſer employer à cet uſage certains bois qui n'y ſeroient pas propres.

On fait néanmoins à deſſein du merrain & du traverſin avec du Chêne rouge très-gras, avec du Hêtre, ou même avec des bois blancs ; mais ces douves ne font propres qu'à faire des tonnes pour le ſucre, des barrils pour renfermer de la clincaillerie ou d'autres marchandiſes ſeches ; & pour ces objets, où l'exactitude n'eſt pas auſſi néceſſaire que quand il s'agit de contenir des liqueurs, on tient les douves fort minces.

Enfin, quand on a choiſi le bois convenable à l'uſage qu'on veut faire des futailles, on coupe les billes plus ou moins longues, ſuivant la grandeur des tonneaux qu'on ſe propoſe de conſtruire. On fend d'abord les billes par quartiers, comme quand on veut faire de la latte; mais comme il arrive ſouvent que les billes ſont trop courtes pour des échalas ou des lattes, dans les parties qu'on n'emploie pas en merrain, on fait en ſorte que le ſegment qu'on fait au-deſſus de *fg*, (*Fig. 3*), emporte tout l'aubier, parce qu'il eſt important qu'il n'y en ait abſolument point dans les douves. On leve enſuite une tranche ſemblable *fg d e*, à laquelle on donne la largeur que les douves doivent avoir ; enfin on diviſe cette tranche, ſuivant les lignes 1, 1, 2, 2, &c, en obſervant de donner aux douves une épaiſſeur proportionnée à leur longueur.

A l'égard des tranches *h, i, k, l*, on peut les couper de longueur, & les fendre pour en faire des gournables ou chevilles pour la conſtruction des Vaiſſeaux, ſuppoſé toutefois que ce bois foit bien fain, & ne foit pas gras; car dans les recettes des gournables, les prépofés font très-difficiles fur la qualité du bois, & ils rebutent abfolument celui qui a quelque marque de retour.

Comme l'induftrie du Fendeur confifte à employer utile-ment tout fon bois; s'il ne peut pas trouver dans la tranche *d e a b*, (*Fig. 3*), des douves pour de groffes futailles, il effayera d'en débiter pour des barrils, ou des lattes voliches qu'on em-ploie fur les jointures des batteaux, ou pour des ouvrages de moindre conféquence; car ces fortes de billes font trop cour-tes pour les débiter en lattes propres aux Couvreurs.

Quand le douvain eft fendu, le Fendeur le dégauchit grof-fiérement avec le grand coutre à un bifeau : on le vend en cet état aux Tonneliers, qui le dreffent fur le plat avec la doloire, & fur le chant avec leur colombe ; ces opérations font partie de l'art du Tonnelier dont il n'eft pas ici queftion.

§. 10. *Tarif de la longueur, largeur & épaiffeur du tra-verfin & du merrain pour quelques futailles de diffé-rentes grandeurs.*

Pieces de 4.	Longueur.	Largeur.	Epaiffeur.
Merrain.	51 pouces.	6 pouces.	15 lignes.
Traverfin. . . .	38 pouces.	7 pouces.	18 lignes.
Pieces de 3.			
Merrain.	48 pouces.	6 pouces.	15 lignes.
Traverfin. . . .	34 pouces.	7 pouces.	15 lignes.
Pieces de 2.			
Merrain.	45 pouces.	6 pouces.	12 lignes.
Traverfin. . . .	30 pouces.	7 pouces.	14 lignes.
Demi-queue.			
Merrain.	36 à 37 pouc.	5 à 6 pouces.	7 à 9 lignes.
Traverfin. . . .	24 à 25 pouc.	5 à 8 pouces.	7 à 9 lignes.

Les Fendeurs ont foin de mettre de côté les pieces les plus courtes ou celles qui font échancrées par les bouts, parce qu'elles peuvent être employées à faire des chanteaux ou *accoinſons* pour les fonds.

Comme les jauges varient ſelon les différentes Provinces, on doit proportionner la longueur des douves à celle des fu-tailles, qui ſont le plus en uſage dans le pays où l'on en doit faire la conſommation.

Quand les Tonneliers n'emploient que des douves étroites, leur ouvrage en eſt bien meilleur ; mais auſſi leur prix doit être moindre que celui des plus larges, parce qu'il en entre beau-coup plus que de celles-ci dans la conſtruction d'une futaille.

A Orléans, les Tonneliers achetent ordinairement le mer-rain au millier, aſſorti & compoſé de 1400 douelles ou douves de long, & 700 de douves de fond, propres à faire des maî-treſſes pieces & des chanteaux.

Le merrain pour les demi-queues, jauge d'Orléans, a deux pieds 6 pouces de longueur, 5 à 6 pouces de largeur : le traverſin a 2 pieds de longueur ſur 6 à 7 pouces de lar-geur ; l'épaiſſeur de toutes ces douves, tant de long que de fond, eſt de 5, 6 ou 7 lignes au ſortir des mains du Fen-deur.

Les Tonneliers ont grande attention de flairer les douves avant de les employer, pour s'aſſurer ſi elles n'ont aucune mauvaiſe odeur ; car comme ils répondent du vin qui contrac-teroit un goût de fût dans les futailles qu'ils vendent, il leur eſt important d'éviter cette perte. Il m'eſt arrivé d'avoir fait rem-plir de bon vin, des tierçons que j'avois fait faire avec des douves puantes que les Tonneliers avoient rebutées ; & ce vin n'y a pris aucun goût : il eſt cependant certain qu'il y a des futailles qui gâtent le vin ; mais je puis aſſurer que ni les Fen-deurs ni les Tonneliers n'ont point de méthode ſûre pour les connoître parfaitement : ils rebutent abſolument les douves faites avec du bois du pied des arbres où il s'eſt trouvé des fourmillieres, quoiqu'il ne ſoit pas certain qu'elles puiſſent gâter le vin.

§. 11. *Maniere de fendre les Cerches pour les Boiſſeliers.*

LES Cerches ſont des planches minces, de bois de fil, &
fendues comme les douves : elles ſervent à faire les caiſſes des
tambours, les bordures des tamis, les ſeilles, les minots, les
boiſſeaux & d'autres meſures de toutes grandeurs juſqu'au de-
mi-litron, qui eſt la plus petite meſure pour les grains.

Les cerches ſont toutes faites de bois de Chêne ; & l'on
choiſit pour ces ouvrages les bois de la plus belle fente.

La cerche eſt plus avantageuſe au Marchand que le merrain ; le merrain plus que la latte ; & la latte plus que les échalas.

Les Marchands vendent aux Boiſſeliers pour faire des ſeilles,
des boiſſeaux, &c, des cerches de trois eſpeces : celles qui
retiennent le nom de *cerches* pour le corps des ſeaux, ont depuis 10 pouces juſqu'à un pied, ou 13 pouces de largeur ſur
3 pieds, ou 3 pieds 6 pouces de longueur, & 3 à 4 lignes d'é-
paiſſeur, dreſſées à la plaine. Les cerches qu'on nomme *bordures*, ſont de la même longueur & de la même épaiſſeur, mais
elles n'ont que 4 à 5 ou 6 pouces de largeur. On en fournit encore qu'on nomme *garnitures* ou *Apreſt-marchand* : celles-ci ne
différent des *bordures*, que parce qu'elles ont 6, 7 ou 9 pouces
de largeur.

Les cerches pour les minots, ont quatre pieds & demi de
longueur ſur 14, 15, 16 ou 17 pouces de largeur : les plus
larges ſont réſervées pour les caiſſes de tambours : on vend encore aux Boiſſeliers des *enfonçures* ; ce ſont des planches fendues : celles pour les ſeilles ont 10 à 12 pouces en quarré, &
5 à 6 lignes d'épaiſſeur : il s'en fait de plus grandes pour les
minots.

Les Marchands ont coutume de livrer par *aſſortiment* aux
Boiſſeliers les cerches & enfonçures : un aſſortiment eſt compoſé de huit bottes de grandes cerches ; chaque botte en contient ſix, en tout 48 ; plus, 16 bottes de garnitures ou *Apreſt-
marchand* : ces bottes contiennent 12 cerches, en tout 192 :

les bottes de bordures contiennent plus de 12 cerches, & leur nombre augmente à proportion qu'elles font plus étroites; enfin pour compléter un pareil affortiment, on livre fix fonds pour chaque botte de grandes cerches, en tout 48.

Dans quelques endroits, une fourniture complette est compofée de 108 corps de feaux en 18 bottes; plus, 108 bordures en 9 bottes, ou 216 bordures diftribuées en 18 bottes & 108 fonds.

Une bille de belle fente, de 3 pieds 6 pouces de longueur & de 4 pieds de diametre, peut fournir 200 cerches pour corps de feaux; ce qu'on retranche du cœur avant de la fendre, fournit de bons échalas. On donne à peu-près 7 liv. aux Fendeurs pour fendre un affortiment complet.

On pourroit imaginer que pour avoir des cerches d'un pied, & de 14 pouces de largeur, il faudroit fendre l'arbre par fon diametre, & enfuite par des lignes paralleles pour fournir de la garniture & de la bordure, mais cela n'eft pas praticable; il faut néceffairement carteler l'arbre, ainfi que nous l'avons dit pour débiter la latte, & comme nous le ferons voir encore dans le paragraphe fuivant.

§. 12. *Ordre que fuivent les Fendeurs dans leur travail.*

Un arbre fuppofé tel que celui de la Planche XXVII. (*Fig.* 6) & marqué *A*, ne pouvant être propre à faire une belle piece de charpente à caufe des branches *a*, *b*, *c*, & des nœuds qui s'y rencontrent, on l'abandonne aux Fendeurs qui le fcient par billes, pour les débiter en ouvrages auxquels on les juge propres, relativement à leur groffeur & à la longueur qu'il eft poffible de donner à chaque bille.

En fuppofant qu'un pareil arbre a 12 pieds de circonférence par le pied; on commence par donner un trait de fcie en *e*, pour en féparer la culaffe (*Fig.* 7), qu'a fourni l'abattage. On fend cette culaffe en deux par la ligne *gg*; chaque moitié encore en deux par les lignes *h*, *h*, ce qui donne des quartiers comme la *Figure 8*; on ôte le bois du cœur de ces quartiers,

quartiers, repréfenté par le triangle ponctué *kk* (*Fig.8*) : on fend enfuite ces quartiers par les lignes *n, n, n,* (*Fig.9*) ; enfin on refend ces tranches par planches de demi-pouce d'épaiſſeur, qui ſervent à faire des fonds de ſeaux. Comme les culaſſes ne peuvent pas fournir tous les fonds néceſſaires, on y ſupplée en coupant une rondelle entre les nœuds du corps de l'arbre ; comme par exemple en *a b* de la *Figure 6*, lorſqu'on peut y en trouver une de 7, 8, 9 ou 10 pouces de longueur : quelques-uns de ces fonds ſont faits de deux pieces ; alors on les aſſu-jettit avec de petits gougeons de fer.

Lorſqu'on peut lever dans le même arbre, entre *a* & *e* (*Fig.6*), une bille bien ſaine & ſans nœuds, de 3 pieds cinq à ſix pouces de longueur, on la deſtine à faire de la cerche pour les corps de ſeaux.

Suppoſons qu'une bille telle que celle de la *Figure* 10, ſe trouve avoir 3 pieds 6 pouces de longueur, & 4 pieds de dia-metre : pour la débiter en cerches, l'Ouvrier qui doit la fendre en deux par la ligne ponctuée *r r*, place perpendiculairement le tranchant de la cognée ſur cette ligne ; & frappant ſur la tête de la cognée avec la mailloche *t* (*Fig. 11*), il commence une petite fente vers chaque extrémité du diametre *rr* (*Fig.10*).

Quand ces deux ouvertures ſont faites, il place dans chacune le tranchant d'un coin de bois de Charme, de Cormier ou de tout autre bois bien dur : ces coins *x* (*Fig. 11*) ſont fort longs, & ils ont peu d'épaiſſeur ; & par cette raiſon, la tête de la cognée ſuffit pour ouvrir une fente ; ſouvent même il n'eſt pas beſoin d'employer un troiſieme coin pour diviſer en deux une pareille bille ; néanmoins lorſque le Fendeur apperçoit quel-ques éclats qui tendent à interrompre le droit fil du bois, il in-troduit en cet endroit un troiſieme coin qui procure une ſépa-ration réguliere des deux moitiés : chaque moitié eſt fendue enſuite en deux par la ligne *y y* (*Fig. 12*), & les quartiers de même en deux, par les lignes *z, z* ; puis ces chanteaux, dont le Fendeur enleve le bois du cœur qui fait un triangle, comme *k k* (*Fig. 13*), le ſont auſſi en cartelles par les lignes *&, &* ; & celles-ci ſont encore fendues en deux pour en former d'autres plus minces ; on porte celles-ci dans la loge où l'on travaille les cerches.

Mais en levant le triangle _k k_, il faut que le Fendeur prenne garde que la partie _m o, n o_, (_Fig. 14_), porte 11 à 12 pouces, qui est la largeur requise pour faire les cerches de seaux, dans un arbre de 4 pieds de diametre. Comme on se contente ordinairement de lever des cerches de 11 à 12 pouces de largeur, ce qui fait 22 à 24 pouces, le Fendeur peut emporter un prisme de 10. pouces de hauteur en _k k_ (_Fig. 13_) ; & en ôtant, comme nous allons le dire, deux pouces de bois en _o_, il lui reste un madrier de 12 pouces de _m_ en _o_, & de 3 pieds 5 à 6 pouces de _m_ en _n_ ; on porte ces madriers à la loge des Fendeurs où l'on acheve de fendre les cerches. En supposant qu'une tronce (_Fig. 10_), ait 4 pieds de diametre, c'est-à-dire, 144 pouces de circonférence, chaque tranche ou chaque seizieme de cette tronce (_Figure 14_), doit avoir 9 pouces d'épaisseur du côté de _o o_ ; mais elle n'aura au plus que 3 pouces du côté de _m n_. Comme dans chacune de ces seiziemes parties, on doit lever 12 cerches, il faut partager le côté _o_ en 12 parties, & aussi le côté _m n_ en 12 ; & quand les cerches seront fendues, elles auront 9 lignes d'épaisseur du côté de _o_, & seulement 3 lignes du côté de _m n_. Les Fendeurs, sans prendre aucune mesure, exécutent cependant ces divisions très-exactement : reprenons l'ordre de leur travail.

Le Fendeur ayant un genou en terre, & tenant de la main droite le coutre, emporte, en hachant, le secteur _o, q, o_ (_Fig._ 14); ainsi il équarrit la piece en emportant l'écorce avec une partie de l'aubier ; cela se fait avec un coutre à deux biseaux, dont la lame a un pied de longueur : il fend ensuite sur la fourche ou l'attelier (_Pl. XXV. fig. 1_), la tranche en 2 par la ligne _p q_ (_Fig._ 14) ; il fend encore chaque moitié en 3, & chaque tiers en 2, ce qui fait les 12 cerches.

J'ai dit ci-dessus comment l'Ouvrier conduit la fente bien droite ; mais je dois faire remarquer ici que quand les arbres font moins gros, comme les cartelles forment un coin plus aigu, il ne seroit pas possible de diviser le côté _n m_ (_Fig._ 14), en

autant de cerches que le côté *o* ; par exemple, fi l'arbre n'a-
voit que 36 pouces de diametre, c'eft-à-dire, 108 pouces de
circonférence, chaque cartelle d'un feizieme ne pourroit avoir
que 6 pouces & demi d'épaiffeur du côté de *n*, pendant que
celle que l'on tireroit d'une rondelle de 4 pieds de diametre,
auroit 9 pouces ; & par conféquent fi l'on vouloit conferver aux
cerches la même épaiffeur du côté de *n*, on n'en pourroit tirer
que 8 au lieu de 12 ; cependant on pourroit refendre la
partie *o* en 12, puifque la partie *n* de la bille de quatre pieds de
diametre peut être divifée en cette quantité, quoiqu'elle n'ait
que 3 pouces au plus de largeur; mais la cartelle d'une bille de
3 pieds de diametre, n'a que 18 pouces de largeur de *n* en *o*
(*Fig. 13*) : fi en ôtant le cœur de cette cartelle, & en la pelant
de fon écorce, on en tiroit un pied de bois, comme on fait
aux cartelles d'une bille de 4 pieds, cette cartelle ne fe trouveroit plus avoir que 6 pouces de largeur, & elle ne pourroit
fournir que de la bordure. Pour tirer de ces cartelles des cerches pour les feaux, on fe contente de n'enlever que 5 pouces ou 5 pouces & demi du cœur, & on ne retranche qu'un
pouce & demi du côté de l'écorce; alors la largeur de cette
cartelle fera de 11 pouces, ce qui eft fuffifant pour faire des
corps de feaux; mais auffi chaque cartelle n'aura que 2 pouces
ou 24 lignes d'épaiffeur du côté de *n* (*Fig. 15*), ce qui ne peut
fournir que 8 ou 9 cerches ; & comme on perdroit du bois en
ne levant que 8 cerches du côté de *o*, on commence par faire
deux levées *r* & *s* (*Fig. 15*), dans la partie la plus épaiffe,
avec lefquelles on fait des bordures ou de *l'apprêt-marchand*;
refte la piece *o n*, qu'on fend en deux; puis chacune de ces
moitiés encore en deux, & encore chacune de ces pieces en
deux, & on aura 8 cerches pour des corps de feaux; ce qui
aura été retranché du cœur, fournira de très-bons échalas,
mais qui n'auront que 3 pieds 5 à 6 pouces de longueur; en
tout cas on pourroit en faire des gournables.

Quand les billes n'ont que 2 pieds & demi de diametre, on
ne peut tirer que 4 cerches dans la partie *o n*, & de la bordure dans les levées *r*, *s*; fi les tronces font encore moins

groffes, on n'en tire que de l'*apprêt-marchand* & des bordures.

Lorfque les nœuds & les branches ne permettent de donner aux billes que 2 pieds & demi de longueur, on n'en tire que des cerches pour les quarts ou les litrons, & de la bordure pour l'affortiment de ces ouvrages.

Il arrive quelquefois qu'une cerche fendue a trop d'épaiffeur du côté de l'aubier; alors le Fendeur prend le coutre à un bifeau, avec lequel il enleve un *bordillon*, qui eft une bordure mince & étroite qui fert à lier les bottes; & fi le bois n'eft pas affez épais pour permetre de faire cette levée, il n'enleve feulement que quelques copeaux, ce qui épargne de la peine au Planeur.

Quand les billes font trop menues pour faire de la cerche, on les débite en merrain, en traverfin, en lattes, ou en échalas.

Les trois Ouvriers qui font ordinairement attachés à une loge, fe réuniffent pour mener le paffe-par-tout & couper les billes. Chacun fe diftribue & fe charge d'une partie de l'ouvrage: l'un cartelle & enleve le cœur du bois des billes; l'autre écorce les cartelles & fend les cerches, les bordures & les fonds. Ces fonds fortent des mains du Fendeur dans l'état où ils doivent être pour être vendus; mais les cerches doivent paffer par les mains du Planeur pour être mifes d'épaiffeur.

Le banc à dreffer (*Pl. XXVIII. fig. 1*), eft compofé d'une planche inclinée *a b*, de 4 pieds & demi de longueur, 8 pouces de largeur, un pouce & demi d'épaiffeur: près l'un de fes bords & environ à 2 pieds du bout antérieur *b*, cette planche eft percée en *g* d'un trou, pour recevoir la queue d'un mentonnet *h*; cette queue eft fermement affujettie dans la planche du deffous *c d*: la planche fupérieure *a b*; eft foutenue à 2 pieds du terrein par 2 pieds *i i*, qui entrent d'un bon demi-pied en terre, & la partie *c* du bas de cette même planche eft arrêtée par quelques piquets & chargée d'un gros tronc d'arbre *k*, qui augmente fa folidité; la planche du deffous excede par le bout *d*, de 8 à 9 pouces l'à-plomb de la planche inclinée; elle a un mouvement de charniere en *a*, où elle eft retenue à l'aife par une cheville

clavetée ; de forte que quand le Planeur veut changer la situa-
tion de fa cerche, il éleve le mentonnet *h*, en foulevant le bout
d de la planche avec fon pied ; quand il a placé convenablement fur la planche fupérieure la cerche *l m*, il l'affujettit fermement en cette fituation, en appuyant fon pied fur l'extrémité *d* de la planche de deffous, qui lui fournit un levier affez
long pour preffer fortement le mentonnet *h* contre la cerche
l m : après quoi il enleve des copeaux avec fa plane, & il diminue l'épaiffeur qui eft toujours trop grande du côté de l'aubier;
il retourne la cerche pour en faire autant à la partie qui étoit fous
le mentonnet. Quand ce côté de la cerche eft réduit à peu-près
à la même épaiffeur que le côté qui répondoit au cœur du bois,
le Planeur, pour s'affurer fi cette cerche eft de l'épaiffeur convenable dans toute fa longueur, la retire du banc ; il en pofe un
bout à terre, la fait ployer d'abord dans une partie, enfuite
dans une autre (*Fig.* 2) ; & après avoir reconnu par la roideur
de la cerche l'endroit où il y a trop de bois, il la remet fur la
planche *a b*, pour enlever ce furplus avec la plane ; il retire enfuite cette planche, la fait plier en aile de moulin pour voir fi
l'épaiffeur eft égale vers les deux bords ; la grande habitude
qu'il a contractée, lui facilite le moyen de la réduire en très-
peu de temps, à l'épaiffeur convenable dans toute fa longueur ;
après quoi, & afin qu'elle ne fe defféche point, il la couvre
d'un tas de copeaux verds.

Le Fendeur & le Planeur continuent ainfi leur travail jufqu'au foir, & finiffent par rouler les cerches par bottes, comme nous allons l'expliquer.

Quand il eft queftion de rouler les cerches, le Fendeur &
le Planeur fe réuniffent pour travailler de concert à cette opération. D'abord ils piquent en terre deux barres de fer *A A*
(*Fig. 3*), qu'on nomme *chenets,* pointues par un bout, & per-
cées par en haut de plufieurs trous, dans lefquels ils ajuftent
les crochets *B B* avec des clavettes : ces crochets foutiennent
à différentes hauteurs, & fuivant la longueur des cerches, la
tringle de fer *CC*.

On place cet établiffement au-deffus du vent & vis-à-vis un

grand feu de copeaux D (*Fig. 4*), auquel on préfente les cerches E (*Fig. 3 & 4*).

Le bois qui eft de bonne qualité, au lieu d'un œil rougeâtre
qu'il avoit, devient blanc lorfqu'il eft chauffé : il n'en eft pas
de même du bois roux ; celui-ci ne perd jamais cette couleur :
au refte, les cerches échauffées deviennent fort tendres & capables de fe plier à volonté ; de temps en temps on les retire,
on les retourne & on appuie le genou deffus (*Fig. 2*), pour
connoître fi elles ont acquis de la foupleffe : pendant que le bois
chauffe, le Fendeur prend un battant ou une demi-bordure ou
bordurette (*Fig. 5*), qui eft une bordure manquée, étroite &
mince ; il fait un trou à chaque bout ; il la plie en rond ; il
paffe dans les trous une laniere (*Fig. 6*), qui eft faite d'un
copeau de bois verd fort mince, levé avec la plane fur une
jeune branche de Charme ou de Chêne ; enfuite il fait tourner
chaque bout de cette laniere autour de la bordurette ; & pour
l'arrêter, il en paffe l'extrémité entre la laniere & le bout de
la bordurette ; enforte que plus les bouts de la bordurette font
d'effort pour s'écarter, plus le nœud fe refferre ; ce nœud eft
repréfenté en H (*Fig. 8*) : le diametre total du lien que forme
cette bordurette, eft de 12 à 14 pouces.

On prépare auffi deux gardes ou battants I (*Fig. 8*), qui confiftent en deux petites planches minces que les Fendeurs ménagent en faifant les fonds des feaux : nous en expliquerons
bientôt l'ufage.

Les cerches étant bien chaudes & fuffifamment pliantes, le
Fendeur en tire trois du haloir ; il en pofe une à terre, fur le
bout de laquelle il place un rouleau (*Fig. 9*), qui a 3 pieds
4 pouces de longueur, 9 pouces & demi de diametre ; à un
des points de fa circonférence eft une grande mortaife M
(*Fig. 9 & 10*), longue d'un pied 4 pouces, & profonde de
2 pouces : la coupe de ce rouleau eft repréfentée dans la *figure* 10, & fait voir la forme de cette mortaife : le Fendeur y
engage le bout de la cerche (*Fig. 11*) ; & en tournant le rouleau, il fait prendre à cette cerche la courbure qui convient
pour la mettre en botte ; fur le champ il la déroule, & en met

une autre à la place pour lui faire prendre le même pli. Quand ces trois cerches ont été roulées l'une après l'autre, il engage de nouveau l'extrémité de l'une d'elles dans la même mortaise ; & lorſqu'il en a plié ou roulé environ 6 pouces, il poſe une ſeconde cerche ſur celle-là ; il tourne un peu le rouleau, & place encore une troiſieme cerche ſur la ſeconde (*Fig 11*). Comme il faut plus de force pour plier ces trois cerches, le *Fendeur* & le *Planeur* ſe réuniſſent pour mener enſemble le rouleau ; ils ont ſoin que ces trois cerches ſoient roulées & bien ſerrées ; enſuite un troiſieme Ouvrier ſouleve le rouleau par un bout, un autre retire ces trois cerches & les place dans le lien (*Fig.* 7) ; comme ce lien a un peu plus de diametre que ces trois cerches roulées, elles s'y déroulent un peu, de maniere que les bouts de la cerche extérieure ne ſe joignent pas : ces bouts ne manqueroient pas de ſe rompre vers les bords, s'ils n'étoient ſimplement réunis que par la bordurette, parce que ce bois eſt de fil, & que cette cerche fait effort pour ſe redreſſer ; pour empêcher cela, on met ſous le lien, les gardes I, I (*Fig. 8*) qui ſont, comme je l'ai dit plus haut, deux petits bouts de planches minces : ces gardes appuyant ſur toute la largeur des cerches, empêchent qu'elles ne ſe fendent.

L'Ouvrier n'a encore mis dans le lien que 3 cerches, & il en faut 6 pour faire la botte. Il tire du haloir trois autres cerches, les roule ſéparément, & enſuite toutes trois à la fois, ainſi que les premieres, & il les place à force dans le vuide de la botte (*Fig.*7), qui ſe trouve alors complette (*Fig. 12*) : on les empile ſix à ſix les unes ſur les autres, afin que les Marchands voyent plus aiſément ſi les cerches ont la largeur qu'ils deſirent.

Nous avons dit qu'on tiroit les cerches qu'on nomme *aprêt-marchand*, autrement les bordures, de billes plus menues, ou dans des levées qu'on fait au bord des cartelles, & j'en ai établi la largeur : on met celles-ci par bottes comme les cerches de ſeaux, avec cette différence qu'il en entre 12 dans chaque botte, & que comme elles ſont étroites, on n'y met point de garde, parce qu'il n'y a point à craindre qu'elles ſe fendent ; on n'emploie point auſſi de demi-bordures pour les lier ; on ſe contente de percer les deux bouts de la bordure extérieure *F F* (*Fig.* 7), & d'y mettre une feule laniere *H.*

Les cerches pour les quarts & les litrons, fe font comme les autres, excepté qu'on les leve dans des billes plus courtes, & dans des arbres moins gros.

ARTICLE VII. *Des ouvrages de Raclerie.*

ON fait dans les forêts avec du Hêtre, quantité de petits ou- vrages que l'on nomme *Raclerie.* Ils s'exécutent la plupart de la même maniere que la fente des cerches, par des Ou- vriers à qui on vend le bois en grume, & qui le travaillent également dans les forêts : nous allons entrer dans les détails qui leur font particuliers.

§. 1. *Des Cerches pour Clayettes, Chaferets, Cliffes ou Ecliffes.*

TOUTES ces dénominations font fynonymes, & fignifient des cerches étroites & fort minces, dans lefquelles on dreffe les fromages.

On fait quelquefois ces fortes de petites cerches minces avec du bois de Chêne; mais le plus ordinairement on y em- ploie le Hêtre, parce que ce bois peut être réduit à une moin- dre épaiffeur, & qu'il convient mieux pour les fromages; c'eft auffi par cette raifon que l'on y deftine les pieces de bois qui font de la plus belle fente. Indépendamment de tout cela, l'ex- ploitation la plus avantageufe pour les Marchands, eft tou- jours celle qui peut fournir les pieces les plus délicates.

Les cerches pour les clayettes doivent avoir 3 pieds à 3 pieds & demi de longueur; il fuffit que celles pour les cafe- rettes aient deux pieds; la largeur des unes & des autres eft de 3 pouces, 3 pouces & demi ou 4 pouces.

En conféquence, 1°, quand on peut lever entre deux nœuds ou entre deux branches, une bille de 3 ou 3 pieds & demi de longueur, on la deftine pour en faire des clayettes ou écliffes :
fi la

fi la bille ne peut être que de 2 pieds, on fe contente d'en faire des chaferets (*Fig. 16*) ; 2°, comme la largeur des clayettes & des chaferets n'eſt que de 3 à 4 pouces, on les peut prendre dans des arbres plus menus que les cerches pour les feaux, dont la largeur doit être d'un pied, ou de 6 pouces pour l'*Apprêt-marchand*.

Si l'on fait ces fortes d'ouvrages avec du bois de Chêne, il faut retrancher au moins une partie de l'aubier : dans le Hêtre, la portion de l'arbre qui eſt la plus précieufe, eſt le bois qui fe trouve immédiatement fous l'écorce ; c'eſt cette partie qui fe fend le mieux, & que les Fendeurs confervent avec le plus de foin. Ces Ouvriers commencent par fcier les tronçons d'une longueur convenable pour les clayettes ou les chaferets ; ainſi en fuppofant une bille de 24 pouces de diametre & de 3 pieds de longueur, ils la fendent d'abord en deux, puis par quartiers, puis par demi-quartiers ; ils emportent 8 pouces du bois du cœur, dont il feroit cependant poffible de tirer de menus ouvrages ; mais le plus fouvent on en fait du bois à brûler : la tranche fe refend en deux, puis encore en deux, comme pour les cerches à feaux, excepté qu'on ne donne à celles-ci qu'une ligne ou une ligne & demie d'épaiffeur. On acheve de mettre les clayettes d'épaiffeur avec la plane, fur le chevalet que nous avons décrit en parlant des cerches à feaux : on chauffe ces feuilles comme les cerches à feaux ; mais comme elles font plus minces, & par conféquent plus aifées à plier, on n'emploie point de rouleau, mais on les roule fur le moulinet (*Pl. XVIII. Fig. 14*). C'eſt une efpece d'attelier qui confiſte en une fourche femblable à celle de l'attelier des Fendeurs, mais beaucoup plus légere ; les deux branches n'ont gueres que trois pouces de diametre, & elles font affez refferrées pour qu'il n'y ait de l'une à l'autre branche, au bout où elles s'écartent le plus, que 6 pouces de diſtance. On foutient cette efpece de fourche à quatre pieds de hauteur fur des fourchets enfoncés en terre ; & le tout eſt affez folidement établi, pour qu'en paffant une cerche toute chaude, fucceffivement dans toute fa longueur, entre les deux branches du moulinet, & en appuyant deffus, on la force de prendre une courbure qui la difpofe à être mife en botte : ayant percé une de ces cerches (*Fig. 15*), pour arrêter les deux bouts par un lien, un Ouvrier prend les cerches qui ont été pliées au moulinet 3 à 3, & en les pliant, il les force d'entrer dans celle qui fert de lien ; & quand il en a mis ainfi fucceffivement 12 les unes dans les autres, la botte (*Fig. 13*), fe trouve compofée de 13 éclifles, y compris celle qui fert de lien : le Marchand paye le Fendeur à raifon de 10 fous du cent, & il les vend à la grofle, qui eft compofée de 160 bottes, 36 ou 38 livres.

Ces éclifles fe vendent auffi à des Vanniers qui les garniffent d'ofier pour faire des chaferets (*Fig. 16 & 17*), ou ils les vendent tout garnis d'ofier aux Boifleliers : comme il y a des Provinces où l'on drefle les fromages fur des clayons (*Fig. 18*), en ce cas on ne garnit point d'ofier les cerches. Les Payfans dreffent leurs fromages dans des éclifles qu'ils retiennent avec un lien de ficelle ou d'ofier ; dans d'autres endroits on drefle les fromages dans des chaferets, dont le fond eft garni d'ofier (*Fig. 16 & 17*).

§. 2. *Lattes pour les fourreaux d'épée.*

LES lattes pour les fourreaux de fabre & d'épée, font de vraies lattes de Hêtre qui ont 3 pieds 4 pouces de longueur, 3 pouces & demi de largeur par un bout, & 2 pouces & demi par l'autre : on les fait les plus minces qu'il eft poffible : les habiles Ouvriers en font qui n'ont qu'une ligne & demie d'épaiffeur ; mais, pour l'ordinaire, leur épaiffeur eft de deux lignes.

On deftine à ces ouvrages des billes de 14 pouces de diametre ou environ. On fend ces billes par quartiers, enfuite par demi-quartiers, & l'on a foin de réferver du côté de l'écorce, une tranche de 3 pouces & demi d'épaiffeur ; le cœur de la bille fe met avec le bois à brûler ; enfuite le Fendeur réduit avec le coutre un des bouts de la tranche à deux pouces & demi environ d'épaiffeur.

Il fend la tranche ainſi préparée en deux comme pour la latte; chaque morceau encore en deux, & il continue ainſi juſqu'à ce que ces lattes n'aient au plus que deux lignes d'épaiſ-feur. Comme la façon ſe paye au cent à l'Ouvrier, & que le Marchand les vend au compte; il eſt évident qu'on tire d'autant plus de profit d'un arbre, qu'on fend les lattes plus minces.

Le Fendeur remet les lattes au Planeur qui les dreſſe ſur le chevalet, & les réduit à moins d'une demi-ligne d'épaiſſeur. Le Fendeur fait une table de ſon moulinet, en poſant ſur les branches de la fourche une planche épaiſſe; c'eſt ſur cette planche qu'il poſe les cerches pour clayettes & chaſerets lorſ-qu'il les met en botte; c'eſt auſſi ſur cette planche que celui qui fait les lattes pour fourreaux d'épée, les poſe, pour les mettre en botte de 25, liées de trois lanieres.

Les Ouvriers ne rejettent pas les lattes rompues; ils les mettent au milieu des bottes, où elles ſont retenües par celles qui ſont entieres; de ſorte qu'il y a telles bottes où il ne ſe trouve de lattes entieres que celles qui font la couverture.

Le Marchand donne aux Ouvriers 10 ſous du cent de lattes; & il les vend à la groſſe de 3000 feuilles ou lattes, ſur le pied de 36 ou 38 liv.

§. 3. *Pieces pour les Rouets.*

Les Fendeurs débitent encore des pieces qu'on vend aux Tourneurs pour faire des rouëts. L'ouvrage des Fendeurs pour cet objet, eſt de débiter les planches qui forment le banc ou table du rouet, & les cerches qui font la jante de la roue.

On ſcie les billes pour faire ces cerches à 6 pieds de lon-gueur; & comme il ſuffit qu'elles aient 4 pouces de largeur, on les prend dans des arbres de 18 à 20 pouces de diametre: en les écœurant, on obſerve de n'en ôter que le ſuperflu, & que la tranche pour les cerches, puiſſe porter 4 pouces de large: on refend cette tranche en deux, & ainſi juſqu'à ce qu'on ait réduit les cerches à deux lignes ou deux lignes & demie d'épaiffeur dans le plus mince; on les dreffe enfuite à la plane fur le chevalet, on les chauffe, & on les difpofe fur le moulinet à prendre la courbure qu'elles doivent avoir, fans le fecours du rouleau, parce que, comme les bottes ont un grand diametre, il faut peu de force pour plier ces cerches, qui d'ailleurs font minces : en cet état, on en forme des bottes de 12 cerches.

A l'égard des bancs, comme ils doivent avoir deux pieds & demi de longueur & 9 à 10 pouces de largeur, & 10 à 11 lignes d'épaiffeur, on les prend dans des billes plus courtes & plus groffes.

Les Marchands vendent ces fortes de cerches environ 25 fous la botte, formée de 12 pieces; & les planches pour le banc ou table, fur le pied de 8 livres le cent.

§. 4. *Des Layettes.*

Les Ouvriers qui s'occupent à faire des *Layettes*, s'établiffent ordinairement aux bords des forêts de Hêtres; c'eft-là qu'ils font les boîtes à perruque, des coffrets qu'on nomme *layettes*, parce qu'ils fervent à renfermer les layettes des enfants : les boîtes pour mettre des confitures feches, & pour une infinité d'autres ufages. Ces ouvrages fe vendent tout affemblés aux Layetiers de Paris par affortiment de fix, qui, diminuant toujours de grandeur, s'emboîtent les uns dans les autres. Ces boîtes ne font affemblées qu'avec des clous de fil d'archal ou de laiton, ainfi que les charnieres & les crochets qui les ferment. Nous ne nous étendrons pas davantage fur cet art qui fe pratique plus fouvent dans les Villes que dans les forêts. Mais les planches que les Layetiers y emploient & qu'on nomme *hauffes* ou *goberges*, font fendues au coutre dans les forêts, ou on les dreffe auffi à la plane, précifément comme la cerche de feau; elles ont ordinairement 3 pieds & demi de longueur, 4 à 6 pouces de largeur, & doivent avoir, dreffées & blanchies, 3 lignes à 3 lignes & demie d'épaiffeur; celles qui n'ont que 2 lignes ou 2 lignes & demie, ne font employées que pour les petites boîtes : les hauffes fe vendent par bottes.

§. 5. *Des Copeaux pour les Gaîniers, & ceux dont on fait les Rapés.*

Il n'y a aucun ouvrage de fente auſſi délicat à faire que les copeaux ; mais il n'y a point auſſi d'exploitation plus avantageuſe pour le Marchand. Ainſi, quand on peut eſpérer d'avoir un grand débit du copeau, on deſtine à cet uſage les bois propres à la plus belle fente.

Comme le copeau doit être très-mince, on le vend toujours très-cher, relativement au bois qu'il conſomme : ſi un Hêtre pouvoit être entiérement débité en copeaux, il produiroit une ſomme conſidérable, quoiqu'il coûte beaucoup de main-d'œuvre, & qu'on perde beaucoup de bois. On coupe les billes à 3 pieds & demi de longueur ; on les cartelle & on les écœure pour en former des parallélipipedes *a b* aſſez réguliers (*Pl. XXIX. fig. 1*) ; on abat dans toute la longueur les angles *a* & *b*, pour qu'ils ſe tiennent plus ſolidement ſur l'établi, comme on voit en *k* (*Fig. 4*) ; enfin, par le moyen d'une machine dont nous allons donner la deſcription, on leve les copeaux ſur celle des faces, qui répond de l'écorce au cœur de l'arbre ; de ſorte qu'à l'épaiſſeur près, les copeaux ſont fendus comme les clayettes & tous les autres ouvrages de fente, c'eſt-à-dire, du centre à la circonférence.

Comme la feuille de copeau eſt trop mince pour pouvoir être enlevée avec le coutre, on emploie un gros rabot qui la leve avec préciſion & avec promptitude. On penſe bien qu'il faudroit que l'Ouvrier eût des bras prodigieuſement vigoureux pour faire agir un rabot capable d'enlever les feuilles de copeaux d'un quart de ligne d'épaiſſeur, de 3 pieds & demi de longueur, & de 6, 12, ou quelquefois 14 pouces de largeur ; auſſi emploie-t-on la machine repréſentée (*Pl. XXIX. fig. 2 &* *3*), qui multiplie la force : quatre hommes ſont employés à la faire mouvoir. Voici la deſcription de la machine que j'ai vu ſervir à cet uſage : on auroit pu y retrancher une lanterne & une roue ſans perdre de force.

A (*Fig.* 2 & *3*), eft une lanterne qui porte onze fufeaux ;
B hériffon qui a 12 dents ; *C*, une autre lanterne à 8 fufeaux &
qui eft enarbrée avec le hériffon *B* : *D*, hériffon qui porte
17 alluchons ; *E*, une bobine que l'on voit ponctuée à la Figure
2 ; elle eft enarbrée avec le hériffon *D* : tout ce rouage eft por-
té par deux jumelles paralleles *L L* : *K* eft la piece de Hêtre
qui doit être réduite en copeaux : elle eft reçue & folidement
affermie entre deux autres jumelles *M M* (*Fig.* 2, 3 & 4) : *G*
eft le rabot qui doit lever les copeaux : les jumelles *L L*, & *M M*,
font foutenues par des montants *O O*, affemblés dans deux forts
patins *N N* : *H H* eft la corde qui communique le mouvement
du rouage au rabot : *I*, eft un rouleau qu'on peut hauffer &
baiffer pour maintenir la corde à la hauteur convenable. Le
gros & fort rabot *G* détache les copeaux de la piece de bois
K : un homme monté fur un gradin, faifit la poignée *P* du rabot, qu'il dirige dans fa marche, & qu'il retire en arriere quand
le copeau eft levé ; & deux autres hommes font appliqués aux
manivelles *F*, qui obligent la corde *H* de fe rouler fur la bobine *E*. Par cette machine, la force des hommes eft multipliée ;
mais il feroit aifé de l'augmenter encore davantage : on pourroit auffi la fimplifier en fupprimant la roue *B* & la lanterne
A. On met ordinairement en *Q* une bobine femblable à *E*, parce que celle-ci étant établie plus bas, on roule la corde fur la
bobine la plus élevée, quand le bloc de bois *K* a beaucoup
d'épaiffeur ; & l'on tranfporte la corde fur la bobine placée
plus bas, quand, après avoir levé beaucoup de copeaux, le
bloc eft devenu plus mince, afin que la tirée de la corde foit
toujours à peu-près horifontale & parallele au plan fupérieur
de ce bloc : on conçoit que cela eft néceffaire pour que le rabot foit bien mené. Pour faciliter encore la direction de la
corde, on la fait paffer fur le rouleau *I*, qui eft reçu entre deux
montants, & qu'on peut élever ou baiffer à volonté.

Il eft clair que quand on fait agir les manivelles, la corde
H, fe roulant fur une des bobines, le rabot eft tiré fur le
bloc, & en détache un large copeau ; & quand le fer ou lame
du rabot eft parvenu au bord oppofé du bloc, après en avoir

détaché un copeau, les Ouvriers appliqués aux manivelles, les tournent en fens contraire, pendant que celui qui eft à la conduite de la poignée P du rabot, le rappelle en arriere pour le mettre en état de reprendre un autre copeau. Il eft inutile de dire qu'il faut avoir des rabots de différentes grandeurs, fuivant qu'on veut enlever des copeaux plus ou moins larges, comme depuis 6 jufqu'à 14 pouces.

Nous avons dit ci-devant, qu'il falloit quatre hommes pour fervir cette machine; & cependant on n'en a vu jufqu'à préfent que trois occupés; favoir un qui conduit le rabot, & deux qui tournent les manivelles: le quatrieme eft chargé de ramaffer & arranger les copeaux.

Ces quatre Ouvriers travaillant enfemble font 800 feuilles de copeaux par jour; on leur paye 4 fous de la botte, formée de 50 feuilles; & elle fe vend environ 16 fous.

Quand celui qui ramaffe les feuilles de copeaux, en a raffemblé 50, il les porte fous une preffe (Fig. 5), formée de deux fortes membrures a b, c d, qui peuvent être rapprochées l'une de l'autre par deux vis e f, au moyen des leviers de fer g h. Il arrange les feuilles entre ces plateaux, dont la longueur doit être proportionnée à celle des copeaux; & après les avoir ferrés entre ces plateaux avec les vis, il coupe avec une plane tout ce qui déborde, à peu-près comme les Relieurs rognent les feuilles des livres: au fortir de la preffe, il lie chaque botte avec trois liens; c'eft en cet état qu'on vend les copeaux.

On vend à bas prix ceux qui font rompus aux Marchands de vin qui en font des rapés pour éclaircir leurs vins: on prétend que les copeaux de Hêtre leur donnent de la qualité. Ces copeaux fe raffemblent en bottes de la même maniere qu'on le voit repréfenté par la Figure 6. Comme les Marchands trouvent un débit affez avantageux du bois à brûler, les Ouvriers ne ménagent point les bois qu'ils fendent pour les cerches & autres ouvrages de cette efpece; celui qu'ils enlevent du cœur des pieces & qui pourroit fervir à faire des lattes pour les fourreaux d'épées, eft jetté au bois de corde: il eft vrai que la partie de l'arbre qui fe fend le mieux eft toujours celle qui est plus voisine de l'écorce, & qu'on ne pourroit pas faire d'aussi belle fente du bois du cœur ; mais il y a des cas où les Ouvriers devroient être plus économes du bois. Par exemple, pour assujettir le bloc, destiné à faire des copeaux, sur les pieces qui le soutiennent, ils entaillent le dessous en chanfrain, comme on le voit en *K* (*Fig. 4*) ; & cette partie ne peut plus servir à faire du copeau. Il ne seroit pas difficile d'imaginer un moyen simple d'assujettir ce bloc d'une autre façon, sans en rabattre les angles inférieurs, & par conséquent on tireroit un plus grand nombre de copeaux de cette piece de bois.

Les Gaîniers emploient beaucoup de copeaux ; les Miroitiers en font aussi usage pour garantir le tein des glaces.

§. 6. *Des Panneaux ou Battans de Soufflets.*

COMME on fait des soufflets de différentes grandeurs, on coupe les billes de 12, 14 & 18 pouces de longueur.

On fend ces billes par quartiers qu'on écorce souvent fort peu, afin de ménager la largeur qui est nécessaire pour *les* grands soufflets ; car on ne choisit ni le plus gros ni le plus beau bois pour cette sorte d'ouvrage, qui a encore l'avantage de n'exiger que des billes assez courtes.

Le Fendeur emporte avec son coutre le bois qu'il y a de trop du côté de l'écorce, pour en former des especes de planches (*Fig. 7*), qui soient à peu-près d'égale épaisseur du côté de l'écorce & du côté du cœur.

Un Ouvrier ébauche le soufflet avec une hache bien tranchante, & emporte les angles *a, b, c, d* ; & comme le tuyau du soufflet doit être placé du côté de *e*, il laisse les levées *a, b*, plus épaisses que celles *c, d*, ce qui commence déja à donner une losange qui fait la forme alongée au corps du soufflet.

Le soufflet dégrossi passe au Planeur qui, sur une sellette semblable à celle dont se servent les Planeurs de cerches, réduit cette losange à l'épaisseur qu'elle doit avoir ; savoir 14 à 15 lignes du côté de *e*, & 10 à 11 lignes du côté de *f*.

Il est bon de remarquer que sur la sellette à planer, il y a une

planche

planche à laquelle eſt faite une entaille ou mortaiſe qui en tra-
verſe l'épaiſſeur auprès de la ſerre ; c'eſt ſur cette planche que
l'on poſe verticalement le panneau que l'on veut planer ſur ſon
épaiſſeur.

Quand le Planeur a mis d'épaiſſeur le panneau de ſoufflet ; il
le rend à celui qui l'a ébauché ; celui-ci le préſente ſur un patron,
& trace avec de la pierre noire la figure exaĉte que ce panneau
doit avoir (*voy. Fig. 8*), & ſur le champ il emporte avec ſa
hache tout le bois qui excede le trait de la pierre noire ; &
avec autant de promptitude que d'adreſſe, il forme la poignée
g (*Fig. 8*), ainſi que tout le contour du ſoufflet juſqu'à *f*, avec
aſſez de préciſion, pour que le Planeur, qui reprend enſuite ce
panneau, n'ait plus qu'un coup à donner ſur le tranchant, pour
perfeĉtionner le contour, qui ſe trouve déja bien régulier au
ſortir des mains du premier Ouvrier.

On ſait que les ſoufflets ſont formés de deux panneaux, dont
celui de deſſous porte la ſoupape & la tuyere *a b c d* (*Fig. 9*) ;
le panneau ſupérieur *e f g h*, eſt plus court, parce que la
portion *e h c d*, qui porte la tuyere, appartient à celui de deſſous. Autrefois on travailloit à part ces deux panneaux, on
conſommoit plus de bois, & les Boiſſeliers étoient alors em-
barraſſés à trouver des panneaux qui puſſent s'ajuſter l'un à l'autre. On a remédié à ces petits inconvénients, en levant les
deux panneaux dans la même piece ; ainſi, après qu'elle a été
formée, comme *a b c d e* (*Fig. 9*), on paſſe un trait de ſcie par la
ligne ponĉtuée depuis *a*, juſqu'à *h*, & pour cela, on aſſujettit
pluſieurs panneaux enſemble, comme dans la *Fig.* 9, dans une
encoche, qui eſt une piece de bois *A B* (*Fig. 10*), de 12 à 15
pouces de diametre, & d'environ 28 à 30 pouces de longueur :
cette piece eſt ſoutenue à 4 pieds & demi du terrein par quatre
forts pieds *c, c, c, c*, qui entrent en terre de quelques pouces ;
& pour augmenter la ſolidité de cette eſpece d'établi, on charge
les pieds de derriere avec des bûches *D*, qui ſervent outre
cela de degrés au Scieur pour s'élever au-deſſus de l'*encoche.*

Le devant de cette piece de bois eſt creuſé d'une grande
mortaiſe longue de 9 pouces de *E* en *F*, large de 3 pouces,

& profonde de 4 pouces : c'eſt dans cette mortaiſe que l'Ouvrier met ſix ſoufflets à la fois par le bout de la tuyere ; il les y aſſujétit avec des coins aſſez fermement, pour qu'un compagnon qui poſe un de ſes pieds ſur le billot, & l'autre ſur les ſoufflets, puiſſe conjointement avec un ſecond Ouvrier placé dans une foſſe au-devant de l'encoche, paſſer tous deux le trait de ſcie entre chaque panneau pour les ſéparer. Il eſt eſſentiel que ces ſoufflets ſoient fixés dans l'encoche, de maniere que leurs ſurfaces ſoient exactement verticales ; afin que tous les panneaux ſoient d'égale épaiſſeur ; il faut encore que les Ouvriers appuient bien légérement la ſcie , quand ils reſendent les poignées pour ne les pas rompre ; mais quand ils ſont à la partie évaſée du ſoufflet, ils menent la ſcie à grands traits pour avancer la beſogne : lorſque le feuillet de la ſcie eſt parvenu à la mortaiſe de l'encoche, l'ouvrage eſt fini, parce qu'il n'y a que la partie du panneau *e h d c* (*Fig. 9*), qui s'y trouve engagée , & celle-là ne doit point être ſéparée.

Ce ſont les Boiſſeliers à qui l'on vend ces panneaux ainſi préparés , qui achevent de les ſéparer, & ils n'ont plus que le trait de ſcie *e h* (*Fig. 9*) à y donner. Ce ſont auſſi les mêmes Boiſſeliers qui font faire par les Tourneurs quelques moulures ſur les panneaux des ſoufflets qu'ils veulent enjoliver.

§. 7. *Des Battoirs à leſſive.*

Les battoirs à leſſive ſont faits par les mêmes Ouvriers qui font les ſoufflets. On ſcie les billes dont on les tire, à 12 ou 13 pouces de longueur ; la partie évaſée du battoir doit avoir 12 pouces de large , & l'épaiſſeur, vers le manche, doit être d'environ 15 lignes. Quand la bille a été débitée en planches, on les dreſſe à la plane ; puis on y préſente un patron dont on trace le contour avec de la pierre noire ; enſuite un Ouvrier emporte avec la hache tout ce qui eſt hors du trait, & le Planeur acheve l'ouvrage. (*Voyez Pl. XXX. fig. 4.*)

On enfume ces battoirs de la même maniere que les ſabots,

§. 8. *Des Ecopes.*

Pour faire les *Ecopes* (*Pl. XXX. fig. 5 & 6*) dont se servent les Bateliers, pour vuider l'eau qui entre dans leurs bateaux, on coupe les billes de bois à 4 pieds de longueur, parce que le manche *a b*, a 2 pieds & demi de longueur, & la cuiller *b c*, 18 pouces. On ne fend chaque bille qu'en quatre, de sorte que chaque quartier *d d d d* (*Fig. 7*), doit faire une écope.

On dégrossit avec la hache, la cuiller & le manche de l'écope; on creuse la cuiller avec un *aceau* très-courbe & qui a le tranchant assez large (*Fig. 8*), & on finit de creuser la cuiller avec un autre outil (*Fig. 9*), qu'on nomme *tie*, qui est une acette peu recourbée, mais dont la lame n'a que 2 pouces de largeur; cet instrument qui est très-tranchant, mené à petits coups, perfectionne l'intérieur de la cuiller; enfin, on met l'écope sur la sellette, où le Planeur en perfectionne l'extérieur.

§. 9. *Des Pelles à four & autres.*

Comme les pelles des Boulangers doivent avoir des pales de 18 à 20 pouces de longueur sur 11 à 12 pouces de largeur, on est obligé d'y employer de gros arbres qui aient au moins 4 pieds de diametre; & quand le manche est de la même piece que la pale (*Fig. 10*), comme ce manche doit avoir 7 pieds de longueur, il faut des billes de 8 pieds 7 à 8 pouces de longueur, ce qui consomme beaucoup de gros bois. On équarrit l'arbre, on le fend par quartiers & on l'écorce; chaque quartier est refendu en deux autres quartiers; chacun de ces demi-quartiers l'est encore en deux, & ainsi jusqu'à ce qu'ils soient réduits en planches d'environ quatre pouces d'épaisseur qui doivent fournir deux pelles. On trace une pelle sur une face de la planche ainsi réduite (*Fig. 10*); on emporte avec la hache tout le bois superflu; on refend avec le coutre cette planche qui donne par ce moyen deux pelles, que l'on acheve de perfectionner sur le chevalet avec la plane.

On fait des pelles dont la pale eft longue & étroite pour enfourner les pains longs, & pour certains ufages des Pâtiffiers, (*Fig.* 11).

On confomme néceffairement beaucoup de bois pour les pelles, parce que leur manche eft pris dans une tranche qui eft de toute la largeur de la pale ; il eft fenfible que fi l'on en-levoit à la fcie les côtés *A* & *B* (*Fig.* 10), on pourroit em-ployer ce bois à faire des petits ouvrages de fente ; mais ce n'eft pas l'ufage.

J'ai vu des pelles dont le manche étoit rapporté (*Fig.* 12) ; elles font un peu plus lourdes, & ne font pas fi folides que celles d'une feule piece ; mais auffi elles dépenfent beaucoup moins de bois ; & comme le manche en eft plus arrondi, il y a des Boulangers qui les préferent aux autres.

Les pelles à fumier (*Fig.* 13), & celles pour remuer les grains (*Fig.* 14), fe font comme celles à four ; mais comme le man-che de celles à fumier n'a que 2 pieds 6 pouces de longueur, & la pale, quatorze pouces de longueur fur 10 à 11 pouces de largeur, & que le manche des pelles à grain, ainfi que la pale eft de même longueur fur 8 à 9 pouces de largeur, on coupe les billes plus courtes, & on y emploie des arbres moins gros. Il y a encore des pelles pour charger les terres & les gravois, qui ne different de celles à fumier, que parce que la pale en eft plus petite. Les pelles à fumier & à gravois font plus épaif-fes en bois que celles à grain, & elles font peu creufées dans leur face fupérieure ; au lieu que les pelles à grain font minces & légeres, mais plus creufées, ce qui exige qu'on tienne les tranches de bois un peu plus épaiffes, afin d'y former des bords. Au refte, quand les tranches ont été fendues & dreffées à la plane, on y trace la figure de la pelle ; on emporte tout le bois fuperflu avec la hache ; on forme le manche & le dos de la pale avec la plane fur le chevalet, & on creufe le dedans de la pale des unes & des autres avec l'aceau & la tie ; & l'on finit par les enfumer comme les fabots.

§. 10. *Travail de l'Ouvrier Arçonneur, des Atelles de colliers de chevaux , &c.*

Les Marchands de bois font faire quelquefois par leurs Ouvriers exploitants des atelles de colliers, des bâts, des arçons de felle ; mais plus ordinairement, ce font des Ouvriers particuliers que l'on nomme *Arçonneurs* *, & qui viennent s'établir aux bords des forêts, qui travaillent ces fortes d'ouvrages pour leur propre compte, & qui en achetent le bois des Marchands.

Il faut que le bois, pour être propre à ces ufages, foit fans nœuds, & qu'il puiffe fe fendre aifément ; néanmoins il n'eft pas auffi important qu'il foit de belle fente, que pour quantité d'autres ouvrages de raclerie, parce que l'*Arçonneur* exécute une partie de fon travail avec la fcie.

Il commence par fcier fes billes à la longueur de 3 pieds 6 pouces, s'il fe propofe de faire les plus grandes atelles ; car pour les petites atelles, ces billes doivent être plus courtes, & il fe conforme à cet égard à l'ufage des pays ; car il y en a où les atelles portent de grandes oreilles, & d'autres où elles font terminées par un petit crochet. Après que la bille a été fendue en quartiers & en demi-quartiers, l'Arçonneur pofe une atelle fur une de fes faces, pour en tracer le contour avec la pierre noire (*Pl. XXX. fig. 1*) ; enfuite il retranche le cœur *A* de ce quartier, & ébauche l'ouvrage avec une hache, il s'aide auffi de l'aceau; & quand la cartelle a reçu le contour de l'atelle (*Fig. 2*), il refend à la fcie la piece de bois en autant d'atelles de 10 à 11 lignes d'épaiffeur qu'elle en peut fournir. L'Arçonneur affujettit perpendiculairement fur un chevalet (*Fig. 3*), les cartelles dégroffies, pour les refendre horifontalement avec une fcie de long, comme font les Ebéniftes, mais il eft feul à mener cette fcie : voici comment il affujettit les cartelles.

Cette pratique eft cependant affez mal imaginée. Le chevalet *A B* (*Fig. 3*), confifte en un foliveau de 5 pieds de longueur, de 6, 8 ou 10 pouces de largeur, & de 8 à 9 pouces

* Dans les forêts, on appelle ces Ouvriers *Arcoleurs.*

d'épaisseur ; il est soutenu comme un banc ordinaire, par quatre pieds solides *C*, qui l'élevent de deux pieds & demi au-dessus du terrein.

Au milieu est une coche ou entaille *DE*, de 4 à 5 pouces de profondeur. L'Ouvrier place verticalement les cartelles dans cette coche, où il la serre fortement avec des coins. Comme la piece a 3 pieds & demi de longueur, & qu'elle n'est retenue ici que par une de ses extrémités, dans une coche qui n'a que 4 à 5 pouces de profondeur, la scie appliquée en *F*, a une grande puissance pour la déranger ; ce qui oblige l'Ouvrier de l'assujettir par un, deux ou trois arcboutants *G*, dont il retient ceux des côtés sur le chevalet avec des tasseaux, & un troisieme qu'il appuie contre un arbre ou un mur à l'aide d'une entaille.

Si on se représente l'attitude de l'Ouvrier, tenant horizontalement une scie à refendre, on concevra qu'il doit être bien gêné en commençant chaque trait de scie à la hauteur de cinq pieds : pour plus de facilité, il incline la cartelle en arriere ; & à mesure qu'il avance les traits de scie, il en change la position, selon sa commodité.

Quand les atelles ont été refendues, on les finit avec la hache & l'aceau ; chaque atelle se travaille en particulier : on finit par les enfumer, & on les vend par paquets aux Bourreliers.

§. 11. *Maniere de faire les Bâts.*

L'Arçonneur se sert pour faire les bâts du même chevalet (*Pl. XXX. fig. 3*) ; d'un grand couteau tout de fer (*Pl. XXXI. fig. 1*), & qui est fort tranchant du côté de *a* ; d'un fort ciseau en bec-d'âne (*Fig. 2*), & de la tie (*Pl. XXX. fig. 9*). Il travaille sur un établi à peu-près semblable à celui du Menuisier ; ses outils sont pendus à des râteliers attachés au fond de sa loge, ou à la muraille s'il travaille chez lui.

Il emploie de gros corps d'arbres qu'il refend en cartelles, comme pour faire les atelles ; mais il faut ici que les cartelles aient au moins 28 à 30 pouces de face, suivant la grandeur des bâts ; car ceux des Mulets doivent être beaucoup plus grands que ceux qu'on fait pour les ânes.

Un bât est formé de deux pieces cintrées *a*, *b* (*Pl. XXXI.fig. 3*), que l'on nomme *courbes* (*Fig. 4*); celle du devant *a*, est plus relevée que celle de l'arriere *b* : ces deux courbes sont liées par deux pieces ou especes de planches *c*, presque plattes (*Fig. 3 & 5*); on les nomme *les lobes*. Comme les fils du bois traversent les courbes, quand on les évuide, on coupe les fibres par le travers.

Quand la cartelle a été fendue à une épaisseur convenable pour en pouvoir tirer plusieurs courbes les unes sur les autres, comme pour les atelles ; l'Ouvrier en trace tous les contours avec un patron (*Fig. 4*) ; puis il emporte avec la hache & la tie, tout le bois qui excede le trait de la pierre noire ; ensuite il assujettit la cartelle sur le chevalet (*Pl. XXX. fig. 3*), avec des coins ; il sépare autant de courbes qu'il en peut prendre dans l'épaisseur de sa piece de bois, & emploie pour cela la scie à refendre, de la même maniere que l'Arçonneur, & ainsi que nous l'avons expliqué dans le paragraphe précédent.

Les courbes sciées doivent être épaisses ; ce qui est nécessaire pour qu'on puisse les finir avec la plane, la tie, & même quelquefois avec une rape à bois. Les *lobes* se prennent, ainsi que les courbes, dans des cartelles d'environ 3 pieds & demi de longueur, que l'on divise ordinairement en trois ; de sorte que suivant la grandeur des bâts, chaque partie doit avoir 15 à 17 pouces de long. La cartelle n'a besoin que d'être équarrie; & comme elle est ordinairement assez épaisse pour en fournir plusieurs, on la refend si le bois est de belle fente, ou on la sépare à la scie, comme les courbes ; ensuite, avec l'acette & la tie, on la creuse un peu sur une de ses faces, & on donne un peu de convexité à la face opposée ; enfin l'Arçonneur creuse sur la face supérieure deux rainures *d*, *d* (*Fig. 5*), plus larges au fond qu'à l'entrée, pour recevoir les languettes *e*, *e*, des courbes (*Fig. 4*), qui étant plus épaisses au bord *e* qu'au fond, forment un assemblage à queue d'aronde : comme les languettes de ces courbes entrent dans les rainures des lobes, la courbe de l'avant se trouve liée avec la courbe de l'arriere, ce qui fait le bât monté. Ces rainures & ces languettes se font avec le couteau (*Fig. 1*), & le bec-d'âne (*Fig. 2*). Ce travail produit beaucoup de copeaux qui ne servent qu'à brûler.

Quelquefois, pour ménager le bois, on fait les courbes de deux pieces *e*, *e* (*Fig. 4 & 6*), qui s'assemblent à mi-bois, & qui sont jointes avec de la colle forte : les Bourreliers les fortifient encore avec une petite bande de fer. On enfume les courbes, les lobes & les atelles, comme nous l'expliquerons dans la suite.

§. 12. *Du travail des Arçons pour les selles.*

L'ÉTABLI de ces Ouvriers consiste en une forte table ronde qu'ils appuient contre un mur quand ils travaillent chez eux, ou contre les poteaux de leur loge lorsqu'ils travaillent dans la forêt ; souvent un billot solide leur suffit.

Leurs outils sont une hache, un aceau & une tie dont le fer est creusé comme une gouge : ils manient ces instruments avec beaucoup d'adresse lorsqu'ils creusent les parties qui doivent être concaves, & qui, au sortir de l'aceau & de la tie creuse, se trouvent coupeés fort uniment, proprement & réguliérement ; ils font encore grand usage de rapes à bois.

Il y a des arçons de quantité de formes différentes ; celle que nous prendrons ici pour exemple (*Fig. 7*), se nomme *arçon de cavalerie.* Le dos de cet arçon est formé de trois pieces, savoir le pontet *a*, & les deux bouts *b*, *b* : le devant est également formé de trois pieces ; savoir, le devant d'arçon *c*, & les deux pointes *d*, *d* ; le devant est joint à l'arriere par les deux panneaux *e*, *e*. L'Ouvrier trace toutes ces pieces sur des patrons de cuir ou de carton ; il les ébauche avec la hache, les perfectionne avec l'aceau & la tie ; puis il les assemble toutes à mi-bois, & les joint avec de la colle forte ; enfin il les finit avec la rape à bois.

L'arçon de femme, (*Fig. 8*), outre les pieces que je viens de nommer, & qui sont indiquées par les mêmes lettres, a de plus un dos *f*.

Quoique

Quoique les Arçonneurs ne confomment pas beaucoup de bois, ils ne s'embarraffent point, pour le ménager, d'entretailler les pieces les unes dans les autres. Ils prennent une bille de Hêtre qu'ils refendent & qu'ils coupent de la longueur qui leur convient; ils travaillent chaque piece en particulier, & abattent tout le bois fuperflu avec la hache & l'aceau. Quoique toutes les pieces foient jointes les unes avec les autres à *mi*-bois, favoir, les pointes avec le pontet (*Figure* 7), & que l'union de ces pieces exige de la précifion, néanmoins ils ne travaillent chacune de ces pieces qu'avec l'aceau & la rape, qu'ils favent manier avec beaucoup d'adreffe; ils fe conduifent par leurs patrons, qu'ils préfentent fréquemment fur les pieces qui doivent s'affembler à mi-bois: on enfume ces pieces.

§. 13. *Du travail des Tourneurs.*

Il y a encore des Tourneurs qui s'établiffent dans les forêts où l'on exploite beaucoup de Hêtre : ces Ouvriers font avec ce bois des moules à fuif, des fébilles de toutes grandeurs, des fonds & des deffus de lanternes d'écurie, des rouets de poulie, des égrugeoirs, &c.

En détaillant le travail des moules à fuif & des fébilles, il fera facile de comprendre comment fe font les autres ouvrages.

Le Tourneur établit fon tour d'une façon très-groffiere fous une loge. Il enfonce en terre, & il affujettit folidement avec des coins, deux poteaux, *A*, *B* (*Pl. XXXI. fig.*9), qu'il lie enfemble par les deux traverfes *C*, *C*; le poteau *B*, porte une pointe & fert de poupée ; en conféquence il n'y a que la poupée *D* qui foit mobile : *E*, eft une piece de fer qui eft repréfentée féparément en *E* (*Fig.* 16), & qui eft attachée par un bout fur la poupée *D*, & appuyée par l'autre bout fur une des traverfes *F*, qui fervent à donner de la folidité au tour ; car ces pieces *F*, font appuyées fur les poteaux de la loge : *G*, eft la perche à reffort à laquelle eft attachée la corde *H*, qui, après avoir fait deux révolutions fur le mandrin ou la *Clouiere I*, va

Gggg

s'attacher à l'extrémité de la marche ou pédale *L* : la hauteur
des poteaux *A, B,* eſt de *3* pieds 8 pouces ; la diſtance entre eux
eſt de *3* pieds ; la poupée *D,* a 8 pouces à peu-près de hauteur,
& il y a ordinairement 1 pied 6 ou 8 pouces de la poupée *D,*
au poteau *B : M* eſt un billot ſur lequel l'Ouvrier ébauche &
dégroſſit ſon ouvrage.

Il commence par fendre en deux une rondine (*Figure 10*),
qui eſt d'un pied & demi de hauteur, & dont chaque moitié
doit ſervir à faire un moule à ſuif ou une ſébille; il trace à volonté un cercle ſur la face plate du morceau fendu (*Fig. 11*) ;
il en abat les angles avec ſa hache, & en très-peu de temps il
ébauche très-adroitement ſon morceau de bois, & lui donne
une figure très-approchante du dehors d'un moule à ſuif, d'une
ſébille ou de tel autre ouvrage qu'il ſe propoſe de tourner.

Il poſe le moule ébauché ſur le billot *M*; il place pardeſſus
un mandrin *I (Fig. 12),* qui eſt garni à un de ſes bouts de
pointes de clous, & qui pour cette raiſon eſt nommé *Clouiere*
(*Fig. 13*); il frappe pour faire entrer les pointes dans ſa piece
de bois, qu'il met enſuite ſur le tour, de façon que la pointe
de la poupée *D (Fig. 9),* entre dans le morceau de bois qu'on
travaille, & la pointe du poteau *B,* dans la clouiere, autour
de laquelle s'enveloppe la corde *H,* ou plutôt la courroie ; car
c'eſt preſque toujours de cette derniere, dont ſe ſervent ces
Ouvriers, au lieu que les Tourneurs ordinaires emploient une
corde de boyau.

La poupée étant bien aſſujettie par ſon coin, l'Ouvrier poſe
le pied ſur la marche pour faire aller le tour; & en appuyant
une main ſur la piece qu'il tourne, il juge au taĉt ſi elle eſt bien
ou mal centrée : ſi le centre eſt trop haut ou trop bas, il frappe
ſur ſa piece avec ſa mailloche pour qu'elle tourne plus rond ;
enſuite l'Ouvrier appuyant ſon dos ſur une planche *K,* placée
derriere lui, & inclinée comme un pupitre, il prend en main
un ciſeau *A,* qu'on nomme *plane (Fig. 16),* parce qu'il a le tranchant droit ; il l'appuie ſur le ſupport *E (Fig. 9 & 16),* & il
travaille la ſurface extérieure du moule.

Quand ce moule eſt travaillé par dehors, il l'ôte du tour, &

il le retourne de façon que la pointe de la poupée *D*, entre
dans la clouiere, & la pointe du poteau *B* dans le moule ; après
quoi, avec l'outil *B* (*Fig.* 16), il commence à le creuser en
faisant une rainure entre le noyau & le moule ; il approfondit
ensuite cette rainure avec les outils *C*, *D*, *F*, *G* (*Fig.* 16),
dont les crochets augmentent toujours de grandeur, de sorte
que le dernier *G*, porte 7 pouces : quand il juge qu'il approche
de l'épaisseur que doit avoir le moule vers son fond, il gratte
l'extérieur du moule avec son ongle, & il juge par le son que
le bois rend, s'il y reste assez de bois. Comme la rainure est
assez large pour que l'Ouvrier ait la liberté d'incliner son outil, il creuse le noyau en dessous avec ses crochets ; mais à
la profondeur seulement de 3 à 4 pouces, ce qui suffit pour
qu'il puisse le détacher du fond du moule ; il se sert pour cela
de deux ciseaux courbes (*Fig.* 14), qui n'ont que 4 pouces de
longueur ; il enfonce un de ces ciseaux dans la rainure à différents points, & en le frappant avec un marteau dans le sens
des fibres du bois, il détache aisément & proprement ce noyau.

Quand le noyau est détaché, l'Ouvrier retouche l'intérieur
du moule (cette opération se réserve pour la fin de la journée) ;
il reprend chaque moule l'un après l'autre sur le tour ; il emploie une clouiere (*Figure* 13), plus longue & moins grosse
que celle dont il s'étoit servi en premier lieu ; il en fait entrer
les clous dans le fond intérieur du moule ; il remet cette
piece sur le tour, & travaille l'intérieur avec les crochets ; &
comme il ne reste plus qu'à perfectionner l'endroit du fond
où étoit attachée la clouiere, il se sert, pour finir cette partie,
d'un petit aceau recourbé, ou d'une tie, & quelquefois même
il se contente de gratter cet endroit. Les moules finis d'être
travaillés, sont mis en tas & recouverts de copeaux pour empêcher qu'ils ne se fendent au hâle jusqu'au Samedi, jour où
on les enfume.

Les noyaux que l'on a enlevés des moules, passent à d'autres
Ouvriers qui en font des sébilles, que l'on travaille précisément comme les moules à suif.

Si l'on ne veut pas employer les noyaux qui sortent de ces

fébilles pour en faire de plus petites, on les réferve pour en faire du charbon. La façon des grandes & des petites fébilles fe paye un même prix l'une dans l'autre.

A chaque coup de pied que donne le Tourneur, les moules à fuif font un tour & demi : l'Ouvrier paroît travailler lentement ; mais fes copeaux font bien formés, & l'ouvrage avance. Ce font ces mêmes Tourneurs qui fabriquent & qui réparent toutes les pieces de leur tour, ainfi que leurs outils pour lefquels ils emploient ordinairement de vieilles limes.

Ces Tourneurs font encore avec du Hêtre, de l'Orme & du Frêne, les rouets de poulies.

§. 14. *Des Poulies & des Cuillers à pot, des Egrugeoirs, &c.*

Pour faire les rouets de poulie, on cartelle des tronces de Hêtre, de Frêne ou d'Orme, fciés felon la longueur que doit avoir le diametre des poulies ; on trace fur les planches fendues dans ces cartelles, le contour du rouet de poulie ; on l'ébauche avec la hache, après quoi on la fixe fur le tour avec la clouiere, ou mandrin à pointes : enfin on les finit & on y forme la gorge par les mêmes procédés que nous avons décrits dans le paragraphe précédent.

Les cuillers à pot & les égrugeoirs font toujours faits de bois blanc ; on les tourne à peu-près comme les fébilles.

§. 15. *Remarques générales.*

Dans certaines forêts, il eft d'ufage d'abandonner les copeaux aux Ouvriers qui en font leur profit ; dans d'autres endroits il leur eft feulement permis pour leur ufage, d'en brûler dans leurs loges. Les Marchands qui exploitent du charbon, réfervent les gros copeaux pour mettre au centre de leurs fourneaux, ou bien ils les vendent par tas ramaffés de l'étendue d'une corde, aux Payfans des environs, ou par charretées.

Les Ouvriers qui travaillent dans les forêts, établiffent tous leurs atteliers fous des loges faites avec des fourches enfoncées en terre, des traverfes qui fervent de fablieres & de filieres, par-deffus lefquelles ils mettent des copeaux, des rames & du genêt en affez grande quantité, pour qu'ils puiffent être garantis de la pluie; ils ménagent une place découverte auprès de leur loge, où ils chauffent les bois qui doivent être pliés, tels que les cerches; c'eft auffi dans cet endroit qu'ils enfument leurs ouvrages: fouvent ils conftruifent une autre loge en pain de fucre près de la premiere, & femblable à celle des Sabotiers (*Pl. XXIV. fig. 8*), au milieu de laquelle il y a toujoursdu feu allumé, & où ils couchent & font bouillir leur marmite.

§. 16. *Maniere d'enfumer les ouvrages de Raclerie.*

Quoique j'aie dit ci-devant comment on enfume les fabots, je reviens cependant ici à parler encore de cette opération, parce que les Ouvriers qui travaillent la raclerie, s'y prennent un peu différemment. Ici, comme pour les fabots, on enfume l'ouvrage auprès de la loge: c'eft ordinairement le Samedi au foir & après le foleil couché, qu'on enfume tout ce qui a été travaillé pendant le cours de la femaine; & l'on choifit le foir préférablement au plein jour, parce qu'on peut mieux remarquer le progrès du feu, & le gouverner en conféquence.

Il y a des ouvrages, tels que les moules à fuif & les fébilles, qu'on n'enfume que par le dehors; d'autres, comme les battoirs de leffive, les pelles, &c, s'enfument des deux côtés.

Pour cette opération, on place fur le chan une groffe piece de bois équarrie *A B* (*Pl. XXXI. fig. 17*), de 9 pieds de longueur, & de 2 pieds d'épaiffeur; on pofe fur cette piece les deux madriers *D E, F G*, de forte que les bouts *D & F* pofent à terre, & les bouts *E G*, fur le bloc de bois. Ces madriers ont 7 à 8 pieds de longueur, & ils doivent être affez forts pour fupporter les pieces dont on les chargera; enfin on place fur ces madriers à différentes hauteurs plufieurs fortes perches *H, I, K, L*, fur lefquelles on arrange les pieces qui doivent être enfumées, la face tournée vers le bas.

Quand toutes les perches font garnies, on allume au-deſſous de petits copeaux humides qui rendent beaucoup de fumée & donnent peu de flamme : lorſqu'on eſt obligé de ſe ſervir de copeaux ſecs, on les mêle de gazons afin d'empêcher qu'ils ne brûlent avec trop d'ardeur. L'Ouvrier qui conduit le feu doit y veiller avec une attention continuelle, non-ſeulement pour que le feu ne prenne pas à l'ouvrage, mais encore pour que les pieces ne prennent pas trop de couleur, & qu'elles ne ſoient point noircies.

Quand les premieres pieces ont été convenablement enfu-mées, on en remet d'autres, & on retourne celles qui deman-dent à être enfumées des deux côtés.

On enfume ces ouvrages, non-ſeulement pour leur faire pren-dre une couleur qu'on trouve plus agréable que la couleur naturelle du bois, mais encore pour empêcher que les pieces ne ſe fendent : malgré cette précaution, il arrive ordinaire-ment que ſur 2000 moules à ſuif conſervés pendant un an dans un magaſin au frais, il s'en trouve 2 à 3 cents de fendus. Les bâts, les atelles & les pelles ſe mettent pluſieurs à la fois les unes ſur les autres pour être enfumées : on n'enfume point les cuillers à pot.

ARTICLE VIII. *Du toiſé des Bois en grume.*

On vend une grande quantité de bois en grume ; ſavoir, aux Charpentiers pour faire des pilots ; aux Charrons pour la plus grande partie de leurs ouvrages ; à l'Artillerie pour les af-fûts ; aux Fendeurs ; aux Tourneurs, & à ceux qui font des ou-vrages de raclerie. Aſſez ſouvent ces bois en grume ne ſe toi-ſent point : les Charrons achetent les moyeux de roues à la paire ; les pieces pour limons, & les brancards à la piece ; les menus bois à la toiſe de longueur, les gros compenſant les menus. Chaque forêt a ſes uſages différemment établis, & ſi bien connus des vendeurs & des acquéreurs, que les uns & les autres n'ont point de fraude à craindre. Par exemple, les bois en grume de la forêt de Compiegne ſe vendent à la ſomme

qui eſt de huit ſolives ; mais lorſque ces pieces ſont bien équarries, elles ne produiſent que cinq ſolives ; de ſorte qu'il faut
environ vingt ſommes pour faire un cent de ſolives. Le plus
ſûr, tant pour l'acquéreur que pour le vendeur, eſt de toiſer
les bois en grume, non pas ronds comme des cylindres, ainſi que
l'on compte les mâts, mais comme s'ils avoient été équarris ;
parce qu'il ne ſeroit pas juſte de payer l'écorce & l'aubier,
autant que le bon bois. Il eſt vrai que l'acheteur y perd les copeaux ; mais auſſi il épargne les frais de l'équarriſſage. L'acheteur eſt encore favoriſé en ne comptant pas les pieces équarries à vive-arrête ni réduites au quarré ; il examine ſi ces pieces
diminuent réguliérement de groſſeur, depuis le point de l'abattage juſqu'au menu bout, ſans qu'il y ait de défournis conſidérables ; pour cet effet il prend avec une chaînette le pourtour
ou la circonférence au milieu de la piece ; il ſouſtrait de cette
longueur la dixieme partie, & il diviſe le reſtant en quatre, ce
qui lui donne l'équarriſſage.

Si la piece étoit mal faite, plus groſſe au milieu que vers les
extrémités, à raiſon des loupes, des nœuds trop conſidérables,
&c ; il prendra la circonférence aux deux extrémités, &
même en trois endroits différents ; & joignant ces ſommes, il
les diviſera par deux ou par trois, ce qui lui donnera la groſſeur
moyenne, ſelon laquelle il operera comme nous l'avons dit ;
puis connoiſſant l'équarriſſage des pieces, il les réduira en ſolives ou en pieds-cubes, ainſi qu'il le jugera à propos.

Exemple : un arbre de belle taille aura 10 pieds de circonférence au milieu ; ſi l'on retranche un dixieme, reſte 9 pieds,
qui étant diviſés par quatre, donnent pour l'équarriſſage de
la piece, 2 pieds 4 pouces. Cette regle eſt aſſez équitable
pour le Chêne ; mais comme le Hêtre a une écorce fort mince,
& qu'il n'a point d'aubier, il paroît juſte de ne diminuer qu'un
vingtieme.

Comme les Voituriers ſont chargés de voiturer l'écorce &
l'aubier, on leur paye leur voiture ſans aucune diminution ;
ainſi un arbre qui porte dix pieds de circonférence au milieu,
eſt payé au Voiturier comme s'il portoit 2 pieds 6 pouces

d'équarriffage. Nous paffons légérement fur ces toifés ; par-ce que nous aurons occafion d'en parler plus amplement dans la fuite.

Si cependant on veut toifer les bois en grume avec plus de précifion, on pourra fuivre une méthode qui eft en ufage en Flandre & qui m'a été communiquée par M. Fougeroux de Blaveau, Ingénieur du Roi : je joints ici fon Mémoire tel qu'il me l'a envoyé.

ARTICLE IX. *Méthode pour mefurer les Bois en grume, telle qu'elle fe pratique dans les forêts de Flandre.*

ON mefure les bois ronds propres à la charpente, foit fur pied, foit abattus, foit en faifceaux.

Le cent de faifceaux de bois en grume, produit ordinaire-ment en bois équarri, 300 pieds de gîte.

Le pied de gîte a 16 pouces quarrés de bafe, & un pied de hau-teur, & eft par conféquent la neuvieme partie du pied-cube; ainfi le cent de faifceaux produit le tiers de 100 pieds-cubes, ou bien $33\frac{1}{3}$ pieds-cubes, ou bien 3 faifceaux font un pied-cube*.

Le faifceau eft toujours de 30 pouces de hauteur; fa bafe doit contenir en bois équarri 19,2 pouces, pour que fon cube foit égal à 576 pouces-cubes, ou au tiers d'un pied-cube; ce qui donne une piece de bois de 4,38 pouces de côté. Mais comme une piece de cette mefure doit être prife dans une piece de bois rond, il faut chercher quelle peut être la circon-férence du cercle qui peut produire une piece de bois équarri de 4,38 pouces; & cette circonférence fera la longueur du premier faifceau.

Pour cela on cherchera le diametre du cercle dont le côté du quarré infcrit, feroit de 4,38 pouces, qu'on trouvera de 61,9 pouces, & la circonférence de 19, 45; ainfi on pourra dire qu'une piece de bois rond, dont la circonférence a été trouvée de 19,45, donnera une piece de bois équarri de 4,38 de côté, ou une furface de 19 pouces 2 lignes, ou un faifceau multiplié

* On s'eft fervi de décimales dans tous les calculs qui ne font pas définitifs.

par

par 30 pouces. Cette longueur de 19, 45 est donc la mesure de la circonférence d'un arbre qui produit un faisceau ; cette quantité revient à 19 pouces 5 lignes, un peu plus ; mais comme il se perd toujours une certaine quantité de bois en équarrissant, la pratique a démontré qu'il falloit lui donner 19 pouces 6 lignes.

Ainsi 19 pouces 6 lignes est la longueur du premier faisceau; maintenant, si l'on veut avoir la longueur du second faisceau, ou la circonférence du cercle, dont la surface seroit double, laquelle par conséquent multipliée par 30 pouces, donneroit deux faisceaux; les surfaces étant comme le quarré des circonférences ou des diametres, on aura : La surface qui produit un faisceau, est à une surface double, ou 1 est à 2, comme le quarré de la circonférence qui produit un faisceau, est au quarré de la circonférence qui produit deux faisceaux ; & extrayant la racine quarrée de ce nombre, on aura la circonférence du cercle qui produira une piece de bois équarrie, dont la surface multipliée par une longueur de 30 pouces, donnera deux faisceaux.

Ainsi la proportion sera $1 : 2 :: (19,5)^2 \ 2$ ou $380,25 : x^2 = 760, 50$, dont la racine quarrée est 27, 57, qui sera la longueur que doit avoir la seconde mesure ou second faisceau. Par une semblable proportion, on aura la longueur du troisieme faisceau, de 33, 7, ainsi des autres. On pourroit, selon cette méthode, graduer une regle, sur laquelle on rapporteroit, par le moyen d'une ficelle, la circonférence de l'arbre, pour connoître combien elle contiendroit de faisceaux ; mais les Ouvriers se servent d'une méthode graphique pour diviser leur regle, qui est fort juste.

Ils élevent une perpendiculaire à l'extrémité d'une ligne, (Pl. XXXII. fig. 1 & 2), & portent sur chacune de ces deux lignes, 19 pouces & demi que nous avons trouvé être la longueur du premier faisceau, & tirent la diagonale, qui est la circonférence du cercle, dont la surface est double de celle de 19 pouces & demi ; laquelle diagonale est de 27, 57, comme nous l'avons trouvée par le calcul, & par conséquent la longueur du second faisceau. Ils portent ensuite cette diagonale *a b*, sur un

Hhhh

des côtés, comme de *c* en *d*, & tirent la nouvelle diagonale *d b*, qui est la circonférence du cercle, dont sa surface est triple, ou la longueur du troisieme faisceau: portant ensuite cette nouvelle diagonale de *c* en *f*, ils tirent la nouvelle diagonale *f b*, qui fait la quatrieme mesure; par ce moyen ils graduent leur regle *C G*, jusqu'à la grosseur des plus gros arbres, & mettent à côté des divisions, les chifres 1, 2, &c, qui indiquent le nombre de faisceaux toujours mesurés de la partie *c* inférieure de la regle.

DÉMONSTRATION.

L A démonstration de cette méthode est évidente; car l'angle *a c b* étant droit, la diagonale *a b* est la racine quarrée de la somme de deux quarrés *a c*, *c b*, ou d'une surface double de celle d'un faisceau; & par conséquent le côté homologue de cette surface.

La diagonale *d b*, est la racine quarrée de la somme des deux quarrés des côtés *d c*, & *b c*; mais le quarré du côté *d c* est double de celui du côté *c b*, donc la diagonale *d b* est le côté homologue d'une surface triple de celle qui auroit la ligne *b c* pour côté, & par conséquent la longueur du troisieme faisceau, & ainsi des autres; & comme les surfaces des cercles font entr'elles comme le quarré de leurs circonférences, la surface du cercle qui aura deux faisceaux de circonférence, sera double de celle du cercle qui n'aura qu'un faisceau de circonférence; puisque le quarré qui a deux faisceaux pour côté, est double de celui qui n'a qu'un faisceau pour côté, ainsi des autres.

OPÉRATION.

O N mesure avec une ficelle la grosseur d'un arbre au milieu du tronc; on rapporte cette ficelle sur la regle, & l'on voit si elle contient 1 ou 2 faisceaux; on multiplie ensuite ce nombre de faisceaux, par le nombre de 30 pouces que contient la longueur de l'arbre, & l'on a tout de suite la quantité de faisceaux, & par conféquent de pieds de gîte, en multipliant le nombre de faifceaux par 3, ou de pieds-cubes, en divifant le nombre de faifceaux par 3.

On pourroit s'éviter une opération, en divifant un parchemin en faifceaux en place d'une regle ; par ce moyen on auroit tout de fuite le nombre de faifceaux de la circonférence.

Comme les Marchands, lorfqu'ils vont faire l'examen d'un bois fur pied, font bien aifes, avant d'en faire le marché, de favoir le produit qu'ils pourront en retirer, fur-tout des arbres un peu confidérables, ils ont befoin d'une pratique fimple pour en connoître la hauteur ; chacun s'en fait une à fa mode. Celle que nous avons indiquée dans le Chapitre II du Livre III de cet ouvrage, eft une des plus fimples & des plus exactes. Voyez *page 259.*

La hauteur de l'arbre étant connue, ils en prennent la groffeur à 4 ou 5 pieds de terre, & ont, par la méthode ci-deffus détaillée, le nombre de faifceaux ou de pieds-cubes contenus dans l'arbre, qui peut être employé en charpente.

REMARQUES.

Comme la mefure en pieds de gîte & en faifceaux, n'eft pas ufitée en France, on peut fe fervir de la même méthode pour réduire tout de fuite les bois ronds, en pieds-cubes ou folives ; il fuffit fimplement, partant du même principe, de changer la divifion de la regle ou du parchemin avec lequel on mefure la circonférence.

Pour cela, on remarquera :

1°, Que la folive eft égale à 3 pieds-cubes.

2°, Que la folive fe divife en 6 pieds de folives, dont chacun vaut un demi-pied cube.

Ainfi toute mefure qui donnera des folives, ou pieds de folives, fe réduira aifément en pieds-cubes, & réciproquement.

La folive fe repréfente ordinairement par une piece de bois de 6 pouces d'équarriffage & de 12 pieds de longueur ; une pareille piece contient une folive ou 3 pieds-cubes ; c'eft dans

cette forme que je la confidérerai pour fervir de bafe à ma mefure, pour la réduction des bois ronds en pieds-cubes ou folives.

Ma premiere mefure fera la circonférence du cercle qui
étant équarri, porte une piece de bois de 6 pouces quarré:
cette piece, fur un pied de longueur, donnera un quart de
pied-cube ou un douzieme de folive; ainfi il en faudra 4
pieds de long pour produire un pied-cube, & 12 pieds pour
faire une folive.

Cette circonférence étant la premiere mefure, ou *faifceau*,
les autres en feront multiples; c'eft-à-dire, circonférences de
furfaces multiples: ainfi, pour avoir le cube de l'arbre propofé; après avoir mefuré fur la regle, ou avec le parchemin, le
nombre de mefures que contient fa circonférence, on multipliera le nombre trouvé par le quart du nombre de pieds contenu dans la longueur, fi c'eft en pieds-cubes qu'on veut
avoir le réfultat; ou par la douzieme partie, fi c'eft en folives
qu'on veut avoir le folide de la piece.

EXEMPLE.

Soit une piece de 3 mefures un quatrieme de circonférence
& de 24 pieds de longueur, dont on veut avoir le cube, en
pieds & en folives.

OPÉRATION.

1°, Si c'eft en pieds-cubes, on multipliera 3 faifceaux ou me-
fures $\frac{1}{4}$, par le quart de 24 pieds ou 6 pieds $3^{mes.} \frac{1}{4}$ ou $\frac{3}{12}$.

$$\text{par .... } 6^{pieds.}$$
$$18$$
$$1 — 6$$

Et on aura .... $19^{pieds.}$ 6 pouces pour
le toifé de l'arbre en pieds-cubes.

2°, Si l'on veut avoir le cube de la piece en folives, on multipliera les 3 mesures un quart de la circonférence, par le douzieme de la longueur ou de vingt-quatre pieds, & on aura . . . . $3^{\text{mes.}} \frac{1}{4}$

multiplié par . . . $2^{\text{pieds.}}$

_____

Ce qui donnera : . . , ... 6 solives trois pieds

pour le toisé de l'arbre en solives, ce qui revient au même que par l'opération précédente, puisque 6 solives 3 pieds font 19 pieds-cubes & demi ou 6 pouces.

Méthode pour graduer la regle, ou le parchemin.

ON cherchera la circonférence d'une piece qui puisse fournir 6 pouces d'équarrissage, & on trouvera cette circonférence de 26 pouces 8 lignes; mais on prendra 27 pouces à cause du déchet pour l'écorce; & cette longueur de 27 pouces sera la premiere mesure dont on se servira pour graduer la regle ou le parchemin, par la même méthode expliquée ci-dessus. Pour y parvenir, on élevera une perpendiculaire *A C*, (*Pl. XXXII. fig.* 2), à l'extrémité d'une ligne *A D*; du point *A*, on portera les 27 pouces que nous avons trouvés pour la longueur de la premiere mesure, sur les lignes *AC*, *AD*, aux points *B* & *E*, & *A E* sera la longueur de la premiere mesure : pour avoir la seconde mesure, on tirera la diagonale *B E*, qu'on portera de *A* en *F*, & *A F* sera la longueur de la seconde mesure : pour avoir la troisieme mesure, on tirera une nouvelle diagonale *B F*, qu'on portera de *A* en *G*; & *A G* sera la troisieme mesure. On continu a de la même façon de graduer la regle ou le parchemin *A D*, jusqu'à la longueur de la circonférence des plus gros arbres que l'on peut avoir à mesurer.

Mais comme il peut y avoir des arbres à mesurer qui aient une plus petite circonférence que 27 pouces; ou qu'il peut arriver que dans de plus gros arbres, la longueur des circonférences ne soit pas une mesure juste de faisceaux, alors il sera avantageux d'avoir des subdivisions du premier faisceau, ou d'un faisceau à l'autre. Pour avoir ces subdivisions, on menera

au-deſſus de la baſe *A B* de 27 pouces, qui a ſervi pour le tracé
des meſures, une parallele *a b*, qui lui ſoit égale, afin de ne pas
embrouiller la figure; ſur cette ligne, comme diametre, on dé-
crira un demi-cercle; puis on la diviſera en autant de parties
que l'on veut avoir de diviſions dans le faiſceau ou meſure : le
mieux feroit de la diviſer en douze parties, afin que la diviſion de la meſure fût correſpondante à celle du pied. De toutes
les diviſions faites ſur le diametre, on élevera des ordonnées
vers la circonférence: d'une des extrémités *a* du diametre, on
tirera des cordes à tous les points où la circonférence eſt ren-
contrée par les ordonnées, & on les rapportera par des arcs
de cercle ſur le diametre *a b*, & par des paralleles ſur la baſe
A B, qui lui eſt égale, puis par des arcs ſur le côté *A C* deſtiné
à la diviſion de la regle; & ces cordes ainſi rapportées, ſeront
les diviſions de la premiere meſure, correſpondantes à celles
que l'on aura faites ſur le diametre *a b*; c'eſt-à-dire, que $A\frac{1}{4}$
fera la circonférence du cercle qui portera l'équarriſſage d'une
piece égale en ſuperficie, au quart de celle qui a la meſure
entiere pour circonférence circonſcrite, ou 6 pouces de côté:
$A\frac{1}{2}$ fera la meſure de l'arbre qui portera l'équarriſſage d'une
piece égale à la moitié de la ſuperficie de celle de 6 pouces
de côté, ou de 18 pouces quarrés, ainſi de $A\frac{3}{4}$.

Nota. Qu'au lieu de $\frac{1}{4}$, $\frac{1}{2}$, $\frac{3}{4}$, on pourroit mettre 3, 6, 9,
parties, en ſuppoſant la meſure diviſée en 12.

Ainſi le premier faiſceau ſera diviſé en autant de parties
que l'on aura diviſé de fois le diametre *a b* dans la figure 2,
Pl. XXXII, en 8 parties; mais le mieux feroit de le diviſer
en 6 ou en 12.

Préſentement, pour avoir les diviſions intermédiaires, entre
1 & 2 faiſceaux ou meſures, on tirera des diagonales du point
E de la premiere meſure, aux diviſions $\frac{1}{4}$, $\frac{1}{2}$, $\frac{3}{4}$ de la baſe *A B*;
& les diſtances $F\frac{1}{4}$, $E\frac{1}{2}$, $E\frac{3}{4}$, rapportées le long de la ligne
A C, partant toujours du point *A*, donneront les points inter-
médiaires $\frac{1}{4}$, $\frac{1}{2}$, $\frac{3}{4}$, entre 1 & 2 meſures ou faiſceaux: on en
fera autant pour avoir les meſures intermédiaires entre les au-
tres faiſceaux.

Pour éviter les erreurs, il faut se souvenir :

1°, Que pour réduire une piece en pieds-cubes, il faut multiplier le nombre de mesures & de parties de mesures de la circonférence, par le ¼ de la longueur de la piece mesurée en pieds.

2°, Que pour réduire une piece en solives, il faut multiplier le nombre de mesures & parties de mesures de la circonférence, par le $\frac{1}{12}$ de la longueur de la piece mesurée en pieds.

EXPLICATION des Planches & des Figures du Livre IV.

PLANCHE XIV,

Relative à la formation des Fentes.

LA FIGURE 1 représente un cylindre de bois : *a, d, d, d,* les cercles annuels ; *b b,* un barreau levé dans le diametre de ce cylindre ; *c c,* barreau levé suivant la direction des fibres longitudinales ; *e, e,* direction des fibres longitudinales ; *f, f,* rayons qu'on apperçoit sur l'aire de la coupe d'un morceau de bois.

Figure 2, cylindre de glaise.

Figure 3, tranche très-mince levée sur l'aire d'un cylindre de glaise : *a f,* diametre de cette tranche : *a, b, c, d,* différentes couches de terre que l'on suppose être de densités inégales : *a,* 1, 2, 3, 4, *m, f,* &c, la circonférence de cette tranche, pendant qu'elle est humide : *e e e,* point où se réduit cette circonférence quand la glaise est devenue seche.

PLANCHE XV.

La FIGURE 1 représente une tranche fort mince d'un cylindre de bois : les couches 1, 2, 3, 4, 5, 6, &c, sont supposées être de densités inégales : *s,* lignes courbes *d e f,* & *a b,* re-

préfentent la forme que doit prendre une fente par la contraction des couches 1, 2, 3, &c.

La Figure 2 fait voir un rayon femblable à *a b* (*Fig.* 1), &
fait entendre ce qui doit réfulter de la contraction des rayons.

La Figure 3 fert à faire connoître ce qui doit réfulter de
la contraction des rayons & des couches ligneufes.

Planche XVI, relative à la pefanteur du bois de différents
points du corps d'un arbre, & à la forme de certaines fentes.

La Figure 1 fert à démontrer la différence de denfité du
bois du cœur d'avec celui de la circonférence.

Par la *Figure* 2, on voit la différence de denfité du bois du
pied d'un arbre d'avec celui de la cîme.

La Figure 3, fait voir comment les couches ligneufes fe
féparent les unes des autres dans les *bois roulis* lorfqu'ils fe
deffechent.

La Figure 4, fait comprendre pourquoi les bois fe fendent
plus aifément dans la direction du centre à la circonférence
que dans toute autre.

Figure 5, arbre en retour *cadranné* dans le cœur.

Figure 6, arbre auquel on a donné un trait de fcie de *a* en *b*,
pour prévenir qu'il ne s'y forme point trop de fentes.

Planche XVII. Elle fait voir comment le bois fe contracte
en fe féchant, & ce qui en réfulte.

Figure 1, piece de bois dont les parties numérotées 1 &
3, font reftées en grume, & celles numérotées 2 & 4, ont été
équarries.

Figure 2, exemple des fentes qui fe forment entre l'écorce
& le centre de l'arbre.

Figure 3, fentes qui s'étendent de la circonférence vers le
centre.

La Figure 4 fait voir la quantité de fentes qui fe forment
fur une piece de bois qui a été équarrie auffi-tôt qu'elle a été
abattue

abattue, & qu'on a laiffé fe deffécher trop promptement ; il faut remarquer que le bois qui en a été retranché, a empêché que les fentes ne foient auffi grandes que dans les pieces en grume.

Figure 5, corps d'arbre refendu en deux par la ligne *a b.*

Figure 6, autre corps d'arbre refendu en quatre par les lignes *c d,* & *e f.*

La *Figure 7* démontre ce qui réfulte du rapprochement des fibres de la *figure 5.*

Par la *Figure 8,* on peut voir ce qui réfulte de la contrac-tion des fibres de la *figure 6.*

PLANCHE *XVIII. Cette Planche fait voir différentes aires de coupes de pieces de bois faites en différents points, & les fentes qui en réfultent.*

On voit par la *Figure 1,* que dans une piece de bois quarré *a c e f,* refendue à la fcie par une ligne *d h,* les faces qui ré-pondent au cœur deviennent convexes, & les faces oppofées concaves.

Par la *Figure 2,* on voit ce qui arrive à une piece ronde, fciée par une ligne *a b,* foit à la partie *f* dans laquelle le bois du cœur eft compris, foit à la partie *g* qui ne contient pas de bois du cœur.

Les *Figures 3, 4, 5* & *7,* font voir que les pieces de bois où il fe trouve du bois du cœur de l'arbre, font plus fujettes à fe fendre que celles où il ne fe trouve pas de ce bois.

La *Figure 6* repréfente un tuyau de bois, & fait voir qu'il eft peu fujet à fe fendre.

PLANCHE *XIX. Cette Planche fait voir qu'une piece de bois dans laquelle le cœur d'un arbre eft compris, eft plus expofée aux fentes que lorfque cette partie n'y eft pas renfermée.*

FIGURE 1, furface d'un cube de bois qui étant encore verd, avoit la forme que défignent les lettres *A, B, C, D,* & qui étant devenu fec a pris celle de *a b c d :* on voit en *K* où fe

trouve le cœur de l'arbre, qu'il s'y eſt formé de grandes fentes
L, L, &c.

Figure 2, autre cube qui avoit, étant verd, la forme *E F G H,*
& que la ſéchereſſe a réduit à celle de *e f g h* : le cœur du bois
K qui ſe trouve hors de la piece, eſt très-peu fendu : ces deux
Figures ont été deſſinées très-exactement d'après nature.

PLANCHE XX. *Cette Planche démontre ce qui arrive aux
planches ſciées dans des arbres encore verds.*

FIGURE *1,* corps d'arbre refendu en planches encore tout
verd : ces planches devenues ſeches & poſées les unes ſur les
autres, ne peuvent ſe toucher aux points *m, n, o, p, q,* & ont
peu de fentes.

Par la *Figure 2,* on voit que la Planche *a a, b b,* ne s'eſt point
bombée comme celle de la *figure 1,* & que les ouvertures *a, a*
& *b, b,* ſont produites par la contraction des parties extérieures
de l'arbre *c c.*

PLANCHE XXI. *On voit par les Figures, que les planches ſe
courbent à raiſon du racourciſſement des fibres longitudinales du bois.*

FIGURE *1,* tronc d'un jeune arbre fendu en quatre parties,
par les lignes *a b* & *c d.*

La *Figure 2.* fait voir que chaque partie de cet arbre s'eſt
courbée du côté de l'écorce.

La *Figure 3* montre comment les fibres longitudinales ſe
racourciſſent à meſure que les arbres ſe deſſechent.

Figure 4, piece de bois quarré refendue en deux parties *a, a.*

On voit par la *figure 6,* que les bouts d'une piece refendue
s'écartent en *a a* : cet écartement a été exprimé trop conſidérable dans cette gravure.

Figure 7, arbre fendu en trois parties, leſquelles s'écartent
les unes des autres en forme de lardoire.

Figures 8 & 9, corps d'arbres refendus en planches.

La *Figure IX* ſert à démontrer pourquoi il y a des planches qui fe tourmentent, & d'autres qui ne fe courbent point, & encore pourquoi les unes fe fendent, & d'autres ne fe fendent pas.

Les *Figures* 10, 11 & 12 fervent à rendre raifon de ces faits.

PLANCHE *XXII. Cette Planche eft relative aux tentatives faites pour empêcher les bois de fe fendre.*

Les *Figures* 1, 2 & 3, font voir dans quelles circonftances les fentes portent le plus de préjudice, & comment on pour-roit en grande partie le prévenir.

Figure 4, numéros 1, 2, 3, 4, portions de cônes & de pyra-mides tronquées, qui contiennent le cœur du bois des pieces : aux numéros 5, 6, 7, 8, le cœur eft hors des pieces : ces pieces, quoique cerclées & bien ferrées, fe font néanmoins fendues.

PLANCHE *XXIII, relative aux bois qui fe livrent en grume pour le fervice de l'Artillerie.*

FIGURE 1, flafque d'un affût marin.
Figure 2, fond d'un affût marin.
Figure 3, effieu d'un affût marin.
Figure 4, roue d'un affût marin.
Figure 5, flafque d'un affût de campagne.
Figure 6, moyeu de la roue d'un affût de campagne.
Figure 7, jante d'un affût de campagne.
Figure 8, rais d'une roue d'affût.
Figure 9, effieu d'un affût de campagne.
Figure 10, moitié de la limoniere de l'avant-train d'un affût.
Figure 11, piece qui porte la cheville ouvriere aux avant-trains des affûts.

PLANCHE *XXIV. Détail du travail des Sabotiers.*

Figure 1, chevre fur laquelle les Sabotiers coupent le bois.
Figure 2, paffe-par-tout ou fcie dont ils fe fervent.

Figure 3, *h*, maffe des Sabotiers; *i*, cifeau qui fert quelque-fois à fendre; *k*, coutre, inftrument bien plus commode pour fendre; *m*, rondine qui doit être fendue; *g*, coin de fer qui fert à fendre les groffes rondines.

Figure 4, quartier d'une rondine propre à faire un fabot.

Figure 5, *A*, billot : *a*, ferpe pour ébaucher les fabots.

Figure 5 * 6 , herminette avec laquelle on forme l'entrée & le talon d'un fabot.

Figure 6*, *E*, rondine propre à faire un fabot; *F*, la même rondine fur laquelle eft ponctuée la figure d'un fabot.

Figure 6 * * , (vers le bord oppofé de la planche) fabot H qui n'eft qu'ébauché; & au-deffous de la *figure* 6, *G*, fabot paré & fini en dehors.

Figure 7, piece de bois entaillée, dans laquelle on affujettit avec des coins une paire de fabots qui doit être évidée.

Figure 8, loge des Sabotiers : on voit dans cette loge la même piece en place.

Figure 9 , vrille *K* , avec laquelle on commence à percer les fabots : *h* , *i* , *l*, cuillers de différentes grandeurs pour les creufer.

Figure 10 , crochet ou *rouette* , pour polir & effacer les fillons que les cuillers ont pu faire au-dedans du fabot.

Figure 11 , plane ou paroir pour finir les fabots en dehors.

Figure 12 , *a*, coupe d'un fabot, fuivant fa longueur, pour en faire voir l'épaiffeur : *b*, fabot garni de fon *emblai* : *c*, *d* , fabots en ufage dans le Limofin; ils ont une grande entrée & font garnis d'une courroie : *e* , fabot garni d'un *miton* de peau de mouton; *f*, petit fer dont on arme quelquefois le deffous du talon; *g*, autre petit fer qui s'attache fous le fort du pied.

Figure 13 , *A*, Ouvrier qui ébauche un fabot : *B*, autre Ouvrier qui perce; *C*, autre qui creufe : *D*, autre qui pare & finit le fabot.

Figure 14 , *A*, forme de foulier pleine : *B*, forme brifée; *C*, femelle de galoche; *D* , talon pour homme; *E*, talon pour femme.

PLANCHE *XXV. Outils à l'usage du Fendeur.*

FIGURE 1, attelier du Fendeur : *A B C*, grande piece four-
chue ; *D E F*, pieds qui la soutiennent ; *G H*, pieces de bois
enfoncées en terre pour donner de la solidité à l'attelier : *I*,
mailloche pour frapper sur le coutre : *O N*, piece disposée pour
être fendue avec le coutre *P* : *K L*, piece en partie fendue : *M*,
le coutre : *Q*, coin qui entretient l'ouverture de la fente.

Les *Figures* 2, 3, 4 & 5 font voir comment le Fendeur peut
conduire la fente bien droite.

Figure 6, coutre à deux bifeaux servant à fendre : *e*, coupe
de ce coutre.

Figure 7, grand coutre à un bifeau ; *e*, coupe de ce coutre :
il fert à parer les pieces de bois, comme on peut le voir dans
la *figure* 8.

Figure 9, grande cognée.

Figure 10, grand coin de bois.

Figure 11, *A*, fcie dentelée ou paffe-par-tout : *B B*, fcie avec
une denture ordinaire.

Figure 12, maffe.

PLANCHE *XXVI. Travail du Fendeur.*

FIGURE 1, *A*, groffe tronce noueufe, qu'on veut fendre
avec de la poudre : *a*, trou de tarriere rempli de poudre à
canon, & fermé d'une cheville frappée à force : *b*, lance à feu
pour allumer la poudre.

Figure 1 *, *B*, la même piece de bois éclatée en trois parties
par l'effet de la poudre à canon.

Figure 2, Apprentif-Ouvrier occupé à fendre des chevilles
de poinçon entre fes jambes.

Figure 3, cet Apprentif commence par fendre la bille en
deux par la ligne 1, 1, puis par les lignes 2, 2, puis par celles
3, 3, &c.

Figure 4, enfuite il fend ces mêmes tranches, par les lignes
5, 6, 6, 7, 7 & 4, 4.

Figure 5, bille destinée à être fendue pour en faire des fu-sées pour les entre-voux des planchers.

Figure 6, palisson ou petite planche servant aux entre-voux des Fermes.

Figure 7, barre pour les fonds des futailles.

Figure 8, chevre servant d'attelier pour fendre les barres & les palissons.

Figure 9, bille sciée de longueur pour faire des échalas de vigne : les lignes ponctuées *A B, C D, E F, G H*, indiquent comment on doit diviser cette piece par quartiers.

La *Figure* 10 indique comment on doit fendre le quartier *A E C*, pour en tirer six ou sept échalas : les autres quartiers se fendent de même.

Figure 11, un échalas.

La *Figure* 12 fait voir comment on arrange les échalas entre quatre piquets pour en former des bottes.

Figure 13, une botte d'échalas liée avec des harts.

PLANCHE *XXVII. Travail du Fendeur de Lattes & de Cerches.*

La *Figure* 1 fait voir comment le Fendeur cartelle les pieces, toujours du centre à la circonférence *E A , E G , E H , E I.*

La *Figure* 2 représente un de ces quartiers qu'il fend d'abord par les lignes *a c , e e , d d , f f*; ensuite, & pour lever les lat-tes , par les lignes 1 , 1 , 2 , 2 , 3 , 3 , &c.

La *Figure* 3 indique la même opération pour la latte voliche.

Figure 4, petit attelier où l'on forme les bottes.

Figure 5, botte liée.

Figure 6, arbre abattu, & tel qu'on le délivre aux Fendeurs, qui y donnent un trait de scie en *e* pour retrancher la culasse.

Figure 7, la même culasse qui doit être cartelée par les lignes *g g , h h*, &c.

Figure 8, cartelle dont on doit retrancher le bois du cœur, selon la ligne ponctuée *k k.*

Figure 9, la même cartelle *écœurée*, & qui doit être refen-due, suivant la direction des lignes ponctuées *n n*, pour en faire des fonds de seaux.

Figure 10, tronce de bois destinée à faire des cerches pour des corps de seaux. Elle se fend d'abord par la ligne *r r*. La fente se commence avec le tranchant de la cognée, sur la tête de laquelle on frappe avec la masse *t* (*fig.* 11), & cette premiere fente s'acheve avec les coins *x*.

La *Figure* 12 fait voir comment on cartelle chaque moitié de la tronce (*fig.* 10), d'abord par la ligne *y y*, ensuite par les lignes *z*, *z*, enfin par les lignes *&*, *&*.

La *figure* 13 indique la partie du bois du cœur qui doit être enlevée d'une cartelle, selon la ligne ponctuée *k k*.

La *Figure* 14 fait voir comment on écorce cette même cartelle, dont on enleve la portion *o q o*.

Figure 15, portions de bois *r s*, qui s'enlevent par le Fendeur, & dont il fait des bordures ou de *l'Aprêt-marchand.*

P*lanche* *XXVIII. Suite du travail du Fendeur.*

F*igure* 1, felle à planer, avec l'Ouvrier en attitude, pour dresser les cerches avec la plane.

Figure 2, Ouvrier qui plie les cerches en différents sens, pour connoître si elles sont par-tout d'égale épaisseur.

Figure 3, cerches présentées au feu, appuyées sur une barre de fer, soutenue par deux chenets.

Figure 4, profil d'une cerche *E*, & des chenets qui la soutiennent vis-à-vis le feu.

Figure 5, bordure préparée pour lier les bottes.

Figure 6, laniere de bois qui attache la bordure des bottes,

Figure 7, bordure garnie de cette laniere.

Figure 8, petites planches qui servent de *gardes* pour empêcher que les bords de la bordure ne se fendent.

Figure 9, rouleau servant à plier les cerches.

Figure 10, coupe de ce rouleau.

La *Figure* 11 fait voir la disposition de trois cerches qui doivent être roulées.

Figure 12, botte de cerches : *a a* bordure qui assujettit cette botte; *b*, laniere qui lie la bordure; *c c*, gardes; *d*, cerches.

Figure 13, botte d'éclisses.

Figure 14, moulinet qui sert à plier les éclisses & les cerches de rouet, pour les disposer à être mises en bottes.

Figure 15, éclisse liée, préparée à recevoir celles qui doivent former une botte.

Figure 16, chaseret garni d'osier, le fond mis en bas.

Figure 17, chaseret garni d'osier, le fond mis en en haut.

Figure 18, éclisse à fromage posée sur un clayon, ou tournette d'osier.

PLANCHE *XXIX. Maniere de faire des Copeaux & des Panneaux de soufflets.*

FIGURE 1, piece parallélipipede de Hêtre, ébauchée pour en faire des copeaux.

Figure 2, machine pour former les copeaux, vue en élévation.

Figure 3, la même machine vue en plan. *A,B,C,D*, rouages qui augmentent la force des Ouvriers qui font tourner les manivelles; *FH*, corde qui communique le mouvement des rouages au rabot *G*: *I*, rouleau qui se hausse, ou qui se baisse, pour que la tirée de la corde soit horizontale: *K*, piece de bois sur laquelle on leve les copeaux: le graveur a fait cette piece trop forte par proportion avec le rabot: *LL*, *MM*, *NN*, bâti de forte charpente.

Figure 4, coupe transversale de la même machine, par le milieu du rabot: *MM*, bâti de charpente: *K*, piece de bois sur laquelle on leve les copeaux: *G*, corps du rabot, au-dessus duquel paroît le fer taillant de ce rabot.

Figure 5, presse où l'on dresse & où l'on rogne les copeaux.

Figure 6, copeaux tels qu'on les vend en paquet.

Figure 7, cartelle de Hêtre, destinée à faire des panneaux de soufflets.

Figure 8, panneau de soufflet grossiérement ébauché.

Figure 9, le même panneau fini & plané.

Figure 10, encoche, ou établi dans lequel on assujettit les panneaux

panneaux de foufflets , pour les féparer chacun en deux parties , dont celle du deffous doit être la plus longue.

EXPLICATION de *la Planche XXX, qui contient en détail,
la façon de faire les Ecopes , les Pelles à four, à bled & à fumier,
les Battoirs de leffive , & les Attelles de collier de Chevaux &
de Mulets.*

FIGURE 1 , cartelle deftinée à faire des attelles.

Figure 2 , la même cartelle figurée en attelles , & qu'il n'eft
plus queftion que de féparer par des traits de fcie pour en
avoir plufieurs femblables à *B.*

Figure 3 , encoche où l'on affujettit les attelles de la figure 2,
pour les féparer enfuite par un trait de fcie.

Figure 4 , battoir pour la leffive.

Figure 5 , écope vue de côté.

Figure 6 , écope vue par-deffus.

Figure 7, coupe d'un rondin dans lequel on doit lever quatre
écopes.

Figure 8 , aceau.

Figure 9 , tie.

Figure 10 , piece de bois préparée pour faire des pelles à
four.

Figure 11 , pelle à four pour les Pâtiffiers.

Figure 12 , pelle à four pour les Boulangers.

Figure 13 , pelle à fumier.

Figure 14 , pelle pour remuer les grains.

EXPLICATION de *la Planche XXXI, qui expofe le travail
de l'Arçonneur; & celui des Tourneurs qui font les Sébilles & les
Moules à fuif.*

FIGURE 1 , cifeau de fer.

Figure 2 , bec d'âne.

Figure 3 , bât de mulet , monté,

Figure 4 , courbe d'un bât.

Figure 5, lobe d'un bât.

Figure 6, moitié d'une courbe faite de deux pieces.

Figure 7, arçon de Cavalerie : *a*, le pontet : *b*, *b*, les deux bouts : *c*, le devant d'arçon : *d*, *d*, les pointes : *e*, *e*, les panneaux.

Figure 8, arçon de femme garni de son dossier *f*.

Figure 9, tour tel qu'on l'établit dans les forêts pour tourner les moules à suif, les sébilles, les rouets de poulies, &c : *A,B* deux forts poteaux : *C*, *C*, deux pieces horizontales qui les assemblent : *D*, poupée mobile : *E*, crosse ou support : *F*, piece servant à donner de la solidité aux poteaux *A*, *B*, & qui servent outre cela à appuyer le support, & à porter la planche inclinée *K*, sur laquelle s'appuie l'Ouvrier quand il travaille : *G*, perche à ressort : *H*, corde : *I*, mandrin : *L*, pédale : *M*, billot sur lequel on ébauche les pieces.

Figure 10, rondine qui doit être fendue en deux pour faire deux moules à suif.

Figure 11, moitié de rondine sur laquelle est tracé un moule.

Figure 12, sébille travaillée, posée sur sa clouiere ou mandrin à pointes *I*.

Figure 13, clouiere.

Figure 14, ciseaux courbes qui servent à détacher le noyau de bois que l'Ouvrier enleve de l'intérieur du moule qu'il tourne.

Figure 15, moule à suif sortant des mains du Tourneur.

Figure 16, outils du Tourneur.

Figure 17, disposition du chevalet pour enfumer les pieces travaillées.

PLANCHE XXXII.

Les *FIGURES* de cette Planche servent à l'explication de méthode qui se pratique en Flandre pour toiser les bois ronds

Fin du quatrieme Livre.

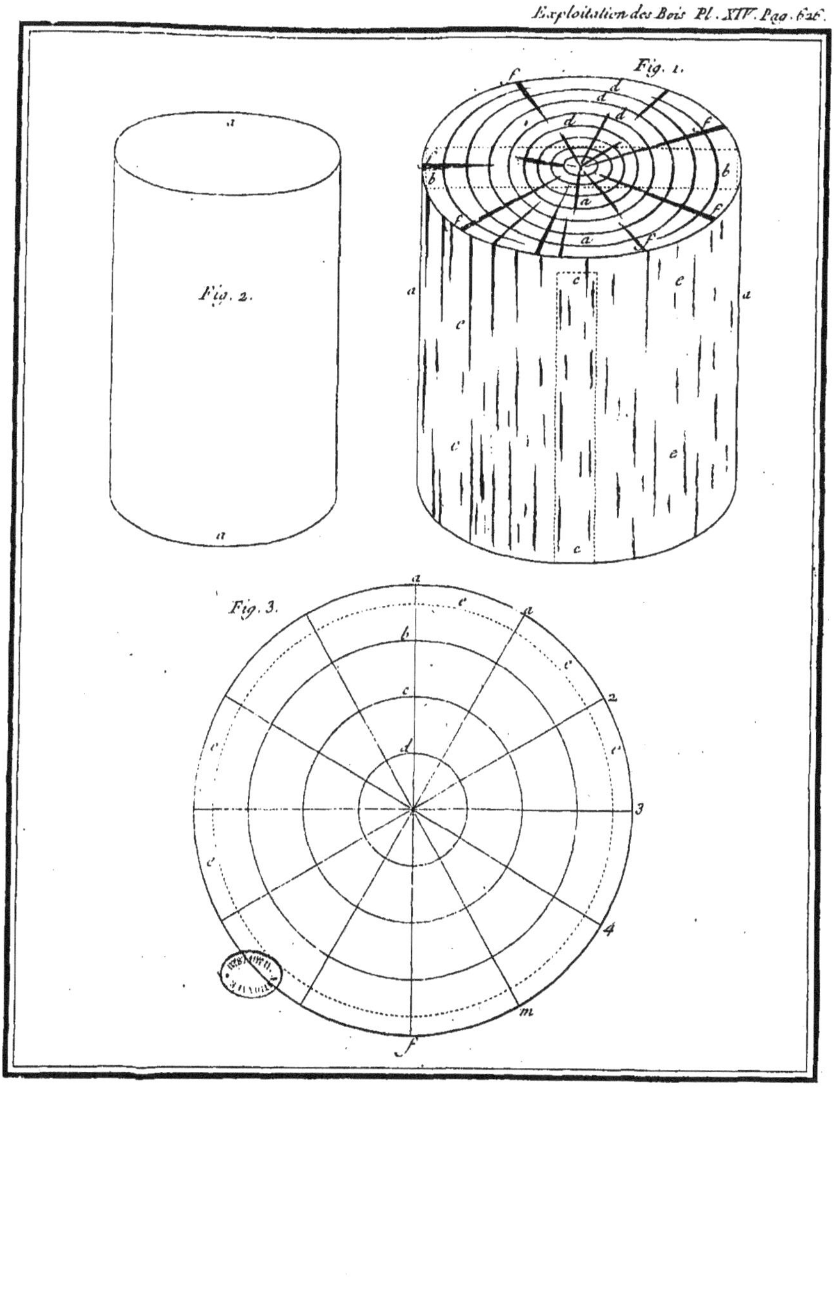

Fig. 1.

Fig. 2.

Fig. 3.

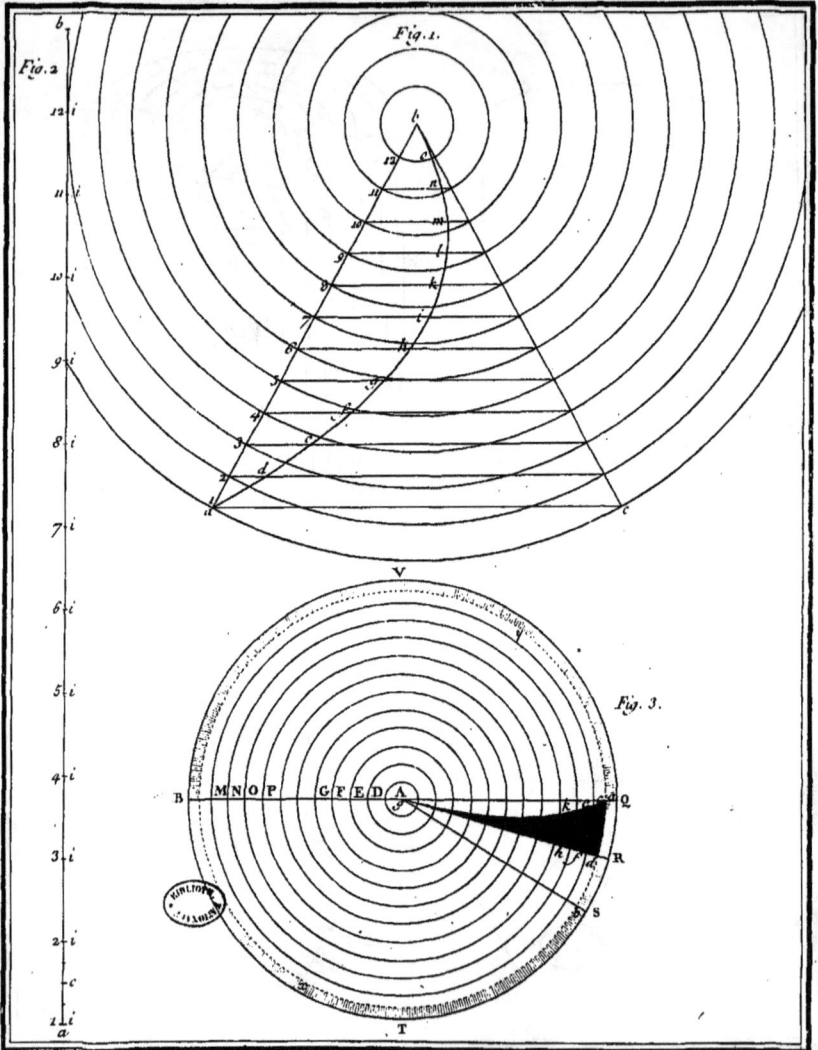

Fig. 1.

Fig. 2.

Fig. 3.

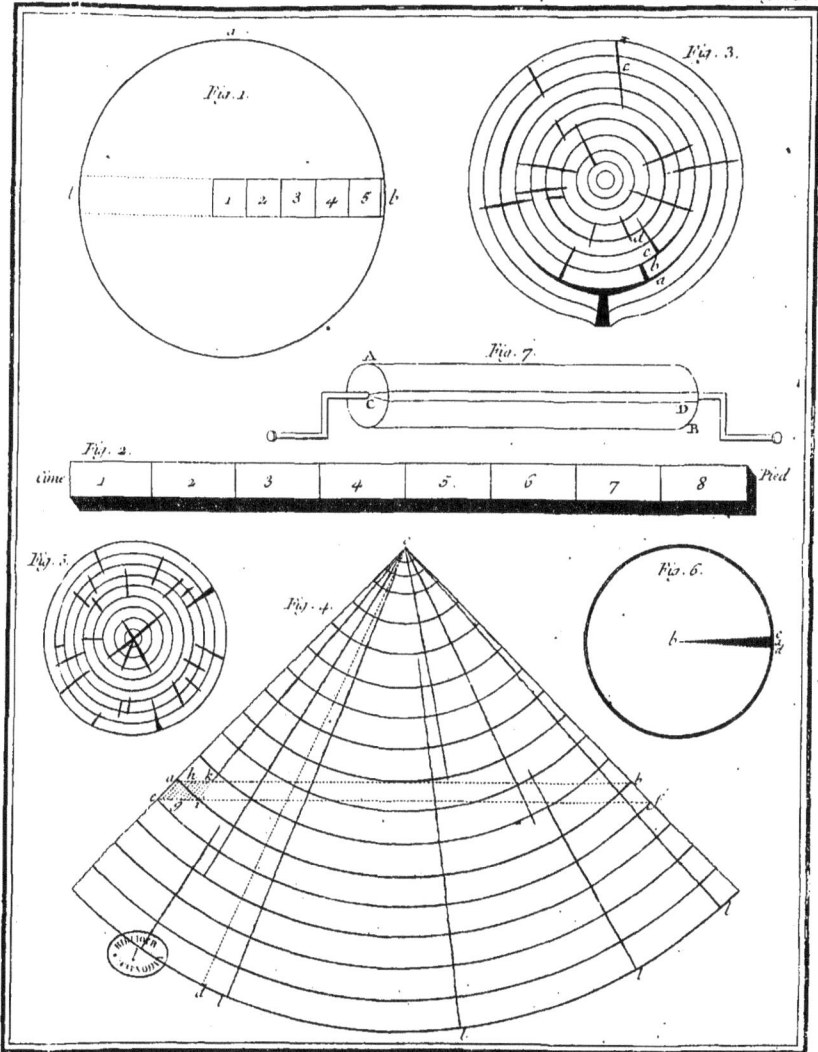

Fig. 1.

Fig. 3.

Fig. 7.

Fig. 2.

cime   1   2   3   4   5   6   7   8   Pied

Fig. 5.

Fig. 4.

Fig. 6.

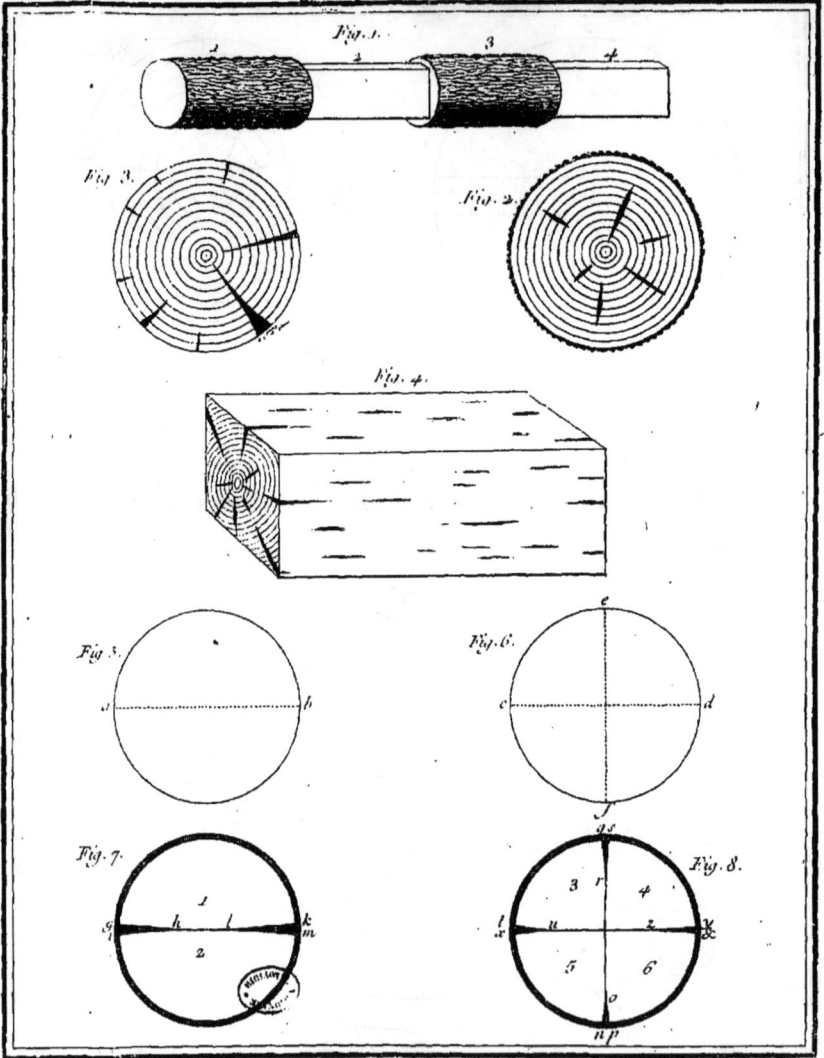

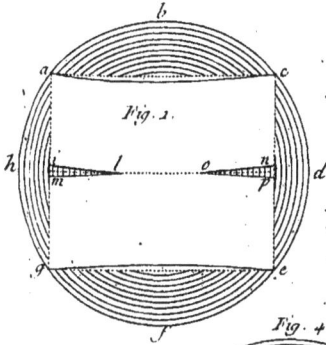

Fig. 1.

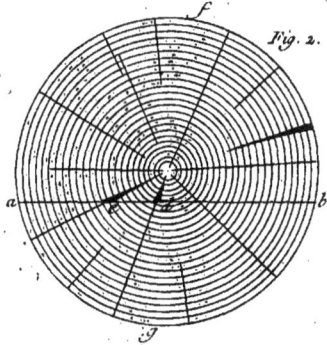

Fig. 2.

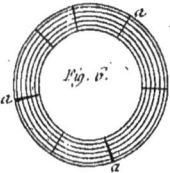

Fig. 6.

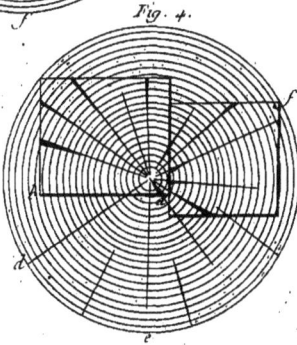

Fig. 4.

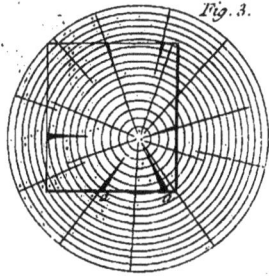

Fig. 3.

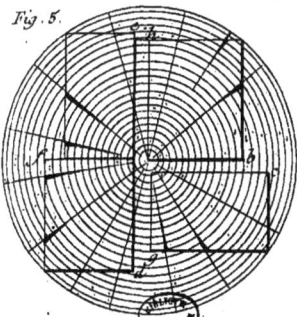

Fig. 5.

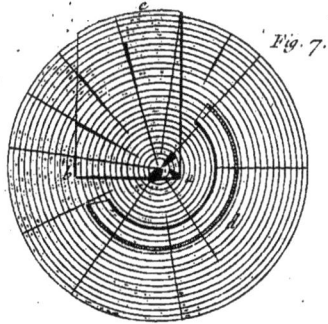

Fig. 7.

Fig. 1.

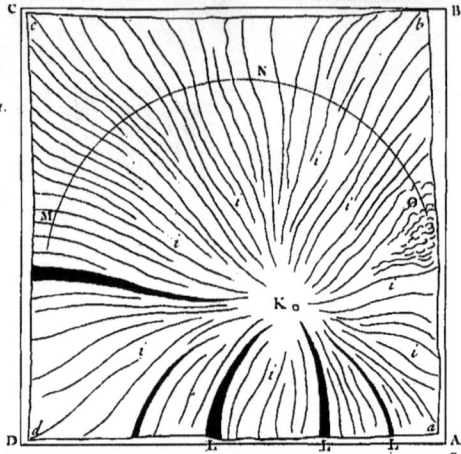

Fig. 2.

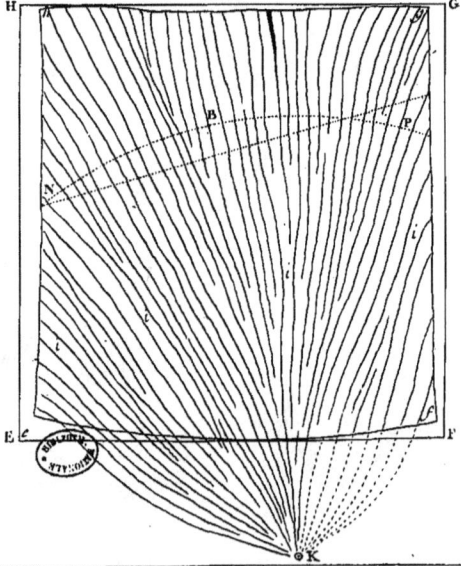

Fig. 1.

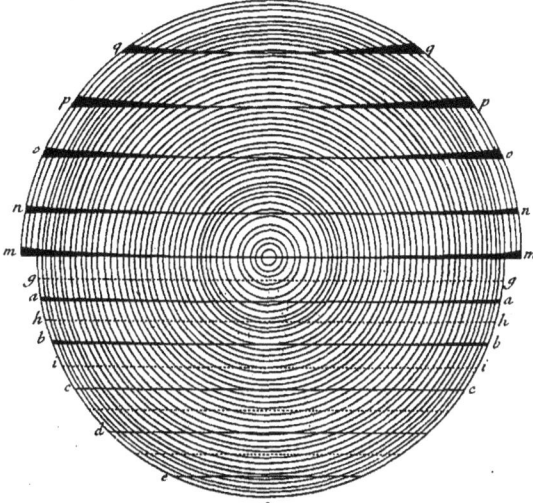

Fig. 2.

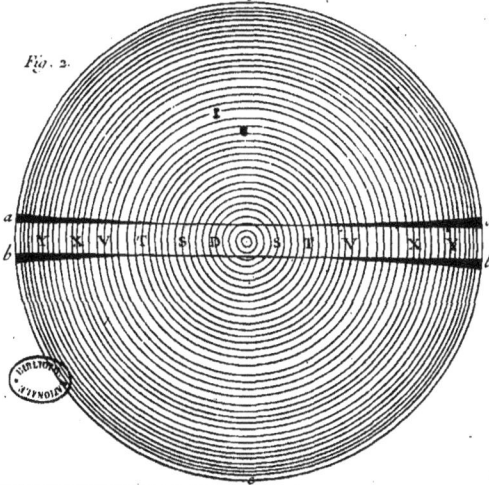

Tuë. en grand de la Coupe de la piece, Fig. 9.

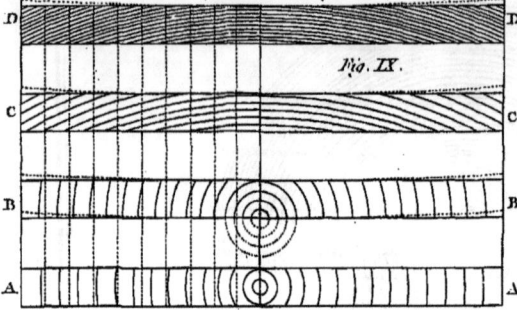

Fig. IX.

D   D

C   C

B   B

A   A

Fig. 7.

Fig. 11.

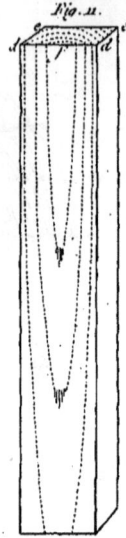

Fig. 12.

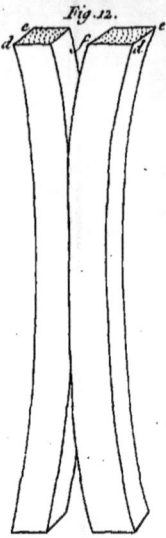

Fig. 3.

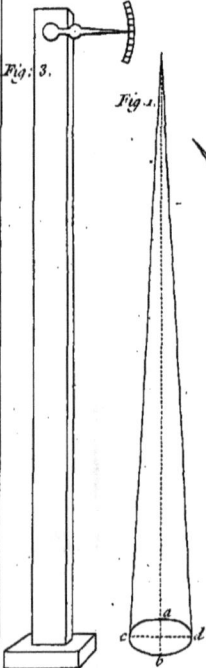

Fig. 1.

Fig. 2.

F   E.

Fig. 4.

a   a

b

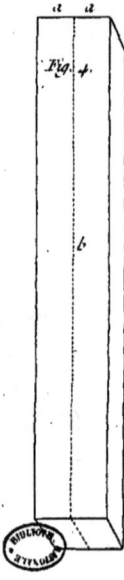

Fig. 5. et 6.

a   a

b   b

a   a

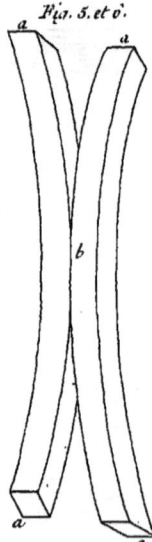

3 2 1 2 3

a   a

Fig. 8.

d c b a a b c d

Fig. 9.

Fig. 10.

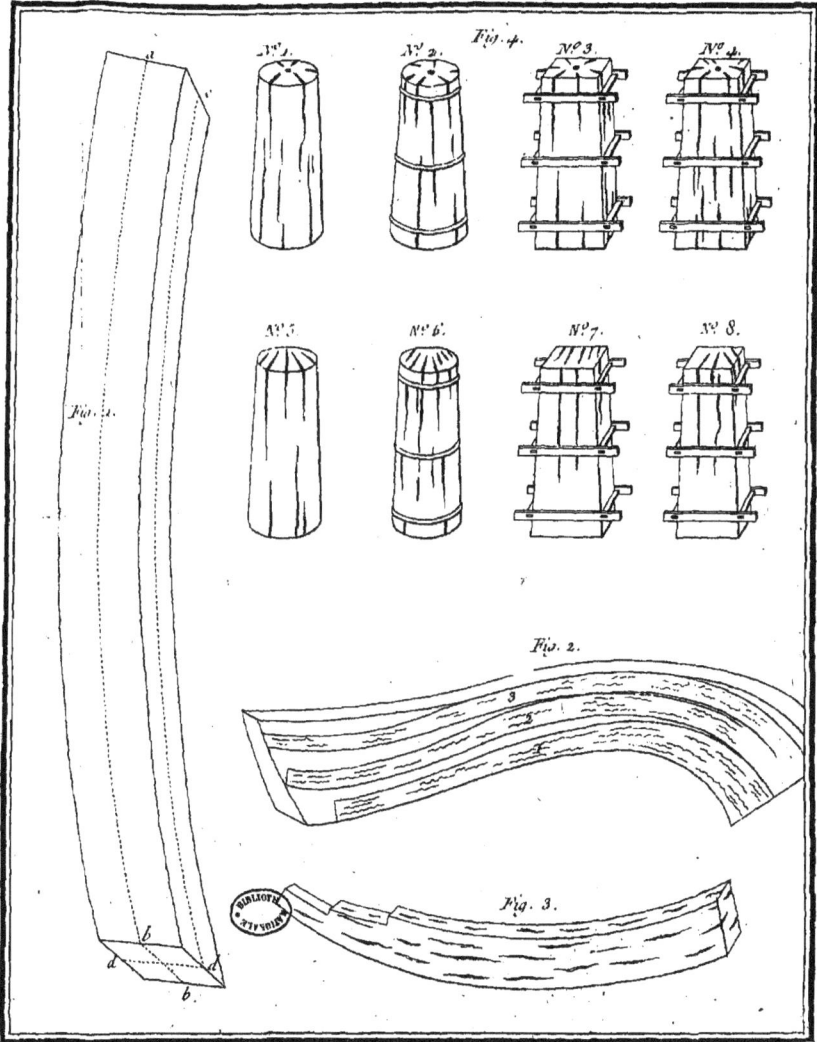

Fig. 4.

N.º 1. N.º 2. N.º 3. N.º 4.

N.º 5. N.º 6. N.º 7. N.º 8.

Fig. 1.

Fig. 2.

Fig. 3.

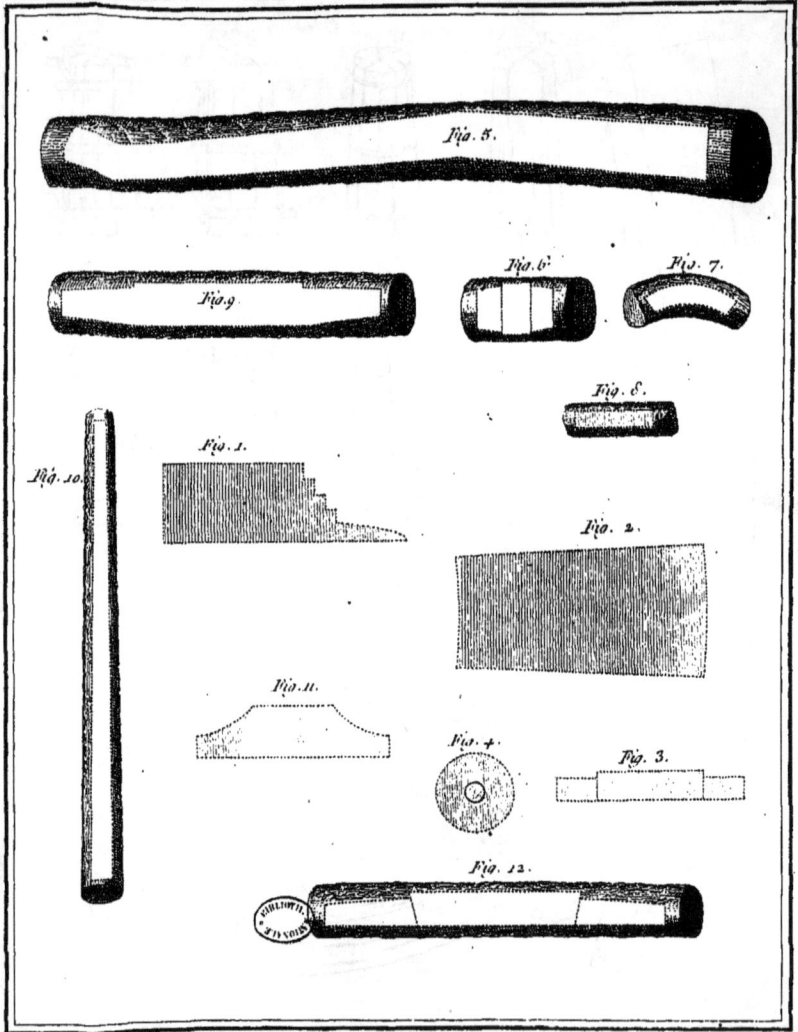

Fig. 5.

Fig. 9. Fig. 6. Fig. 7.

Fig. 8.

Fig. 10. Fig. 1. Fig. 2.

Fig. 11. Fig. 4. Fig. 3.

Fig. 12.

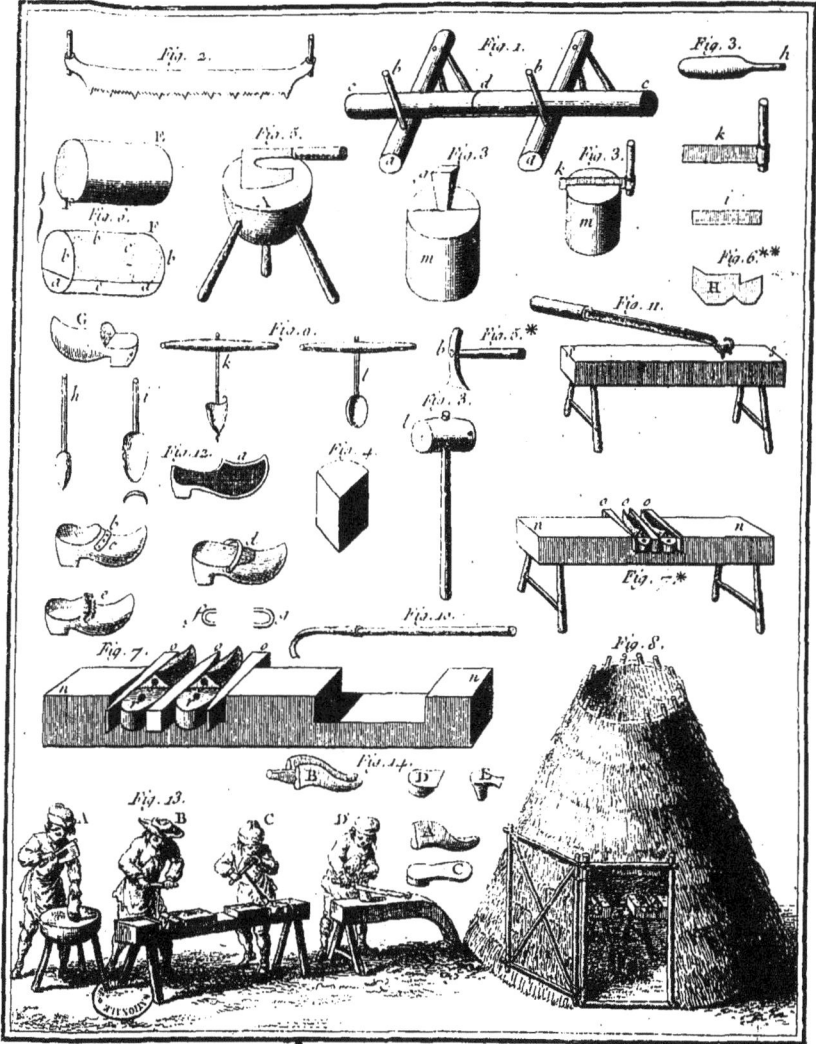

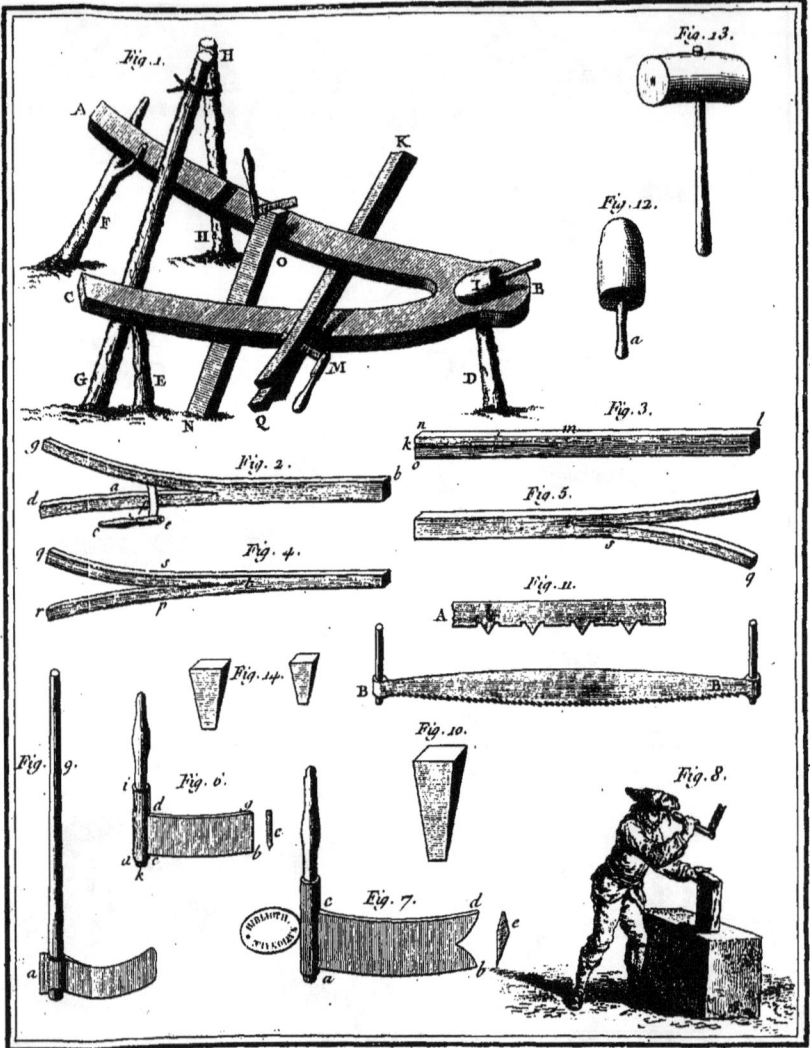

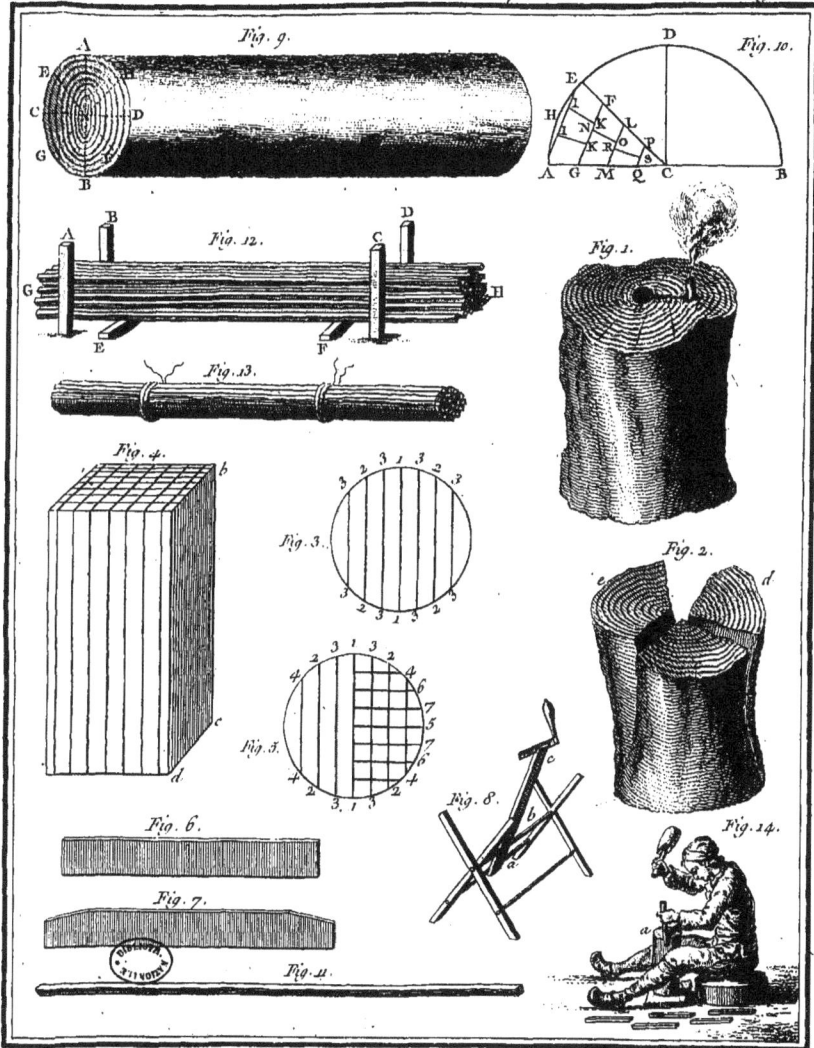

Fig. 9.

Fig. 10.

Fig. 12.

Fig. 1.

Fig. 13.

Fig. 4.

Fig. 3.

Fig. 2.

Fig. 5.

Fig. 8.

Fig. 6.

Fig. 14.

Fig. 7.

Fig. 11.

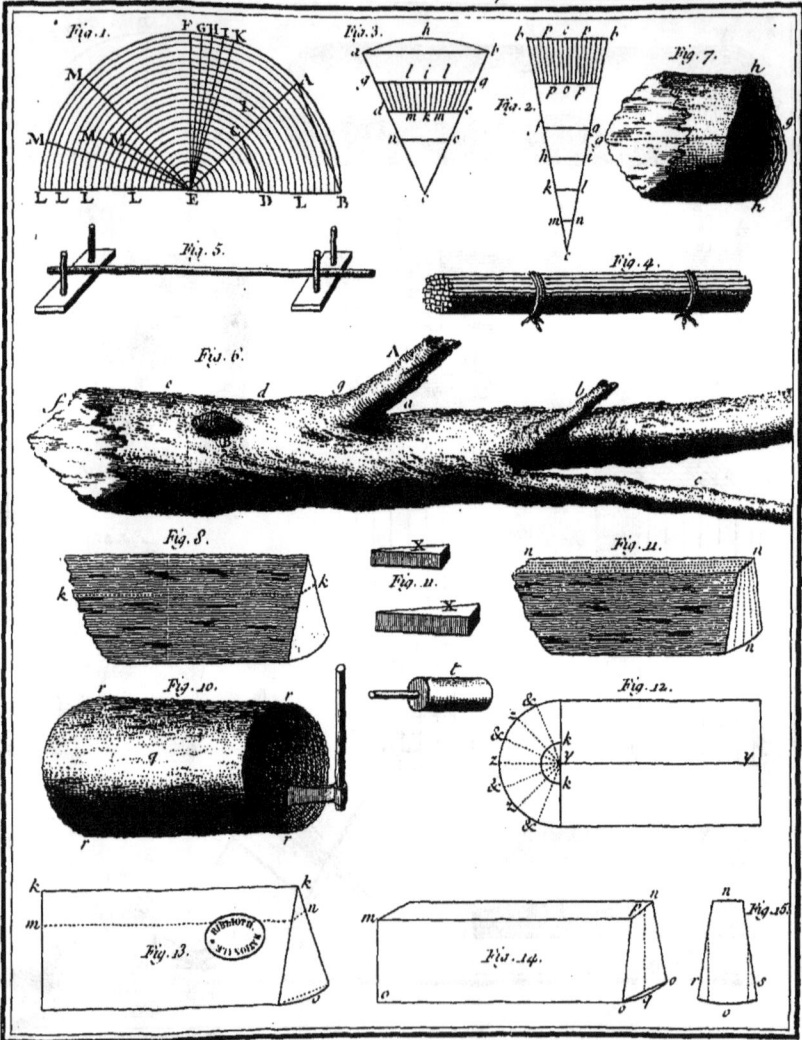

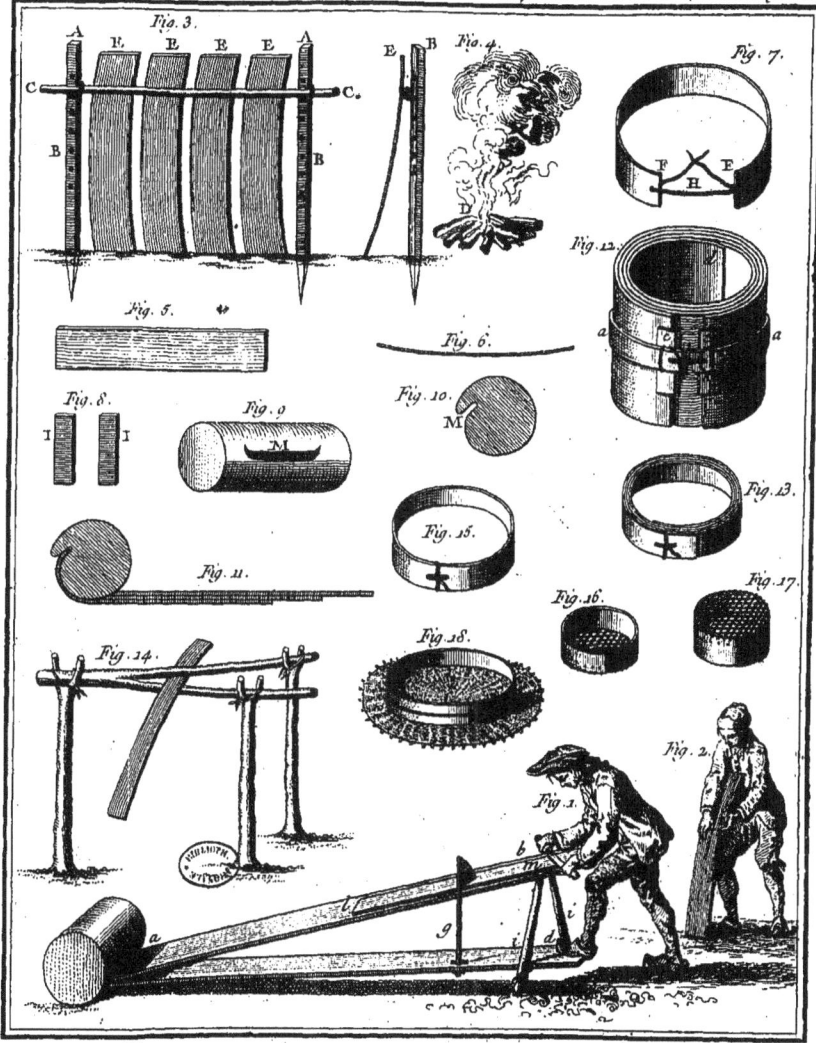

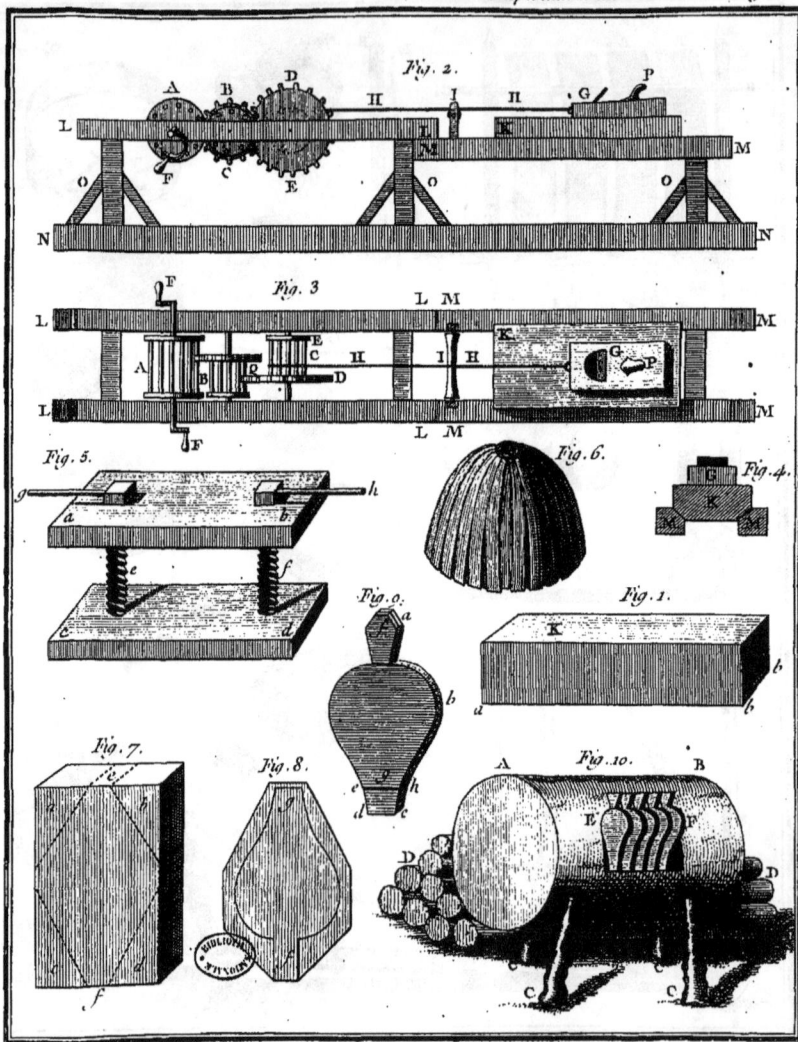

Fig. 2.

Fig. 3.

Fig. 5.

Fig. 6.

Fig. 4.

Fig. 0.

Fig. 1.

Fig. 7.

Fig. 8.

Fig. 10.

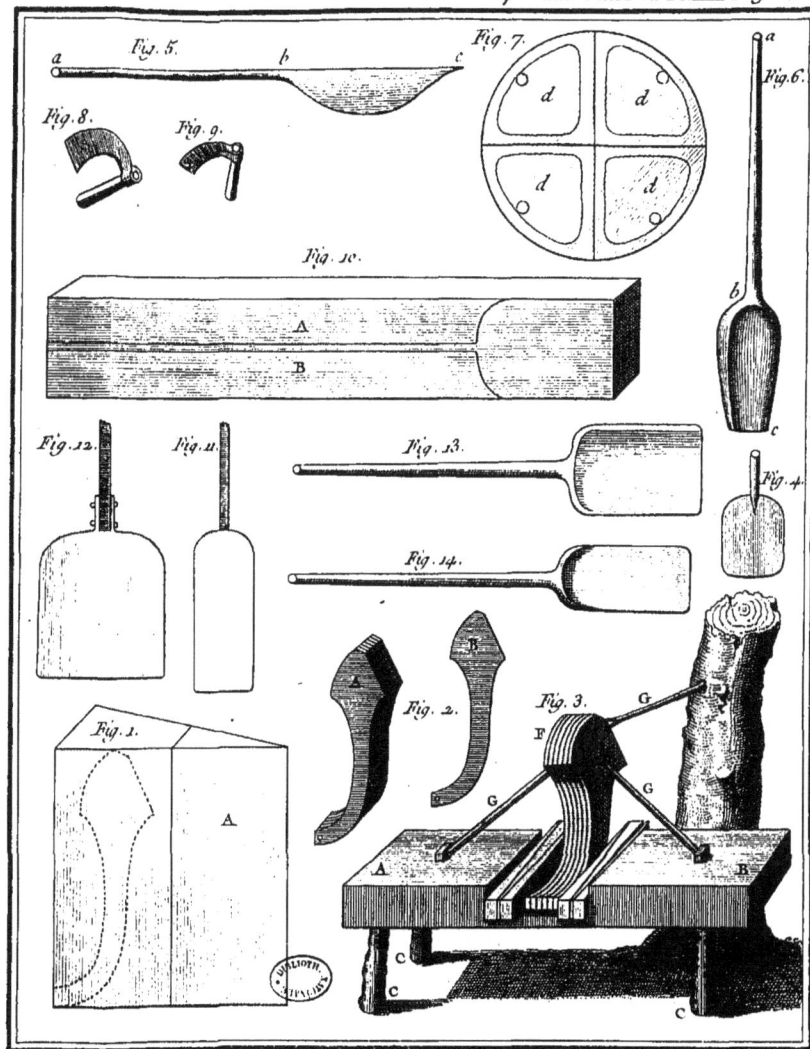

Fig. 5.

Fig. 7.

Fig. 6.

Fig. 8.

Fig. 9.

Fig. 10.

Fig. 12.

Fig. 11.

Fig. 13.

Fig. 4.

Fig. 14.

Fig. 2.

Fig. 3.

Fig. 1.

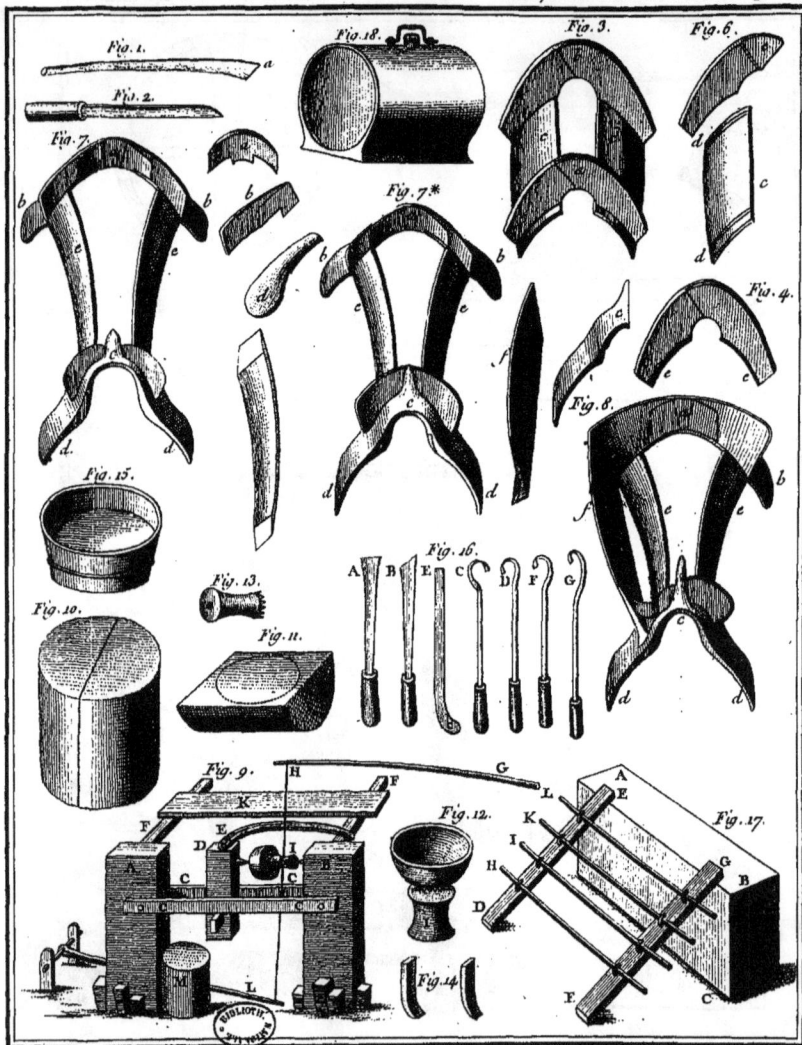

Fig.1.
Fig.2.
Fig.18.
Fig.3.
Fig.6.
Fig.7.
Fig.7*
Fig.4.
Fig.8.
Fig.15.
Fig.13.
Fig.16.
Fig.10.
Fig.11.
Fig.9.
Fig.12.
Fig.17.
Fig.14.

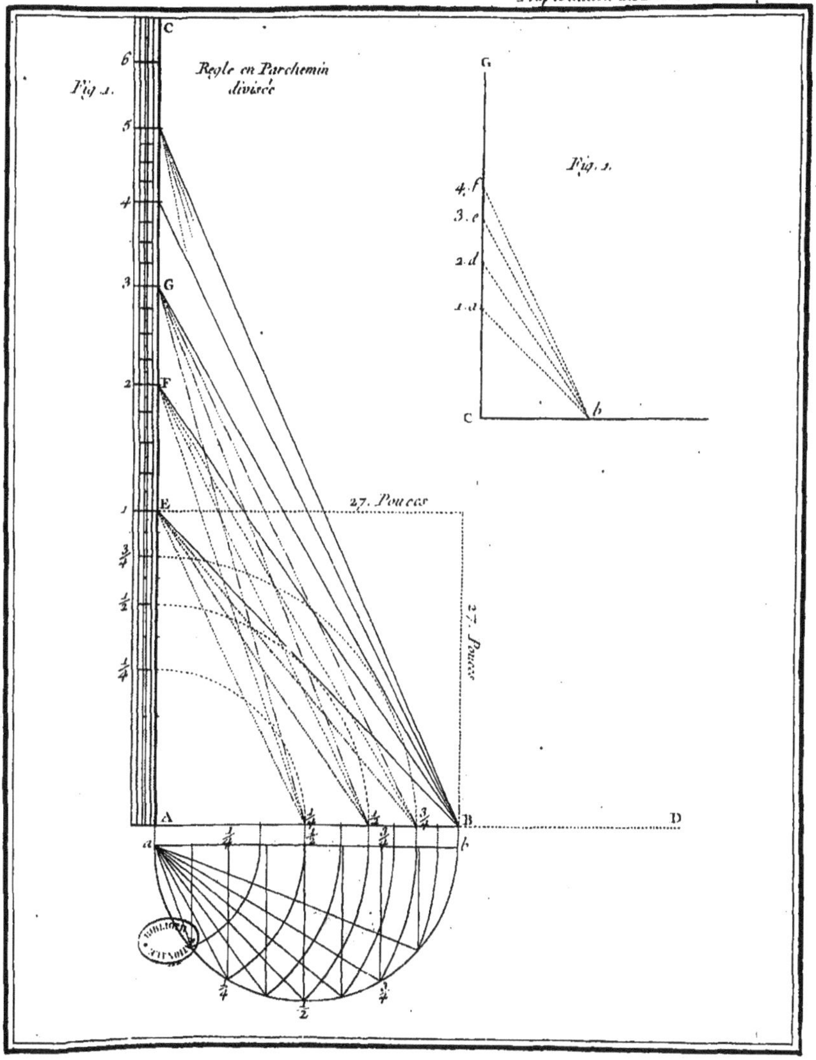

Fig. 1.
Regle en Parchemin divisée
C
6
5
4
3
G
2
F
1
E
27. Pouces
27. Pouces
A
B
D
a
b
Fig. 2.
G
4. f
3. e
2. d
1. a
C
b

LIVRE CINQUIEME.

De l'exploitation des Bois quarrés.

Comme les ouvrages de Charpenterie, tant pour les Bâtiments civils, que pour les Vaiſſeaux, conſomment beaucoup de bois quarrés, on doit, quand on exploite une forêt, mettre à part toutes les belles & grandes pieces pour les équarrir. Ce n'eſt cependant pas toujours la pratique des Marchands de bois: quand ils apperçoivent qu'ils trouveront un débit plus avantageux du bois de fente, ils font débiter en billons les plus belles pieces, & ils les réduiſent, pour ainſi dire, en copeaux pour en faire de la latte, du merrain, & ſur-tout de la cerche. Comme toutes ces choſes & autres peuvent ſe trouver dans des arbres de moyenne groſſeur, & qu'on peut y employer des bois qui commencent à être gras; on ſacrifie rarement de beaux & grands arbres pour ces ſortes d'ouvrages : mais je ſuis toujours fâché de voir couper par morceaux les plus belles pieces pour les débiter en cerches ; car ſi l'on ſe rappelle ce que nous avons dit ſur l'art du Fendeur, on comprend qu'on ne peut lever de belles & grandes cerches que dans de fort gros arbres, ſains, exempts de nœuds, & dont le bois n'eſt point fort gras. Il ſeroit à deſirer qu'on ne fît de la cerche qu'avec les billes courtes qui peuvent ſe prendre entre deux nœuds ; ſi ces pieces viciées ne fourniſſoient pas autant de cerches qu'on en conſomme, il n'y auroit pas grand mal, puiſqu'il eſt poſſible de faire de petits ſeaux aſſez légers avec du merrain de bois blanc cerclé de fer très-mince: la rareté des beaux bois de charpente devroit déterminer les

Marchands de bois à prendre ce parti, excepté dans les cas où la difficulté des chemins les obligeroit de réduire les bois par petites pieces, pour pouvoir être enlevées à dos de bêtes de fomme.

Je fuppofe que les Bûcherons ont abattu les arbres ainfi que nous l'avons expliqué ; qu'ils les ont ébranchés ; qu'ils ont converti en bois de corde les branches qui ne font propres qu'à cet ufage ; qu'ils ont fait des fagots & des bourrées avec les rames ; & qu'enfin le menu bois a été converti en charbon. Je fuppofe encore qu'on a délivré aux Fendeurs les bois qui font propres à faire de la fente & de la raclerie ; enfin qu'on a vendu aux Charrons & aux Fournisseurs de l'Artillerie , les pieces qui fe vendent en grume ; & aux Charpentiers celles qui font propres à faire des pilots. Après l'enlevement de tous ces bois, il ne doit plus refter dans la vente que les pieces qui doivent être équarries ; alors les Marchands doivent connoître à peu-près ce qu'ils pourront avoir de bois quarré, fuivant les regles d'approximation que nous allons rapporter.

§. 1. *De la réduction des bois ronds en bois quarrés.*

S I la circonférence d'un arbre eft moindre que deux toifes, on défalque la neuvieme partie , & on divife le reftant en quatre, ce qui donne fon équarriffage. Par exemple, fi la circonférence eft de 12 pieds, ou 144 pouces, cette fomme étant divifée par 9, il vient 16 au quotient ; lefquels fouftraits de 144, il refte 128 , qui divifés par 4, feront connoître que la piece aura 23 pouces d'équarriffage.

Si l'arbre avoit 3 ou 3 toifes & demie de circonférence , il faudroit fouftraire fept parties : s'il avoit 4 ou 4 toifes & demie, on ôteroit 7 parties , & du reftant, une vingtieme partie : s'il avoit 6 ou 6 toifes & demie, on ôteroit la cinquieme partie, & du reftant, la vingtieme partie : s'il avoit 7 ou 7 toifes & demie, on ôteroit la quatrieme partie, & du refte, la feizieme. Si l'arbre avoit 9 toifes, on ôteroit la quatrieme partie , & du refte, la fixieme. Les fouftractions étant faites , on divife la fomme reftante par quatre, pour avoir la valeur de chaque face.

Par ces approximations, les Marchands pourront faire un inventaire fuffifamment exact des bois quarrés qu'ils pourront tirer des arbres de leurs ventes, afin de fe rendre compte à eux-mêmes.

§. 2. *Diftinction des bois droits & des bois courbes.*

Les bois droits font les plus précieux pour le fciage & pour les charpentes des bâtiments civils; car je comprends dans ce que j'appelle *bois droits*, des pieces qui n'ont qu'un peu de courbure, & que les Charpentiers favent employer pour faire des jambes de force, & plufieurs autres pieces qui n'exigent abfolument pas que les bois foient parfaitement droits. Mais les bois fort courbes font très-recherchés pour différents ouvrages, comme pour les roues des moulins, les ceintres des voûtes, pour la conftruction des bateaux, & fur-tout pour celle des Vaiffeaux; car on peut dire que la Marine emploie toute forte de bois droits ou courbes, pourvu qu'ils foient de bonne qualité & d'un échantillon convenable; les courbes mêmes font fouvent plus précieufes que les pieces droites. Il eft donc à propos d'expliquer comment on doit équarrir toutes fortes de pieces de bois droits ou courbes, & détailler comment les *Chabins*, (c'eft ainfi qu'on nomme les Ouvriers la plupart Auvergnats, chargés d'équarrir les bois), doivent s'y prendre pour tirer tout le parti poffible des bois qu'ils doivent travailler. Je vais d'abord parler des bois qui font droits & alignés fur toutes leurs faces.

CHAPITRE PREMIER.

Méthode pour équarrir les Bois droits.

ON peut dire en général que les pieces de bois droites ne peuvent jamais être trop longues, à moins que la groffeur de la tête ne differe trop de celle du pied. Ainfi, avant de rogner ces pieces, il faut les bien examiner & tâcher de leur faire porter le plus de longueur qu'il eft poffible fuivant une ligne droite, & fans trop trancher le fil du bois; fi la piece eft un tant foit peu courbe dans un fens, il vaut prefque toujours mieux fuivre cette courbure que de l'affamer vers la partie convexe.

Pour ménager toute la longueur que l'arbre peut porter, il faut, avant de le couper de longueur, le faire rouler fur le terrein, en examiner avec foin tous les côtés, & voir celui qui s'aligne le plus droit, afin de juger par le coup d'œil, jufqu'où cette ligne peut s'étendre; quand on a décidé cette longueur, on fait couper l'arbre à la fcie par l'extrémité d'en haut qui eft le plus menu de la piece.

On fait enfuite tourner l'arbre fur chacune de fes faces avec le fecours des leviers, jufqu'à ce qu'on ait trouvé le côté qui s'alignera le mieux dans toute fa longueur; puis on le cale folidement, & on l'appuie fermement pour qu'il ne puiffe changer de fituation.

On prend enfuite le diametre du petit bout avec une regle divifée en pouces; la moitié de la moyenne proportionnelle du tiers & du quart, indiquera de combien de pouces il faut charger la ligne fur le corps d'arbre que l'on a deffein d'équarrir, d'abord fur deux faces oppofées : donnons un exemple.

Je fuppofe un arbre d'environ 30 pieds de longueur, & qui ait au petit bout A B (*Pl. XXXIV. fig.* 1), où il a été rogné, 24 pouces de diametre, franc d'écorce; il faut prendre le tiers de ce diametre, qui eft 8 pouces; puis prendre le quart qui eft

6 pouces; lesquels, ajoutés aux huit précédents, feront 14 pouces, dont la moitié est 7; c'est la quantité de bois qu'il faut retrancher de cet arbre, moitié du côté *A*, & moitié du côté *B*, pour son premier équarrissage, ou pour le parage des deux premieres faces: on divisera donc 7 pouces en deux, & ce sera 3 pouces & demi de bois qu'il faudra retrancher, ce qui indique de quelle quantité il faut charger la ligne *e h* & *f g*, sur chaque côté de l'arbre; après quoi il ne restera plus à cette piece, quand elle sera travaillée sur ces deux faces opposées, que 17 pouces vers la tête, au lieu de 24 qu'elle avoit en grume. A l'égard du pied, on doit avoir attention de lui laisser 2 à 3 pouces de plus qu'au petit bout: ce surcroît de dimension sert à redresser les pieces quand elles se sont déjettées; d'ailleurs, il arrive souvent que dans un bâtiment, une piece de charpente est plus chargée à un de ses bouts qu'à l'autre, ou qu'elle doit être soutenue du côté du petit bout par une cloison; dans ces cas, on place le gros bout vers le côté qui doit supporter une plus grande charge.

Les deux coups de lignes *e h* & *f g*, étant jettés sur toute la longueur de la piece, & tracés bien à plomb sur les bouts, doivent être exactement suivies par l'Ouvrier dans toute leur longueur.

Pour bien dresser ces deux premieres faces, l'Ouvrier commence par faire de distance en distance des entailles *d d* (*Planch. XXXIII. fig. 2*), qu'il approfondit jusqu'aux lignes *c c*, & ensuite il enleve le bois *f f* qui se trouve compris entre ces entailles, ayant attention de ne point entrer plus profondément dans la piece que les lignes *c*, *c*, & de conduire ces faces bien à plomb; c'est pour cette raison qu'il faut que les pieces soient solidement calées; au reste, c'est le coup d'œil qui doit guider l'Ouvrier pour former ces faces bien à plomb.

Le premier parage étant fait sur les deux faces opposées, on renverse la piece sur le côté qui est le moins à vive-arrête, comme on le voit représenté (*Pl. XXXIII. fig. 2*). L'Ouvrier examine avec attention le contour que sa piece doit avoir; il la cale de façon que les faces travaillées soient bien de niveau, c'eft-à-dire, bien paralleles à l'horizon, afin que les quatre faces fe coupent exactement à angle droit.

Si la piece n'a aucune courbure, on jette un coup de ligne fur les faces qui ont été parées en premier lieu, & l'on fait enforte qu'elles n'avivent pas trop la piece, mais qu'il paroiffe des défournis & un peu d'aubier aux angles, pour faire voir au Marchand que la piece n'a pas été trop frappée fur fes quatre faces.

Les lignes c, c (*Fig.* 2) étant jettées; & les entailles *dd* étant faites de diftance en diftance, on emporte les entre-deux *ff*, comme nous l'avons déja dit, en prenant foin que la cognée n'entre point trop dans la piece, & que les faces foient bien perpendiculaires à l'horizon; car quand un mauvais Ouvrier ne conduit pas fes faces à plomb, les Charpentiers font obligés d'ôter beaucoup de bois lorfqu'ils les travaillent pour les mettre en œuvre, ce qui les affoiblit. Au refte, il eft facile de s'appercevoir de ce défaut, en préfentant une équerre fur les angles de la piece équarrie.

Il arrive quelquefois qu'on a befoin que certaines pieces foient beaucoup plus groffes par un bout que par l'autre; par exemple, pour faire des meches de cabeftans (*Fig.* 3), des arbres tournants de moulin (*Fig.* 4. *A*), des jumelles de preffoir (*Fig.* 5), &c; dans ce cas, on fait enforte que les lignes c, c (*Fig.* 2) fe rapprochent vers le petit bout, ou bien on fait une retraite vers a (*Fig.* 3), & l'on équarrit féparément la partie *b a*, & la partie *c a*.

D'autres fois on équarrit *méplat* une piece, comme on en peut voir la coupe *a b c d* (*Pl. XXXIV. fig.* 2): on verra dans la fuite qu'il y a des circonftances où cette façon d'équarrir eft très-avantageufe; par exemple, pour les bordages & les précintes; comme il faut que ces pieces foient à vive-arrête, il faut que les plançons qui doivent fournir ces pieces n'aient point de défourni, ce qui fait qu'il eft fouvent avantageux de les débiter méplat. Il y a à la vérité un peu à perdre fur le *cubage*; car en fuppofant que la piece quarrée *e f g h* (*Pl. XXXIV. fig.* 1), ait 16 fur 16, la furface de fa coupe fera de 256; au
lieu

lieu que la piece méplate *a b c d* (*Fig. 6*), ayant 19 fur 13, la furface de fa coupe ne fera que de 247; ce qui fait 9 pouces de moins, qui fe multiplient dans toute la longueur; mais auffi on a moins de défournis, & les bordages font plus larges; d'ailleurs, on peut lever à la fcie, aux côtés en *I K*, deux bordages, & deux croûtes *L M*, qui payeront bien leur façon; enfin fi cette piece étoit chargée dans le fens *LM*, elle feroit plus forte, même que la piece *e f g h* (*Fig.* 1). Nous aurons occafion de parler ailleurs plus en détail de cette façon de débiter les bois.

ARTICLE. *Façon d'équarrir les Bois courbes.*

CES fortes d'arbres exigent plus d'attention de la part des Ouvriers que les bois droits; mais comme ils font très-précieux pour la Marine, ils méritent qu'on prenne à leur égard ces foins particuliers.

A moins que ces bois n'aient une courbure très-confidérable, on doit chercher à leur en donner plus qu'ils n'en ont naturellement, ayant cependant attention d'éviter de trop trancher les fibres du bois.

Pour y parvenir, après avoir paré la piece (*Pl. XXXIII. fig.* 13) fur fon droit, & lui avoir formé deux faces oppofées, comme je le dirai bien-tôt, on trace fur cette piece un trait *e f g* du côté qui eft convexe; on charge la ligne fur les bouts *e* & *g*, & l'on fait enforte que fon milieu *f* approche le plus qu'il eft poffible de l'écorce, comme on le voit dans cette figure. Pour tracer réguliérement ce trait, on pique dans la piece en différents endroits, des pointes de fer fur lefquelles on couche le cordeau, ou, encore mieux, on fe fert d'une regle très-mince & flexible qu'on fait porter fur toutes ces pointes; puis on trace avec de la craie la ligne *h f i*, & l'on fait enforte de lui donner la courbure la plus réguliere qu'il eft poffible.

Lorfque la courbure extérieure & convexe eft bien formée, elle fert à tracer la courbure concave ou intérieure *a d b*; on

a foin qu'il refte des défournis en *a* & en *b*, & que la piece
foit plus frappée en *d*.

A l'égard du parage de ces pieces fur le plat, j'ai déja dit qu'il
fe faifoit comme aux pieces droites ; on les frappe feulement
davantage comme quand on veut équarrir méplat, afin de leur
donner plus de largeur pour que les Charpentiers puiffent y
promener leurs gabaris, & augmenter ou diminuer la courbure fuivant que les circonftances l'exigent. Ainfi on peut
donner comme un principe général de l'exploitation des bois
courbes, qu'il faut beaucoup les frapper fur le plat, & ôter
très-peu de bois aux furfaces courbes ; c'eft pour cela qu'on
eft dans l'ufage de commencer par travailler les deux furfaces
droites ; les courbes en deviennent plus aifées à travailler, &
l'on y emporte peu de bois : on laiffe, par exemple, tout le
bois *g b* & *e a* (*Fig.* 13).

Les pieces qui ne peuvent s'aligner droites dans aucun fens
ne font pas d'une grande utilité, ni pour la charpente, ni pour
la conftruction des vaiffeaux: on verra néanmoins que ces cour-
bures fur deux fens, quand elles ne font pas confidérables, ne
doivent point faire rejetter les groffes pieces ; qu'on les débite
en plançons pour les bordages ; & que cette courbure en deux
fens devient très-précieufe, quand elle peut fervir à faire des
barres d'arcaffe ou des *liffes d'ourdi*.

Quoique les Ouvriers qui débitent les bois dans les forêts,
foient fuppofés favoir à peu-près quelle peut être la deftination
des pieces qu'ils travaillent ; ce font cependant les Charpentiers qui affignent leur véritable deftination ; ainfi il ne faut regarder ce que nous allons dire fur les dimenfions des pieces
que comme des à-peu-près.

CHAPITRE II.

Dimensions des Pieces qu'on débite pour les Bâtiments civils.

ON doit ménager aux pieces toute la longueur qu'elles peuvent porter ; cependant voici les longueurs qu'on a coutume dans les forêts, de donner aux pieces qu'on destine à la charpente, 6, 9, 12, 15, 18, 21, 24, 27 & 30 pieds, & ainsi en augmentant de 3 en 3 pieds ; rarement en fait-on au-dessus de 24 ; de même qu'on ne débite point de bois quarré au-dessous de 6 pieds.

A l'égard de leur équarriffage, ceux qui n'ont que 3 pouces & demi ou 4 pouces, font réfervés pour les chevrons de rempliffage, & jambettes ou aiffeliers ; on fait auffi des *jambettes* & des *aiffeliers* de 4 & 6, ou de 5 & 7, pour les chevrons de ferme qui portent ce même équarriffage : ainfi que leurs *contrefiches* : on fait encore des *coyaux* & des *empanons* avec des bois de 4 pouces d'équarriffage. Les bois qui en ont 5 & 6, s'emploient pour les *entraits*, les fablieres des petits bâtiments & les cloifons.

Les plates-formes ont affez fouvent 4 & 6 jufqu'à 4 & 12 pouces ; les bois qui portent 7 & 8 pouces, font d'un grand ufage : on les emploie pour les *faîtes* & *fous-faîtes* des grands bâtiments, *chevrons de crouppe*, leurs *entraits*, *pannes* & *fablieres*, *arrêtieres*, *liens*, *jambettes*, *coyaux*, *liernes*, &c.

Suivant la grandeur des appartements, on emploie des *folives*, *foliveaux* & *chevêtres*, tantôt de 4 & 6, tantôt de 5 & 7, ou même de 10 & 11 pouces, lorfqu'on y emploie de fortes folives & qu'on fupprime les poutres.

On donne aux *poutres* depuis 15 pouces jufqu'à 24, fuivant leur portée & la charge qu'elles doivent foutenir.

A l'égard des *limons* d'efcaliers, leur force & leur longueur

varient beaucoup : les Charpentiers les prennent dans les pieces qui approchent le plus des dimenſions qu'ils jugent con-
venables.

Je ne parle point non plus des bois courbes qu'on emploie
pour les ceintres, les plafonds, &c, parce que leur courbure
varie beaucoup : à l'égard des plafonds, on les forme preſque
toujours de pieces preſque droites, que l'on taille ſelon les
courbes requiſes.

Il ne faut pas croire que les bois dont je viens de donner
les dimenſions, ſoient toujours employés aux uſages indiqués :
un chantier qu'on garniroit de pieces de chacune de ces dimenſions, ſeroit réputé bien aſſorti pour les bâtiments civils.

ARTICLE I. *Des principales Pieces pour les Preſſoirs.*

DANS les bois qui ſe trouvent à portée des vignobles, où
des endroits où l'on fait du cidre, on fera bien de conſerver les
principales pieces qui peuvent ſervir aux preſſoirs.

Les anciens preſſoirs étoient preſque tous à arbre ou à levier ; mais comme il eſt difficile de trouver des pieces de 42
ou 46 pouces d'équarriſſage, & de 25 à 28 pieds de longueur,
preſque tous les preſſoirs qu'on fait maintenant, ſont à roue
ou à étau ; ainſi nous ne parlerons ici que de ceux-là. Voici
quelles en ſont les pieces les plus précieuſes ; car les autres
ſe peuvent prendre dans les aſſortiments ordinaires de bois
quarrés.

Les jumelles (*Pl. XXXIII. fig. 5*), doivent être de Chêne
& pivotées, parce que le bas *A* doit avoir au moins deux
pieds d'équarriſſage : le corps *B*, dans une longueur de 10 pieds,
porte 14 à 15 pouces d'équarriſſage ; & au-deſſus il doit y avoir
une tête *C*, de 3 à 4 pieds de longueur, & de 18 à 19 pouces
de groſſeur. On n'équarrit pas cette partie à vive-arrête, non
plus que la culaſſe *A*, afin de ménager la groſſeur de la piece,
& ſouvent on profite d'un fourchet pour former cette tête : la
longueur totale des jumelles doit être de 18 à 20 pieds.

Il faut des pieces de 13 à 14 pieds de longueur, & de 12 à

14 pouces d'équarriſſage, pour faire les *ſous-arbres* & *les portes-may* : on prend les pieces de *may* dans des bois quarrés de 10 pieds de longueur ſur 10 pouces d'équarriſſage.

L'écrou eſt fait d'une piece d'Orme,& doit être d'une groſ-ſeur conſidérable ; il doit avoir 13 à 14 pieds de longueur, 28 à 30 pouces de largeur, & 24 pouces d'épaiſſeur.

Les meilleures vis ſe font de Noyer ; on en fait auſſi de Cormier & d'Orme : elles doivent avoir 6 pieds de longueur, 16 pouces d'équarriſſage vers la culaſſe, & 12 pouces au moins à l'extrémité oppoſée.

Les chanteaux de la roue ont 5 pieds de longueur, 5 pouces d'épaiſſeur, & 18 pouces de largeur : on les prend, autant qu'il eſt poſſible, dans des pieces un peu courbes , pour éviter la perte du bois en les ceintrant.

Les autres pieces ſe trouvent dans les aſſortiments de bois de charpente.

ARTICLE II. *Des Pieces les plus conſidérables pour la conſtruction des Moulins à chandelier.*

LES deux pieces de croiſée qui portent le pied du bourdon , doivent avoir 22 pieds de longueur, 16 pouces d'équarriſſage, les quatre liens, même équarriſſage , & 12 pieds de lon-gueur.

Le *bourdon* qu'on nomme en quelques endroits l'*attache*, 20 pieds de longueur, 24 pouces d'équarriſſage dans toute ſa longueur.

Le *couillard* eſt formé de quatre pieces , de 18 pouces de largeur, 8 pouces d'épaiſſeur, trois pieds de longueur.

Les deux pieces de *charti* , 18 pieds de longueur & 14 pou-ces d'équarriſſage.

Le *ſommier* qui poſe ſur le bout d'en haut du bourdon , 12 pieds de longueur, 24 pouces de largeur, & 18 pouces d'épaiſ-ſeur.

Les deux *pannes meulieres* , 18 pieds de longueur , & 8 pou-ces d'équarriſſage.

L'*arbre tournant*, 20 pieds de longueur, 24 pouces d'équarriffage par la tête, 9 pouces au petit bout, quatre chanteaux de bois d'Orme pour le rouet, chacun de 7 pieds de longueur, 2 pieds de largeur, 4 pouces d'épaiffeur.

Les quatre *parements* qui portent les dents font faits de bois d'Orme, ils doivent avoir chacun 8 pieds de longueur, 9 pouces de largeur, & 5 pouces d'épaiffeur.

Les *plateaux* pour la *lanterne*, 2 pieds de longueur fur pareille largeur, & 5 pouces d'épaiffeur.

La *prifon*, 8 pieds de longueur, 12 pouces de largeur, 8 pouces d'épaiffeur.

Deux *ventrieres* de 16 pieds de longueur, 12 pouces de largeur, 10 pouces d'épaiffeur chacun.

Le *joug* qui porte l'arbre, 12 pieds de longueur, 12 pouces d'équarriffage.

Le *pâlier*, 8 pieds de longueur, 10 pouces d'équarriffage.

Les quatre *poteaux-corniers*, 18 pieds de longueur, 9 pouces d'équarriffage.

Les deux feaux, 12 pieds de longueur, 10 pouces d'équarriffage.

La *queue*, 25 pieds de longueur, 15 pouces d'équarriffage au gros bout, 8 pouces à l'autre : elle doit être un peu courbe.

Deux *corps de verge* de 25 pieds chacun de longueur, 10 pouces de largeur par un bout fur 8 d'épaiffeur ; à l'autre bout 4 pouces d'équarriffage.

Tous les autres bois font du colombage de 5 & 6, ou 6 & 7 pouces ; comme ils fe trouvent communément dans les Chantiers, il feroit fuperflu de les détailler : j'en dis autant des *planches voliches* & des *bardeaux*.

Il y a des moulins à vent qui exigent de plus fortes pieces que celles dont nous venons de parler : il y en a auffi de plus petits. C'eft par cette raifon que nous nous fommes bornés à donner feulement les dimenfions des pieces d'un moulin de grandeur moyenne.

A l'égard des moulins à eau, leur grandeur varie encore plus que celle des moulins à vent : au refte, les rouets & les lan

ternes font les mêmes; la roue à *aubes* qui eft quelquefois
fort grande, eft faite de pieces courbes de Chêne, qui fe
trouvent difficilement.

L'arbre-tournant a 18, 20, 22 pieds de longueur fur 15,
18, 20 pouces d'équarriffage.

ARTICLE III. *Des principales Pieces pour la conftruction des Bateaux de riviere.*

COMME il y a bien des fortes de bateaux pour la navigation
des rivieres, il faudroit un traité particulier pour pouvoir entrer dans l'énumération de toutes les pieces dont ils font
formés; je me borne feulement ici à faire remarquer que
prefque tous les bois qui fervent à leur conftruction, doivent
être fort longs, & qu'ils exigent de groffes pieces très-rares à
trouver, principalement des *femelles* & des *ailes* : les planches
de bordage & de fond doivent être fort longues & épaiffes : les
liures qui font des pieces courbes fervant à élever les bords des
bateaux, les *clans*, les *crouchaux*, les *chefs*, *plats - bords*, *maffes
de gouvernail*, toutes ces pieces & plufieurs autres fe trouvent
difficilement même dans les grandes forêts. Ainfi quand on
exploite des bois à portée des grandes rivieres navigables, il
faut avoir l'état des dimenfions des pieces les plus rares, parce
qu'on eft affuré de les vendre avantageufement.

Je me propofe de parler plus en détail de l'échantillon des
bois propres à la conftruction des Vaiffeaux; mais je le ferai
précéder de quelques réflexions générales : quoiqu'elles regardent principalement les exploitations qu'on fait pour la Marine, elles auront cependant leur application & leur utilité
pour tous les bois de gros échantillon.

CHAPITRE III.

Des Bois pour la Marine.

ARTICLE I. *Réflexions générales sur les Bois qu'on exploite pour la Marine.*

ON diftingue les bois de Chêne qui fervent à la conftruction des Vaiffeaux en *bois droits*, ou plus exactement en *bois longs*; parce qu'une partie des bois que l'on comprend dans cette claffe, font un peu courbes; & en *courbans*, ou *bois courbes*, ou *bois tords*, ou *bois de gabari :* ces termes font tous fynonymes.

La claffe des *bois longs* comprend les pieces dont on fait les quilles, les *baux*, les *barreaux*, les *étambots*, les *ferre-bauquieres*, les *iloirs*, les *bordages*, les *vaignes*, &c.

Les bois de gabari font toutes les pieces propres à faire les *étraves*, les *contre-étraves*, les *porques*, les *courbes d'étambot*, d'*arcaffe* & autres, les *varangues de fond* & *acculées*; celles de *porques*, les *guirlandes*, les *membres*, comme *genoux-de-fond*, premiere, feconde & troifieme *alonges*; les *alonges-de-revers*, celles d'*écubier*; les *pieces de tour*, *pointes de précintes*, &c.

Toutes les pieces de *gabari* doivent être droites fur deux faces oppofées; il n'y a que leur différente courbure qui faffe connoître les ufages auxquels elles peuvent être employées.

Les *bois longs* qu'on livre dans les Ports, font, à deux ou trois pouces près, équarris à vive-arrête.

Quelquefois les bois de gabari qu'on tire des forêts de Provence pour le Port de Toulon, ont été gabariés dans les forêts mêmes; mais cela ne s'eft pratiqué que quand ils étoient deftinés en particulier à une conftruction ordonnée.

Lorfqu'on a fuivi cette pratique, on ne leur donnoit, en les façonnant dans la forêt, que l'épaiffeur néceffaire; & fur la largeur

geur on faiſoit ſeulement excéder l'équarriſſage d'un ou de deux pouces, de ſorte que chaque piece avoit ſa deſtination déterminée & fixe.

Mais quand on exploitoit des bois pour les radoubs, on ſe contentoit de ſuivre la figure propre à chaque arbre, & on les équarriſſoit, à deux ou trois pouces près de la vive-arrête, de ſorte qu'on ne donnoit à ces pieces aucune deſtination déterminée.

Les bois de gabari qu'on tire de différentes Provinces pour les Ports de Breſt & de Rochefort, ſont tous travaillés comme ceux de Provence pour les radoubs, ou pour l'approviſionnement général de l'Arcenal; ces pieces ne ſont pas entiérement équarries à vive-arrête, & on ne leur donne aucune deſtination marquée; leurs dimenſions & leur courbure ſont telles, que chaque arbre a pu les donner; on a ſeulement ſoin que ces bois aient deux ou trois pouces de plus ſur la largeur que ſur leur épaiſſeur; cependant il y a preſque toujours du bois à retrancher ſur l'épaiſſeur.

Aſſez communément les Anglois ne donnent aucune façon aux bois avant de les tranſporter dans les Ports; ils en retranchent ſeulement les branches inutiles & l'écorce, & ſouvent ils les livrent dans les Arcenaux avec deux & même pluſieurs groſſes branches.

Les Hollandois tiennent le milieu entre ces pratiques; ils font équarrir groſſiérement le bois dans les forêts; je dis groſſiérement, parce que tous les bois qui viennent dans leurs Ports ont des défournis, & leurs dimenſions excedent aſſez conſidérablement les pieces de conſtruction.

Chacune de ces pratiques a ſes avantages & ſes inconvéniens. Il y a très-peu de déchet ſur les bois longs qui ont été équarris dans les forêts à peu-près à vive-arrête: outre que leur tranſport occaſionne moins de frais, on ne paye point, lors de la réception, le bois qu'il faudra retrancher par la ſuite; on épargne outre cela ſur la main-d'œuvre qui eſt conſidérable, & cependant néceſſaire pour réduire ces pieces à leurs dimenſions. D'autre part, quand les bois n'ont été que médiocrement travaillés, on a l'avantage d'en pouvoir changer la deſtination,

M m m m

& l'on eſt en état de ſatisfaire aux beſoins actuels, parce qu'on peut, à la faveur de leur plus grande groſſeur, & en ménageant les parties des pieces qui ne ſont point *flacheuſes*, faire, ſoit un bau ou un demi-bau avec un plançon à peu-près droit, ou bien trouver une précinte dans telle piece qui auroit été équarrie à vive-arrête, mais qui ne porteroit que la largeur ordinaire des bordages.

Il eſt vrai que ſi l'on avoit une parfaite intelligence de toutes les parties de l'exploitation, on pourroit faire cette économie dans les forêts mêmes, en y faiſant refendre les arbres en précintes, iloirs, bordages, &c : par ce moyen on préviendroit que les bois ne ſe fendiſſent, & en même-temps on rendroit leur tranſport plus facile ; on ne peut diſconvenir qu'il y auroit encore une grande économie à gabarier dans les forêts les bois deſtinés à faire des membres, parce qu'il ne ſe trouveroit preſque point de déchet lorſqu'on les emploieroit aux conſtructions; mais cette pratique ne peut avoir lieu que quand les forêts ſe trouvent à portée des Ports où l'on conſtruit, & lorſque ces forêts ont aſſez d'étendue pour qu'on puiſſe y trouver des aſſortiments complets : c'eſt ce qui ſe rencontre bien rarement.

Il y a un autre inconvénient à *gabarier* les bois dans les forêts: ſi les pieces ne doivent pas être employées promptement, elles ſe fendent, elles ſe tourmentent, leur ſuperficie s'altere ; & rarement peut-on les employer ſuivant leur deſtination, parce qu'on leur laiſſe très-peu de bois à retrancher. On pourroit bien remédier à une partie de ces inconvénients, ſi l'on conſervoit les bois dans l'eau ; mais peut-être auſſi leur cauſeroit-on d'autres dommages : c'eſt ce que je me propoſe d'examiner dans la ſuite.

Comme il eſt toujours très-difficile, & ſouvent même abſolument impoſſible de porter les gabaris dans les forêts, on a dreſſé des tarifs où ſont énoncées les dimenſions des pieces & leur courbure. Si l'on ne conſidere ces tarifs que comme des à-peu-près qui ne doivent ſervir que pour dénommer proviſionnellement les pieces dans les inventaires, à la bonne heure; mais dans les exploitations, il faut bien ſe garder de réduire exactement les pieces felon les dimenfions des tarifs ; car il arriveroit que par la fuite plufieurs de ces pieces perdroient une partie de leur mérite : je vais le prouver.

Il arrive rarement qu'un Conftructeur faffe plufieurs Vaif-feaux de même rang , parfaitement femblables dans toutes leurs parties ; à plus forte raifon fe trouve-t-il plus de diffé-rence, lorfque plufieurs Vaiffeaux ne font pas conftruits par les mêmes Conftructeurs : de plus , il eft fenfible que la cour-bure des pieces change néceffairement pour les Vaiffeaux de différents rangs. Il faudroit donc faire un tarif immenfe pour fixer , même à peu-près, la courbure que les pieces de gabari doivent avoir dans différentes circonftances : un pareil ouvra-ge feroit difficile à exécuter. Mais fuppofons-en la poffibilité , il deviendroit inutile ; car qui font ceux qui , chargés du pro-digieux détail de l'exploitation des bois, pourroient fe mettre les calculs d'un tel ouvrage dans la tête ? Difons plus , quand même on fe le feroit rendu bien familier , on ne pourroit tra-vailler avec l'exactitude que donne la méthode de porter les gabaris dans les forêts, qui eft fans contredit la plus exacte ; & malheureufement cette méthode n'eft praticable que dans des cas particuliers ; outre cela , je vais faire voir qu'elle eft fujette à des inconvénients.

Un Charpentier qui , muni de fes gabaris , va faire une ex-ploitation, s'occupe entiérement de la recherche des pieces qui lui font demandées ; il diminue celles qui font trop groffes, & les réduit aux foibles dimenfions qu'exigent fes gabaris ; il redreffe à la hache & aux dépens du bois celles qui font trop courbes ; il racourcit celles qui font trop longues ; en un mot, le Charpentier uniquement occupé de remplir l'état que le Conftructeur lui a donné , ne s'embarraffe en aucune façon d'économifer les bois ni de ménager les pieces rares.

Pour faire fentir jufqu'où peut s'étendre une pareille dépré-dation, fuppofons qu'un arbre puiffe fournir quatre pieces pré-cieufes , & qu'on n'ait befoin que d'une de ces pieces pour le Vaiffeau dont on porte les gabaris , le Charpentier commencera par exploiter celle-là, puis il travaillera le refte du corps de l'arbre fuivant les autres gabaris dont il aura befoin ; en conféquence il fera tomber les trois autres pieces dans des qualités inférieures : voilà donc trois pieces perdues, & qu'on auroit dû ménager, foit pour la conftruction d'autres Vaiffeaux, foit pour des radoubs.

Un Armateur qui n'auroit qu'un Vaiffeau à conftruire, pourroit chercher le bois dont il auroit befoin dans un bouquet qu'il auroit acheté, parce que fon unique but eft de conftruire ce Vaiffeau ; encore cet Armateur fe gardera-t-il de détruire les pieces rares qui ne pourroient fervir à cette conftruction ; il préférera de les vendre un prix avantageux, plutôt que de les dégrader pour les employer à fon Vaiffeau.

Mais dans les Arcenaux du Roi où il y a des *pontons*, des *rats*, des *gabares*, des *chattes*, des *canots*, des chaloupes, des frégates, des flûtes, de gros Vaiffeaux à conftruire ou à radouber, il convient d'être afforti en bois de toutes efpeces ; & le meilleur parti qu'on puiffe prendre, eft de tirer de chaque arbre autant de pieces qu'il en peut fournir ; parce que dans de pareils Arcenaux, on trouve toujours à les employer felon la deftination où ils peuvent être propres ; & l'on ne doit fe déterminer à faire de grands déchets, que dans les circonftances où la néceffité en fait un befoin abfolu : en pareil cas forcé, on eft obligé de travailler un arbre, comme l'on dit, *à la demande du gabari*, & quelquefois un même arbre peut fournir une *courbe Capucine*, ou un *ringeot*, ou un *genou de fond*, ou une *varangue acculée*, ou une *alonge* ; on choifit entre toutes ces deftinations, les pieces dont on fe trouve avoir actuellement befoin, & celles qui peuvent occafionner le moins de perte.

Quand on fe borne à façonner les bois dans les forêts, felon la figure des arbres, & la groffeur qu'ils peuvent fournir, ainfi que nous venons de le dire, on ne peut éviter qu'il n'y ait plus ou moins de déchet felon que l'épaiffeur des pieces differe plus ou moins de la largeur ; mais auffi, plus on aura laiffé de bois à retrancher, plus on trouvera de reffources pour l'équerrage, & pour varier les deftinations.

Nous avons dit que les Anglois ne donnent dans les forêts

aucune façon à leurs bois : par cette méthode ils augmentent
beaucoup le prix des tranfports ; mais auffi il y a dans cette
pratique une fi grande économie de matiere, qu'elle peut dé-
dommager de la dépenfe du tranfport. Il y a certaines pieces
qui fe rencontrent fi rarement, & qui font néanmoins fi effen-
tielles aux conftructions, qu'on ne peut apporter trop d'attention à les ménager. Cependant quand les tranfports fe font
par terre, on ne peut prendre toutes ces précautions que
pour les pieces qui font fort rares & précieufes ; mais on peut
les étendre à un plus grand nombre, lorfque la plus grande
partie du tranfport fe peut faire par eau ; dans ce cas, &
quand le tranfport des bois devient facile, je crois qu'on doit
fuivre la méthode des Anglois, parce que toutes les parties
d'un arbre peuvent être employées à leur vraie deftination. Par
exemple, un arbre de 24 pouces de diametre, dans lequel on
trouveroit, fuivant la pratique de nos Ports, un plançon de 16
à 17 pouces d'équarriffage, pourroit encore produire, en fuivant la méthode Angloife, quatre bordages de deux, trois ou
quatre pouces d'épaiffeur, aux endroits marqués *I K* (*Planche
XXXIV. fig. 6*). Mais pour tirer de cette économie le meilleur parti poffible, il faudroit avoir dans les Ports des moulins
à fcies pour lever les doffes avec le moins de frais poffible :
nous ferons voir dans la fuite que ces moulins produiroient
encore d'autres avantages.

Une utilité affez importante de la méthode Angloife & dont
je n'ai point encore parlé, c'eft de tirer de chaque arbre les
pieces les plus précieufes que l'arbre puiffefournir par fes dimenfions & fa figure, & de fe les procurer felon le befoin qu'on en
peut avoir, bien plus avantageufement qu'on ne pourroit faire,
fi l'on alloit chercher des arbres fur pied dans les forêts, comme on fait quelquefois lorfque les befoins font preffants.

J'ajoute, comme nous l'avons déja dit en rapportant le
détail des recherches que nous avons faites fur ce qui peut
produire les fentes, que les arbres qui ne doivent point être
refendus à la fcie, fe confervent mieux dans les Ports, lorfqu'ils reftent enveloppés de leur aubier, que quand ils ont

été équarris ; parce que l'aubier ralentit la diffipation de la feve, & qu'il empêche que le bois ne fe fende beaucoup.

Les Hollandois, en fe contentant d'équarrir groffiérement leurs arbres, fe procurent une partie des avantages de la méthode Angloife, quant à l'économie de la matiere, & aux reffources qu'ils fe ménagent relativement à la deftination des pieces ; & ils évitent en partie l'inconvénient de la difficulté du tranfport.

Chacune de ces méthodes a donc fes avantages & fes inconvénients. On ne peut gueres fe difpenfer de réduire, le plus exactement qu'il eft poffible, à leurs juftes dimenfions, les grandes pieces qu'on eft obligé de tirer des forêts éloignées ; tout ce qu'on doit exiger des Fourniffeurs, c'eft qu'ils ne coupent pas en deux les belles pieces, dans la vue d'en rendre le tranfport plus aifé ; mais on fera bien de ne faire équarrir que groffiérement, fur-tout les bois courbes, lorfqu'on les tirera des forêts voifines des Ports où fe font les conftructions, ou de ceux où l'on peut les embarquer fur des rivieres navigables ; parce que dans ce cas la matiere eft plus importante à conferver que la voiture à ménager. On pourroit même alors livrer les arbres fimplement écorcés, fi l'on prévoyoit que les bois duffent y refter long-temps avant d'être employés. Quand on doit garder long-temps les pieces avant de les employer, on eft obligé de retrancher un peu de bois de la fuperficie ; il convient alors de les tenir un peu plus groffes que les dimenfions précifes qu'elles doivent avoir pour être mifes en place.

Enfin, en toute occafion, il faut avoir foin de prendre, précifément pour chaque piece, l'arbre qui lui convient & qui ne peut être propre qu'à cette deftination : en s'écartant de cette regle, il arrive fouvent qu'on coupe pour des befoins preffants, des Chênes qui feroient mieux employés à des pieces beaucoup plus importantes. C'eft par cette raifon qu'il faut défendre aux Ouvriers de former le gabari des pieces aux dépens du bois.

Nous avons déja dit qu'à l'égard des bois de gabari, il les falloit tenir toujours *méplats*, & de maniere que leur largeur excede de 4, 5 ou 6 pouces leur épaiffeur, afin de fournir les

Ports de pieces qui puissent être employées à différentes des-
tinations. Il est vrai que les pieces exploitées suivant ces principes, ne paroîtront pas fort contournées lors de la livraison;
mais on pourra leur donner autant de courbure que le Cons-
tructeur en aura besoin : cette méthode s'éloigne moins de celle
où on livre les bois en grume.

On voit qu'il faut varier l'exploitation des bois suivant les
circonstances : dans les cas où les bois sont rares & les voitures
commodes, on ne doit que dégrossir les arbres & même les livrer
en grume, simplement dépouillés de leur écorce. Quand les bois
sont communs & les voitures difficiles, on est obligé de gabarier
les pieces dans les forêts, & de leur donner à peu-près les dimensions qu'elles doivent avoir quand on les mettra en place.

Si l'on fait une exploitation pour une construction qu'il importe d'exécuter promptement, & que la forêt soit voisine du
Port, il conviendra de gabarier les bois dans la forêt même;
mais s'il ne s'agit que de faire des approvisionnements de bois,
il sera mieux de les tirer grossiérement équarris.

Je passe à une considération qui, pour être d'un autre genre,
n'en est pas moins digne d'attention.

Article II. *Qu'il est très-avantageux de prendre
dans les arbres les moins gros, les membres de construction relatifs à leurs échantillons.*

On desire toujours dans les Ports d'avoir de très-gros Vaisseaux; & dans cette idée on ne cesse de demander aux Fournisseurs de fort grosses pieces, sauf à les réduire si l'on n'a
que des Vaisseaux de moindre rang à construire.

Je dis que les dimensions qui excedent celle des membres
des Vaisseaux qu'on construit, telles qu'on a coutume de les
fixer aux Fournisseurs & aux Officiers commis aux recettes,
font un préjudice considérable au service de la Marine.

Je prie qu'on fasse attention qu'il ne s'agit pas ici de pieces
dont on pourroit retrancher du bois dans les forêts; je ne prétends rien changer à ce que je viens de dire à ce sujet; mais je

me plains de ce qu'en fuivant les regles auxquelles on affujettit les Fournifſeurs, on fe met dans le cas, pour avoir la fatiſ-
faction de tailler, comme l'on dit, en plein drap, de prendre
des membres d'une groſſeur médiocre dans de très-gros arbres ; je me plains encore de ce qu'on exige des Conſtructeurs,
que tous les membres qu'ils font mettre en place, foient équarris à vive-arrête, & fans qu'on puiſſe voir aux angles ni flaches
ni défournis : je vais tâcher de faire connoître combien cette
pratique eſt contraire au bien du fervice.

Il eſt conſtamment vrai que plus les pieces pour les membres
font groſſes, plus elles renferment de défauts & de principes de
corruption. Il eſt encore vrai que les gros & vieux arbres qui
fourniſſent les pieces d'un ſi gros échantillon, ont été preſque
tous rebutés par ceux qui long-temps avant les avoient déja
jugés d'une qualité médiocre, ou d'un tranſport trop difficile :
le temps où ces arbres ont depuis reſté fur pied, les a rendus
encore plus défectueux ; ils ont continué à s'ufer de plus en
plus ; & peut-être que dans cet état ils ont encore éprouvé les
rigueurs de l'Hiver de 1709 qui aura achevé de les gâter, &
de les rendre non-feulement inutiles, mais même dangereux
pour le fervice. Si l'on fe rappelle ce que j'ai dit dans cet ouvrage fur l'âge des arbres, & les expériences que nous avons
faites pour parvenir à connoître quelle pouvoit être la faifon
la plus favorable pour les abattre ; on conviendra que tous
ceux de cette efpece font fur le retour, que leur cœur eſt
affecté d'une corruption commencée ou prochaine : cependant
quand on travaille dans les Ports les pieces de gros échantillon,
pour les réduire aux dimenfions qu'elles doivent avoir, on
ôte le bois de la circonférence qui dans ce cas eſt le meilleur,
& l'on conferve la partie déja altérée ; de-là vient le peu de
durée de tous les ouvrages qu'on conſtruit avec de fort gros
bois : fouvent c'eſt à tort qu'on s'en prend à la nature du terrein
où ces arbres ont crû, ou bien à la faifon dans laquelle ils ont
été abattus.

Comme je crois avoir fuffifamment prouvé que tous les arbres de gros échantillon font en retour, & que tous les arbres
en

en retour, ont dans leur intérieur un principe de corruption, on doit en conclure qu'il faut donner la préférence aux arbres qui n'ont que la groffeur précife & convenable à l'échantillon des Vaiffeaux qu'on veut conftruire : le Roi ne feroit pas tenu de payer aux Fourniffeurs le bois qu'il faut retrancher, ni les journées d'Ouvriers qu'il faut employer pour réduire les groffes pieces aux dimenfions requifes : au lieu de mettre en œuvre des bois ufés, & qui ont un commencement de pourriture, on emploieroit du bois vif & moins chargé de défauts. En conféquence de ces principes, il ne faudroit pas rejetter des membres qui auroient des défournis ; car pourvu que dans ces membres les faces qui fe touchent, puiffent fe joindre exactement, il eft fort indifférent que celles qui répondent aux mailles foient flacheufes ou non.

Pour éviter toute équivoque, il eft bon de fe rappeller que j'ai dit dans le Livre précédent, que le bois du centre des arbres en crûe eft le plus parfait. Ainfi, dans les circonftances où l'on emploie du jeune bois, c'eft celui du cœur qu'on doit ménager avec le plus de foin. Mais j'ai prouvé auffi que, dans les bois fort gros, & par conféquent très-vieux, le bois du centre a prefque toujours contracté un commencement d'altération qui fe manifefte bien-tôt par la pourriture. Si l'on pouvoit dans ce cas retrancher le bois du cœur, pour n'employer que celui de la circonférence, on fupprimeroit la partie déja viciée, & ce qui refteroit feroit le moins mauvais ; mais cela ne fe peut pratiquer pour les membres des gros Vaiffeaux, ni pour les poutres des bâtiments civils ; & c'eft en partie pour cette raifon que les Frégates & les Vaiffeaux Marchands, qu'on conftruit avec du bois de petit échantillon, durent plus long-temps que les gros Vaiffeaux. Cependant on peut faire une application de ce que je viens de dire, pour avoir de meilleurs bordages ; car fi l'on leve au milieu d'un plançon (*Pl. XXXIV. fig.* 8), une tranche *A B*, qu'on pourroit employer à des ouvrages de peu de conféquence, on fupprimeroit le centre de ce plançon qui eft ordinairement la partie viciée ; & le bois des bordages *CC, DD* en feroit d'un meilleur emploi : j'ai vu fuivre cette pratique avec fuccès.   N n n n

Je me suis trouvé dans l'occasion de vérifier ce que je viens de dire, lorsque j'étois présent à la visite que l'on faisoit de plusieurs gros Vaisseaux, pour reconnoître s'ils étoient en état de faire campagne. J'annonçois alors, avant qu'on eût délivré les bordages, que la pourriture des membres se trouveroit ou à leur superficie ou dans leur intérieur. Voici ce qui me guidoit dans mon jugement.

Si je voyois par le contour des membres, que le cœur de la piece se devoit trouver à l'extérieur du membre, j'annonçois que la pourriture se manifesteroit au dehors du membre, aussi-tôt qu'on auroit levé le bordage ; si au contraire le cœur de l'arbre se devoit trouver à l'intérieur du membre, j'assurois que quand on auroit levé le bordage, l'extérieur du membre paroîtroit sain ; mais qu'en le perçant avec une tariere, on reconnoîtroit bien-tôt que l'intérieur étoit pourri. Cette observation justifie ce que j'ai dit dans le Chapitre de l'âge des arbres, pour rendre raison de ce que la plupart des grosses poutres pourrissent dans l'intérieur.

Ces réflexions, quoique présentées uniquement ici pour les bois de Marine, peuvent donc avoir leur application à tous les bois de gros échantillon qui s'emploient dans les bâtiments civils. Mais comme je serai obligé de revenir sur ce même objet, je termine cette digression pour reprendre le fil de mon objet ; en conséquence, je vais donner les dimensions des principales pieces qui entrent dans la construction des Vaisseaux.

ARTICLE III. *Dimensions des principales pieces qui entrent dans la construction des Vaisseaux de Guerre.*

J'AI dit qu'on distinguoit en général tous les bois servant à la construction des Vaisseaux, en *bois droits*, & *bois courbes*. En me conformant à cette division, je ferai un paragraphe particulier de chacun de ces bois.

Je représenterai en figures quelques membres tracés sur les arbres même, pour faire mieux comprendre la façon de les exploiter ; mais comme par cette méthode je craindrois de trop multiplier les figures, je me bornerai pour plusieurs de ces pieces, à en marquer à peu-près le contour.

§. 1. *Des Bois droits.*

Les pieces de quille (*Pl. XXXIII. fig. 9*), doivent être des plus fortes dimenfions ; elles ne peuvent être jamais trop longues ; & autant qu'il eft poffible, elles doivent être bien droites fur tous les fens. Leur longueur eft ordinairement entre 30 & 40 pieds, & leur équarriffage de 20 pouces fur 18, ou de 17 fur 16, ou de 16 fur 15, ou de 15 fur 14, &c, fuivant la force des bâtiments pour lefquels on les deftine.

Les pieces pour les *baux* & les *barreaux* (*Fig. 10*) B, font à l'égard des Vaiffeaux, ce que les *Pontons* font aux bâtiments civils : on laiffe à ces pieces toute la longueur qu'elles peuvent porter ; elles doivent être droites & bien alignées fur deux faces oppofées ; & dans l'autre fens, elles doivent être un peu courbes: la longueur ordinaire des baux eft depuis 28 pieds jufqu'à 40, & plus s'il fe peut : on les fait fouvent de deux pieces; & en ce cas il fuffit que chaque piece porte depuis 24 jufqu'à 28 pieds de longueur ; leur équarriffage doit être de 18 pouces fur 17, ou de 17 fur 16, ou de 16 fur 15, ou de 15 fur 14. Comme les baux des Vaiffeaux de différents rangs, font de différente groffeur ; & comme tous ceux d'un même Vaiffeau ne doivent pas être d'une pareille force, le Conftructeur choifit dans les pieces de cette efpece qui fe trouvent dans l'Arcenal, ceux qui conviennent le mieux au bâtiment qu'il conftruit.

Quant à la courbure des baux, elle varie depuis 7 pouces jufqu'à 10 ; c'eft-à-dire, qu'en tendant une ligne dans toute la longueur de la piece, comme le repréfente la ligne ponctuée *a b* (*Fig. 13*), la longueur de la fleche *d c*, doit être de 7 à 10 pouces, c'eft-à-dire, de deux à trois lignes par pied felon la longueur du bau.

Les pieces d'*étambot* (*Fig. 11*), doivent être d'égale épaiffeur dans toute leur longueur ; mais on doit les tenir plus larges par le bas que par le bout fupérieur : leur longueur varie depuis 25 jufqu'à 35 pieds ; leur largeur depuis 18 pouces jufqu'à 20 ; & leur épaiffeur depuis 14 pouces jufqu'à dix-huit:

N n n n ij

tout cela doit être entendu relativement au rang des Vaiffeaux.

Les *bittes* dont on peut prendre une idée (*Fig. 4*), font alignées droites fur leurs quatre faces; mais elles font environ d'un tiers plus menues par un bout que par l'autre; elles doivent avoir depuis 19 jufqu'à 25 pieds de longueur; & d'équarriffage, 15 pouces fur 16, ou 13 fur 14 vers le gros bout.

Il faut, outre les bois dont nous venons de parler, avoir un affortiment de plançons, & d'autres bois droits auxquels on affigne différentes deftinations, fuivant les befoins: on ne peut fe paffer d'avoir beaucoup de plançons à refendre à la fcie, pour en faire des *iloirs*, des *précintes*, des *bordages*, des *vaignes*; on y trouve encore des *barrots*, des *barottins*, des *contre-quilles*, des *contre-étambots*, des *barres* de Gouvernail, des *ferres*, des *gouttieres*, &c.

Exemple d'un affortiment de Bois longs.

Longueur en pieds.	Equarriffage en pouces.
35 .. à .. 40	16 ... fur .. 15
32 .. à .. 40	15 ... fur .. 14
30 .. à .. 36	14 ... fur .. 13
28 .. à .. 34	13 ... fur .. 12
25 .. à .. 30	11 ... fur .. 12
24 : .. à .. 27	11 ... fur .. 11
22 .. à .. 27	10 ... fur .. 11
22 .. à .. 26	9 ... fur .. 10
18 .. à .. 21	10 ... fur .. 11
16 .. à .. 20	9 ... fur .. 10
20 .. à .. 24	8 ... fur .. 8
16 .. à .. 22	7 ... fur .. 7
10 .. à .. 16	6 ... fur .. 6
8 .. à .. 12	7 ... fur .. 7

Enfin des *chevrons* de différente longueur, & de trois fur quatre.

§. 2. *Bois courbes*, *Bois tords ou Bois de Gabari.*

CES bois doivent être tous bien frappés fur le droit ; leur largeur, dans le fens de la courbure, doit être d'un tiers plus forte que leur épaiffeur : ceci doit être regardé comme une regle générale.

Les *ringeots* ou *brions* (*Pl. XXXIII. Fig.* 1 2), font partie de la *quille*, & de l'étrave ; ainfi ces pieces doivent former les deux branches d'une équerre fort ouverte ; la branche *b d* qui fait la prolongée de la quille, doit être plus longue que celle *b c* qui fe joint à l'*étrave*, & de forte qu'elle foit à l'autre à-peu-près comme 3 eft à 5 ½ : pour connoître l'ouverture de l'angle de ces branches, on prolonge la ligne ponctuée *b a* ; & il faut, pour les gros Vaiffeaux, qu'il y ait autant de fois 7 lignes de *a* en *c*, qu'il y a de pieds de *b* en *c* ; à l'égard des moyens, fix lignes fuffifent. Quoique ces regles varient fuivant les intentions des Conftructeurs, cependant les à-peu-près que nous venons de donner, pourront être utiles à ceux qui font des exploitations de bois : au refte, il y a des *ringeots* qui ont, de *a* en *d*, 16 pieds de longueur ; d'autres 26, & dont l'équarriffage eft de 21 pouces fur 18, ou 19 fur 16, ou 15 fur 18, ou 14 fur 17.

Les pieces d'*étrave* repréfentées en grume (*Fig.* 7), doivent avoir le plus de largeur qu'il eft poffible de leur donner ; elle doit excéder d'un tiers leur épaiffeur ; leur courbure doit être de 12, 14, 15 lignes par pieds de leur longueur ; en forte qu'une pareille piece qui auroit 24 pieds de longueur, doit avoir une fleche de 24 à 26 pouces ; ainfi la ponctuée *a c b*, faifant la corde de la piece d'étrave (*Fig.* 13), la fleche *c d* doit avoir 24 à 26 pouces. L'équarriffage de ces pieces eft de 20 fur 16, ou de 19 fur 15, ou de 18 fur 14.

Les pieces pour *contre-étraves* doivent être travaillées comme les *étraves* : leur longueur doit être au moins de 15 pieds, leur largeur d'un cinquieme plus fort que leur épaiffeur : elles doivent avoir plus de courbure que les pieces d'étrave, de forte que la fleche d'une piece qui auroit 15 pieds de longueur, devroit être au moins de 20 pouces.

On peut faire avec les pieces d'*étrave* & de *contre - étrave*, des *genoux de fond* & de *porques*, pourvu que ces pieces aient depuis 13 jufqu'à 18 pieds de longueur, & d'équariffage 18 fur 16, ou 17 fur 15.

Les *varangues de fond A* (*Fig. 14*), ont depuis 13 jufqu'à 24 pieds de longueur, & d'équarriffage 15 pouces fur 14, ou 14 fur 12, ou 13 fur 12 : leur courbure doit être d'un douzieme de leur longueur.

On prend dans les mêmes pieces des *varangues*, des *porcs*, des *alonges d'écubier*, des *pieces de tour*, quelques *guirlandes*, des *marfouins*, &c. Il eft bon que certaines pieces, telles que celles (*Fig. 15*), foient courbes, principalement par un de leurs bouts, & que quelques autres pieces aient leur principale courbure dans le milieu de leur longueur.

Les *guirlandes B* du fond des Vaiffeaux (*Fig. 14*), celles (*Pl. XXXIV. fig. 16*); les *courbes de pont* (*Fig. 17*); les *courbes d'arcaffe* (*Fig. 18*); les *courbâtons* (*Fig. 19*), les *varangues acculées*, & les *fourcats* (*Fig. 20, 21 & 22*), toutes ces pieces doivent être bien travaillées fur le droit : leur largeur doit être au moins d'un quart plus confidérable que leur épaiffeur.

A l'égard des *courbes*, il faut que le bras qui forme la courbe, ait au moins les deux tiers de la longueur du corps ; & il ne faut point les rogner : de plus, la groffeur du bras doit être proportionnée à celle du corps ; enfin les bras de ces fortes de pieces doivent faire, avec leur corps, un angle de 80, 90, 100, 110 ou 120 degrés au plus ; paffé ce terme, on ne peut plus les confidérer comme des courbes ; elles ne peuvent être employées que pour des *genoux de fond*, des troifiemes *alonges*, ou pour quelques *varangues acculées*, lorfqu'elles font bien fournies dans leur colet : il faut pour cela que ces pieces aient au moins 13 à 14 pieds de longueur ; & leur *courbure* doit être depuis 12 jufqu'à 18 & 20 lignes d'arc par pieds de leur longueur ; enforte qu'un *genou* ou une troifieme alonge qui auroit 12 pieds de longueur, doit avoir au moins 12 pouces de fleche ; ceux qui porteroient 15, 18, ou même 20 pieds, feroient beaucoup plus utiles pour les conſtructions.

Les premieres & fecondes alonges, ainſi que celles de re-vers (*Figures* 23, 24 & 25), fe trouvent aiſément dans les forêts, & les Fourniſſeurs en livrent en plus grande quantité qu'on ne leur en demande ; de forte qu'il en reſte toujours beaucoup d'inutiles & qui pourriſſent dans les Ports. Les plus courtes de ces pieces doivent avoir 12 à 14 pieds de longueur: plus leur courbure eſt conſidérable, plus elles font avantageu-ſes pour les conſtructions & les radoubs.

Les *liſſes d'ourdi* ou *barres-d'arcaſſe*, doivent avoir deux cour-bures, ce qui les rend difficiles à rencontrer ; leur longueur ordinaire eſt depuis 24 pieds juſqu'à 34 ; & leur équarriſſage, de 16 à 21 pouces : il faut que la courbure foit dans un fens, de 3 lignes par pied de la longueur de la piece, & dans l'autre fens de quatre lignes.

Pour travailler ces pieces après qu'elles ont été coupées de longueur, on les met en chantier, de façon qu'une ligne droite tirée d'un bout à l'autre, puiſſe rentrer au milieu de la piece d'un quart de ſa longueur réduite en pouces, pour pouvoir tracer une ligne courbe dont la fleche ait cette valeur.

Suppoſons, par exemple, qu'on ait à travailler une *liſſe d'ourdi* de 24 pieds de longueur, & de 24 pouces de diametre vers ſon petit bout ; il faut faire charger la ligne ſur chaque bout de 3 pouces & demi pour le premier parage ; la ligne droite étant bien tendue, on la marque d'aplomb ſur toute la longueur de la piece, & on examine s'il ſe trouve au milieu 6 pouces de plus de bois, que fur les bouts ; ces 6 pouces fer-vent à donner à cette piece la rondeur requiſe fur le premier fens ; car 6 pouces eſt le produit du quart de 24 pieds, qu'il faut réduire en pouces, ou bien en prendre le douzieme qui fait 6 pouces.

Si dans cet alignement, les 6 pouces ne ſe trouvoient pas à l'extérieur de la ligne vers le milieu, il faudroit tourner la piece juſqu'à ce qu'ils puſſent s'y rencontrer ; ou recharger la

ligne droite fur la piece, fi fon épaiffeur le permettoit, jufqu'à
ce qu'on ait trouvé une fleche de 6 pouces.

On divifera enfuite la longueur de la piece fur la ligne droite,
en autant de parties égales qu'on voudra, par exemple, en 6;
& on portera fur la divifion du milieu, 6 pouces, ce qui doit
faire la plus grande courbure ; fur celle des côtés, 5 pouces;
fur celles qui fuivent, 4 pouces; & de même, on marque fur
chaque divifion la courbure que la piece doit avoir, & on la
fait enfuite parer d'aplomb fuivant cette courbure.

Quand la piece a été ainfi parée fur fes deux premieres faces,
on la renverfe fur le côté paré, qu'on doit mettre bien parallele à l'horizon ; quand elle a été bien calée, on préfente la
ligne, de façon qu'elle fe charge fur le milieu, d'un tiers de fa
longueur, divifé par douze, ou réduit en pouces; c'eft-à-dire,
pour l'exemple préfent, de 8 pouces, parce qu'on a fuppofé
que cette liffe avoit 24 pieds de longueur. On opere enfuite
fur cette feconde face, comme on a fait pour la premiere ; mais
fa courbure doit être plus grande que celle de la premiere,
puifqu'elle eft d'un douzieme du tiers de la longueur de la
piece, au lieu que l'autre n'étoit que d'un douzieme du quart
de cette même longueur.

On pourroit fuivre la méthode que je viens d'indiquer pour
le parage des autres bois courbes, avec cette différence qu'on
commenceroit par aligner bien droit deux faces oppofées, &
que l'on opéreroit fur la face courbe, comme je viens de
l'expliquer; mais comme il faut peu travailler les pieces courbes fur le tors, on fe difpenfe de prendre tant de précautions.

Nous avons dit qu'il falloit être bien afforti dans les Ports
de toutes fortes de bois droits; il n'eft pas moins important
d'avoir un bon affortiment de bois tors bien alignés, & frappés fur le plat, & qui n'aient point été *affamés* dans l'intérieur de leurs courbes, pour la faire paroître plus confidérable.

J'ai déja averti qu'on ne doit entendre toutes les mefures
que j'ai données que comme des à-peu-près, que je crois fuffi-
fants pour guider ceux qui font chargés de l'exploitation des
bois dans les forêts. Si néanmoins on defiroit opérer avec plus
de

de précifion fur cet objet, on doit confulter le premier Chapitre, & les Tables de mes *Eléments d'Architecture Navale.*

CHAPITRE IV.

Des Bois de fciage.

Aprés avoir parlé des bois qu'on équarrit à la cognée, & qu'on nomme affez communément les *Bois quarrés*, je dois parler de ceux qu'on refend avec la fcie de long, & qu'on nomme *Bois de fciage*, lors même qu'ils reffemblent par la forme aux bois quarrés ou équarris. Ainfi une folive ou un chevron eft compris dans les bois quarrés, quand il a été équarri à la cognée; & lorfque ces mêmes pieces ont été refendues avec la fcie de long, elles font réputées bois de fciage.

Par l'opération de la fcie de long, on ménage beaucoup de bois, & l'ouvrage s'expédie affez promptement, fur-tout quand on fait agir plufieurs fcies par des moulins à eau ou à vent.

On a coutume de commencer par équarrir à la cognée les bois qu'on deftine à être refendus à la fcie; cependant il y a des cas où il paroît plus convenable de refendre à la fcie les bois, fans les avoir auparavant équarris; c'eft ce que je ferai connoître, après que j'aurai expliqué en peu de mots le travail du Scieur de long.

ARTICLE I. *De la maniere de refendre les Bois avec la fcie de long.*

Les Scieurs de long ne peuvent être moins de deux Ouvriers pour exécuter leur travail; communément ils font trois, & ce n'eft pas trop pour monter de groffes pieces fur leur chevalet. Quand une pareille piece a été mife en place, un Ouvrier *A* (*Pl. XXXV. fig. 1 &2*), monté fur cette piece, releve la fcie & la dirige fur le trait; un ou deux autres *B*, placés au-

Oooo

deʃʃous de la piece, tirent la ʃcie en en-bas; & comme les dents de la ʃcie ne mordent qu'en deʃcendant, il faut plus de force pour la faire deʃcendre que pour la remonter; c'eʃt pour cette raiʃon qu'il y a ordinairement deux Ouvriers en bas. Je dis que les dents de la ʃcie ne mordent dans le bois qu'en deʃ-cendant, non-ʃeulement parce que ces dents qui ʃont cro-chues dans ce ʃens ne mordent point en montant, mais encore parce que les Scieurs de long écartent la ʃcie du bois, quand ils la remontent, & qu'ils l'appuient ʃur le bois en deʃcendant.

La premiere opération des Scieurs de long, conʃiʃte à éta-blir la piece qu'ils doivent travailler ʃur un chevalet (Fig. 2), ou ʃur des treteaux (Fig. 1); car cette piece doit être aʃʃez élevée, pour que les deux Scieurs qui reʃtent en bas, puiʃʃent être placés deʃʃous.

Lorʃqu'ils travaillent dans des Chantiers où ils trouvent or-dinairement du ʃecours pour élever les pieces fort peʃantes; ils ont coutume de ʃe ʃervir de deux forts treteaux C D (Fig. 1); & quand ils ont ʃcié un bout de la piece, comme, par exemple, en E, ils écartent le treteau C du treteau D, & ils travaillent entre ces deux treteaux qui ʃont fort commodes pour cette opération toutes les fois qu'on peut avoir du ʃecours pour monter les pieces deʃʃus. Mais comme il arrive ʃouvent que les Scieurs ʃe trouvent ʃeuls dans les ventes, il leur ʃeroit im-poʃʃible d'élever de lourdes pieces ʃur de pareils treteaux; en ce cas ils établiʃʃent eux-mêmes un chevalet qui a un treteau fort ʃimple & néanmoins très-ʃolide.

Ils prennent pour cet effet un rondin de bois (Fig. 3); ils y font avec leurs cognées les entailles a b, f g, un peu obliques à l'axe du rondin, afin que les pieds du treteau s'écartent par le bas: les entailles ʃont plus étroites par le haut du côté de a & b, que du côté de f & de g, c'eʃt-à-dire, par le bas, afin que les pieds ne puiʃʃent entrer plus avant qu'on ne les y a chaʃʃés.

Ces entailles ʃont auʃʃi plus larges par le fond que par leur entrée, afin que les pieds qui forment par leurs bouts d'en haut, une eʃpece de queue d'aronde, ne puiʃʃent ʃortir de l'entaille.

On fait trois entailles pareilles, une en a, l'autre en b &

la troifieme en *d* ; celle-ci n'eft que ponctuée dans la figure, parce que comme elle eft cachée derriere la partie du rondin qui fait le deffus du treteau, on ne la peut pas voir ici.

Les pieds de ce treteau font formés par trois pieces de bois femblables à celle marquée *c e* ; elles font rondes dans toute leur longueur, excepté au bout fupérieur *c* qui eft équarri, de façon que la face qui doit remplir le fond de l'entaille, foit plus large que celle de devant. On comprend que quand ces pieds ont été chaffés à grands coups de maffe, de façon que le bout *c* qui eft en forme de coin, entre à force dans l'entaille *a* ; ils y font folidement affujettis par un affemblage à queue d'aronde : ces trois pieds mis en place, forment le treteau folide *C* (*Fig.* 2).

Il eft queftion enfuite d'élever fur ce tréteau ou chevalet, la piece de bois qui doit être refendue à la fcie, telle, par exemple, que celle cotée *D* ; & comme ces fortes de pieces font ordinairement affez groffes & pefantes, les trois Scieurs de long doivent ufer d'adreffe & de force pour y réuffir. En ce cas ils établiffent un plan incliné compofé de deux longues membrures de bois, dont ils pofent un bout fur le chevalet & l'autre à terre ; enfuite ils font couler, fur ce plan incliné, la piece à refendre ; ils la tournent, & après l'avoir mife de travers & en équilibre fur le chevalet, ils la lient fur les membrures *G H*, avec des cordes *E, F*. Lorfqu'ils ont fcié la piece au-delà de la moitié de fa longueur, ils la retournent, & l'entretenant toujours en équilibre fur le chevalet, ils lient la moitié fciée fur les mêmes membrures, & achevent de fcier l'autre partie de cette piece.

Quand ils ont à fcier une très-groffe piece & trop pefante pour pouvoir être élevée fur le chevalet, ou lorfqu'ils ne veulent pas en prendre la peine, ils fouillent un trou en terre, dans lequel defcendent les deux Ouvriers qui doivent rabattre la fcie.

Avant de monter la piece qui doit être refendue, foit fur les treteaux, foit fur le chevalet, les Ouvriers tracent les traits qu'ils doivent fuivre en la débitant (*voyez fig.* 4) : ces traits fe marquent avec une ligne ou cordeau frotté dans du charbon de paille délayé dans de l'eau; enfuite on cale la piece avec beaucoup d'attention, & bien à plomb fur le chevalet; & pour cela on tient vis-à-vis de l'œil un fil à plomb, qu'on bornoye fur les deux faces verticales de la piece : après quoi le Maître Scieur *A* monte fur la piece, & commence le fciage avec fes deux Aides *B*.

Comme c'eft l'Ouvrier d'en haut qui dirige la fcie fuivant le trait, il doit être plus attentif que les deux autres ; fon travail eft auffi très-pénible, parce que c'eft lui qui releve la fcie.

A chaque coup de fcie, les Scieurs d'enbas la tiennent d'abord perpendiculairement, & à mefure qu'elle defcend, ils tirent le bas de la fcie vers eux; celui d'en haut attire en même temps à lui le haut de la fcie; de forte que le tranchant de cette fcie décrit une courbe néceffaire pour dégager de deffus le trait la pouffiere que la fcie a détachée du bois. Toutes les fois que l'Ouvrier remonte la fcie, il la recule un peu, afin que les dents ne frottent point contre le bois, ce qui le fatigueroit beaucoup, parce que fes bras ne font point en.force, quand ils remontent la fcie. Pour rendre encore la fcie plus coulante, on en frotte de temps en temps le feuillet avec de la graiffe, & l'on enfonce un coin dans l'ouverture du trait déja commencée, ce qui, joint à la voie que l'on donne aux dents de la fcie, lui donne beaucoup de jeu pour aller & venir. Quand les Scieurs enfoncent trop leurs coins, ils forcent les fibres du bois, ce qui fouvent occafionne des éclats qui endommagent les pieces : les Menuifiers rencontrent ces éclats lorfqu'ils travaillent les bois de fciage à la varlope.

Les feuillets pour les fcies de long font de différentes épaiffeurs : les uns font fort épais, & ils réfiftent plus que les autres ; mais auffi ils font des traits fort larges dans le bois : d'autres font plus minces & mieux dreffés, ceux-ci font des traits plus fins, & ils paffent plus aifément dans le bois ; mais il faut bien les ménager, fur-tout quand on travaille du bois rebours & ruftique : on s'en fert ordinairement pour refendre les bois dans les chantiers, & les plus épaiffes feuilles de fcie fervent à travailler le bois dans les forêts : on en emploie encore de plus fortes pour les fcies qui fe meuvent par le moyen de l'eau.

Quoiqu'on refende presque toujours à la scie des bois droits (*Pl. XXXV. fig. 4*), on refend aussi quelquefois des bois courbes, soit dans le sens de leur courbure (*fig. 5*), pour en faire des bordages, soit perpendiculairement à la courbure (*fig. 6*), pour en faire des pieces de tour.

M. le Normand qui a été Intendant de la Marine, a établi à Rochefort une police admirable sur les travaux de la construction des Vaisseaux : il est parvenu à faire lever à la scie presque tout ce qu'on réduisoit autrefois en copeaux avec la cognée, & il en a résulté une assez grande économie, puisque le bois ainsi débité à la scie, dédommage amplement de la main-d'œuvre ; les Charpentiers y trouvent aussi leur compte, parce qu'ils viennent à bout, en variant l'établissement des pieces sur les chevalets, de former si bien avec la scie l'équerrage de leurs pieces, que j'ai vu des membres qui avoient été ainsi refendues en aile de moulin. Comme ces sortes de pratiques ne peuvent avoir leur application que dans des cas particuliers, je ne m'étendrai pas davantage sur cet objet ; mais je vais entrer dans quelques détails sur la façon de débiter les bois droits avec la scie de long.

ARTICLE II. *Différentes méthodes qu'on emploie pour débiter les bois de sciage.*

COMME les gros bois étoient autrefois très-communs, on commençoit par équarrir une piece, comme on le peut voir (*Pl. XXXV. fig. 7*) ; ensuite on la refendoit en quatre *a, b, c, d,* dont on faisoit quatre solives de sciage fort propres, & peu sujettes à se fendre par les raisons que nous avons amplement détaillées dans le Livre précédent. Mais aujourd'hui que les gros bois sont rares, on emploie beaucoup de solives de brin mal équarries, qu'on recouvre de plâtre ou avec du plaque en bourre, pour former des plafonds qui couvrent toutes les défectuosités du bois.

On cartelle encore à la scie les bois dans les forêts éloignées où il se trouve de gros arbres ; mais on destine ceux-ci à faire

des planches ; en conféquence on refend ces cartelles en planches, tantôt comme le repréfente la cartelle *A A* (*Pl. XXXVI.
fig. I*) ; d'autres fois fuivant les lignes *B B*. En fuivant l'une ou
l'autre méthode, le cœur de l'arbre ne fe trouve point au
milieu des planches, & elles font moins fujettes à fe fendre
que quand on refend par le diametre *C D*, ainfi qu'on le pratique fouvent, fur-tout à l'égard du bois de Sapin, & quand
on cherche à donner plus de largeur aux planches. Mais en
gagnant de ce côté-là, je vais faire voir que l'on perd beaucoup
à d'autres égards.

Pour comprendre qu'il n'eft point indifférent de fcier les
arbres fuivant leur diametre, ni même dans toutes fortes de directions, il faut faire attention, qu'après qu'ils ont été carte-
lés, l'on apperçoit fur certaines planches de Chêne, des taches
brillantes, qui reffemblent affez à la couche intérieure d'un
noyau de pêche. Comme ces taches font brillantes, quelques
perfonnes les ont nommées *Miroirs* ; à Paris, on les appelle
plus à propos *Mailles* ; & l'on eftime les bois qui en portent
beaucoup, fur-tout ceux dont on fait les panneaux de menuiferie, parce qu'ils fe retirent moins que les autres, & qu'ils
font peu fujets à fe tourmenter & à fe fendre.

Refte à favoir d'où dépendent ces taches brillantes qu'on
nomme *les mailles*. Si l'on s'adreffe aux Menuifiers, la plupart
diront que c'eft la nature de certains bois ; & en effet il fe
trouve des planches qui ont beaucoup de mailles, & d'autres
qui n'en ont prefque point. Je ne nie pas qu'il y a des bois qui
ont effentiellement plus de mailles que d'autres, mais il eft certain que, fuivant la façon de les refendre, on peut faire paroître
beaucoup ou peu de mailles. Je me fuis affuré de ce fait par des
expériences exactes ; & pour rendre clairement ma penfée,
je renvoie à la *Figure I de la Planche XXXVI*, qui repréfente
l'aire de la coupe d'un rondin de Chêne. On y apperçoit des
cercles concentriques qui fe montrent fur la cartelle *E F* ; on
y voit outre cela des rayons qui s'étendent du centre à la circonférence : ces rayons que Grew a nommés *infertions*, font
des prolongements du tiffu cellulaire ou véficulaire. Ce font les

cercles concentriques, qui marquent fur les planches les traces qu'on voit en B (*Figure* 2.); & ce font les lignes rayonnées
qui font les mailles ou marques brillantes qu'on voit en *A*,
(*même figure*). Il s'enfuit que quand on refend un arbre par fon
diametre, c'eft-à-dire, parallélement à la ligne *C D* (*Fig.* 1),
comme on fcie ordinairement les planches de Sapin, on apperçoit fur leur plat des traces femblables à *B* (*Fig.* 2), & que ces
traces feront d'autant plus larges, que les planches approche-
ront plus de la circonférence *F* (*Fig.* 1), principalement, parce
que les traits de la fcie font prefque paralleles aux couches annuelles; & que comme elles font coupées très-obliquement,
elles fe montrent plus larges.

Il en fera autrement fi l'on refend la cartelle *A* (*Fig.* 1); fuivant la direction *A A*, ou fuivant des rayons qui s'étendroient
du centre à la circonférence; car on y appercevra quantité
de mailles, comme en *A* (*Fig.* 2), parce qu'alors on divife le
bois fuivant la direction des infertions, ainfi que les appelle
Grew; & comme par cette méthode on coupe la plupart de
ces infertions très-obliquement, les mailles fe montrent fort
larges & en grande quantité: on en voit beaucoup fur le merrain qui eft toujours refendu dans le fens du centre à la circonférence, c'eft-à-dire, felon la direction de ces infertions; c'eft
ce qu'on appelle refendre les bois à la maille; & c'eft de cette
maniere qu'on débite en Hollande les bois pour la Menuiferie.

Si, comme le pratiquent les Scieurs de long dans nos forêts,
on fcie les bois fuivant la direction *B B* & *G G* (*Fig.* 1), on
appercevra quantité de mailles fur les planches qui feront levées du côté *B B*, & fort peu fur celles qui le feront du côté
G G; parce que dans celles-ci les traits ont été dirigés prefque
perpendiculairement aux infertions, au lieu que pour les planches *B B*, les traits ont coupé les infertions fort obliquement.
Et fi l'on refend une cartelle, comme nous l'avons fait à deffein,
fuivant la direction *H H* (*Fig.* 1), on n'appercevra point de
mailles.

Tout ce que je dis ici, je l'ai très-exactement vérifié: j'ai
fait refendre une groffe piece de Chêne dans toutes les di-

rections qui sont marquées sur la *Figure 1*. J'ai apperçu quantité de mailles sur les planches levées, suivant la direction marquée à la cartelle *A A*; il y en avoit aussi sur les planches *B B*, très-peu & même point sur les planches *G G*, & aucune sur les planches de la cartelle *H H*.

Ces observations qui prouvent que l'abondance des mailles dépend de la direction qu'on donne au trait de la scie, sont dans certains cas fort importantes; car les planches qui ont beaucoup de mailles ne se gersent & ne se tourmentent presque pas; au lieu que celles qui n'en ont point, se tourmentent & se couvrent d'une infinité de petites fentes d'un tiers de ligne d'ouverture; ce qui est très-désagréable pour les ouvrages de menuiserie, & particuliérement dans les bois des panneaux. J'ai vérifié toutes ces choses dans le Chantier de M. Moreau, Marchand de bois, Fauxbourg S. Antoine, qui fait débiter une grande quantité de bois pour la menuiserie.

On porte en Hollande beaucoup de bois de Lorraine & des rives du Rhin, fendus en cartelles, comme pour en faire du bois de fente. Les Hollandois, à l'aide de leurs moulins à scies construits avec beaucoup de précision, refendent ces bois sur la maille, comme en *A A* (*Figure 1*); ils savent tirer parti du prisme triangulaire du bois qui se trouve au centre, & mettre tout à profit. Ces bois ainsi refendus sont les meilleurs de tous pour faire les panneaux des belles menuiseries; au lieu que les bois des Vauges qui ne sont presque jamais refendus sur la maille, ne font pas à beaucoup près d'aussi bon & bel ouvrage, Je ne pense pas cependant qu'il soit également avantageux de débiter toutes sortes de bois sur la maille; car, en conséquence de ce que j'ai démontré, en parlant, dans le Livre précédent, du travail des Fendeurs, que tous les bois ont une grande disposition à se fendre suivant la direction des insertions, & qu'ils s'éclatent naturellement suivant celle de la maille; il me paroît clair qu'une mortaise que l'on feroit dans un battant refendu, suivant la direction de la maille du bois, doit être plus exposée à s'éclater, que celle qui seroit faite dans un battant refendu dans un autre sens.

Il

Il n'eſt gueres poſſible de prêter cette attention à l'égard des bois qu'on refend à la ſcie pour les pieces de charpente, telles que les chevrons, les ſolives, &c, non plus que pour celles qui ſont deſtinées aux conſtructions de la Marine, *précintes*, bordages, *vaigres*, &c.

J'ai ſeulement dit, & je le répete, que dans beaucoup de cas il ſeroit très-avantageux de lever dans le milieu des plançons deſtinés pour des bordages, une tranche telle que *A B* (*Pl. XXXIV. fig. 8*), afin que le cœur du bois qui, dans les groſſes pieces, a très-ſouvent contracté un commencement d'altération, ne ſe trouvât pas dans les bordages ou précintes *CC*, *D D* ; & qu'il ſeroit ſouvent plus à propos de refendre les pieces preſque rondes & ſans être équarries, comme le repréſente la *Figure 6*, *Planche XXXIV*, pour y lever de larges planches de *L* en *M* ; & pour ſe procurer dans les parties *I* & *K*, des planches & des membrures dont on pourroit tirer un très-bon parti, au lieu qu'en ſuivant l'uſage ordinaire, on paſſe beaucoup de temps à réduire ces parties en copeaux.

Enfin on ſe ſouviendra que j'ai fait voir combien il étoit avantageux, ſi l'on veut prévenir que les bois ne ſe fendent, de refendre dans les forêts mêmes les pieces à la ſcie, long-temps avant qu'elles ſe ſoient deſſéchées.

Article III. *Echantillon du Bois de ſciage, tant pour la Charpenterie, que pour la Menuiſerie.*

Quand on débite les bois dans les forêts, & qu'on les deſtine à quelque ouvrage projetté, on peut, pour éviter la perte du bois, ſe conformer aux états que fourniſſent les Charpentiers ou les Menuiſiers ; mais comme on ſe trouve rarement dans ce cas, les Marchands font débiter leurs bois ſuivant les dimenſions conformes aux uſages les plus ordinaires, afin d'aſſortir leurs Chantiers de bois qui puiſſent ſatisfaire aux demandes des uns & des autres. Je crois devoir placer ici des états qui puiſſent mettre les Marchands en état de garnir leurs Chantiers de bois bien aſſortis.

P p p p

§. 1. *Bois de sciage pour la Charpenterie.*

1°, Les *contre-lattes* qu'on met sur les combles d'ardoise entre les chevrons, doivent avoir un demi-pouce d'épaisseur, sur 4 à 5 pouces de largeur.

2°, Les *chanlattes* qui servent à former les égouts, doivent être fendues en biseau (*Pl. XXXV. fig. 8*), c'est-à-dire, suivant la diagonale d'une piece quarrée : elles doivent avoir 5 pouces de largeur, 9 lignes d'épaisseur sur un bord, & venir en tranchant sur l'autre.

3°, Les *chevrons* ordinaires qui servent à la couverture des bâtiments, se débitent de 3 & 4 pouces en quarré; ils doivent être francs d'aubier, & avoir peu de nœuds : il s'en fait aussi de 4 pouces d'équarrissage qu'on peut employer à plusieurs ouvrages.

4°, Les *poteaux* : ils ont ordinairement 4 & 6 pouces d'équarrissage ; ils servent à faire du colombage aux pans de bois des cloisons, &c.

5°, Les *solives* de sciage ont ordinairement 5 & 7 pouces en quarré : à l'égard des solives de brin, nous en avons parlé plus haut.

6°, Les *limons d'escalier* & les *battants de porte cochere* se débitent de plusieurs largeurs & épaisseurs : savoir de 3 & 6 pouces ; de 4 & 8 ; de 4 & 9 ; de 4 & 10 ; de 5 & 10 ; de 5 & 12, &c, sur 12 jusqu'à 18 pieds de longueur.

7°, On prend les *gouttieres* dans des pieces bien droites de 8 & 9 pouces d'équarrissage que l'on fait scier en deux diagonalement, c'est-à-dire, d'angle en angle ; le sciage fait le dessus de la gouttiere ; on le creuse & on laisse un bon pouce d'épaisseur en tout sens : il faut conserver ces pieces à couvert, si l'on veut qu'elles ne se fendent point.

8°, Les longueurs ordinaires des bois de sciage pour la charpente sont 6, 12, 18 ou 21 pieds.

Quoique les bois que je viens de nommer, soient débités principalement pour les ouvrages de charpente, les Menuisiers ne laiſſent pas d'en acheter pour les employer, ſoit dans leur entier, ſoit pour les refendre de nouveau ; comme il arrive auſſi que les Charpentiers emploient quelquefois des bois qui ont été débités pour les Menuiſiers.

§. 2. *Bois de ſciage pour la Menuiſerie.*

1°, On débite deux eſpeces de *membrures* pour la menuiſe-rie : les unes ont 3 pouces d'épaiſſeur ſur 6 de largeur ; les au-tres ont un pouce & un quart d'épaiſſeur ſur 12 de largeur: la longueur des unes & des autres eſt de 6, 9, 12, ou 15 pieds.

2°, Les *planches* ſont de différente épaiſſeur : celles qu'on nomme *entrevoux*, parce qu'elles ſervent communément à remplir l'entre-deux des ſolives, ont 9 lignes d'épaiſſeur & 9 pouces de largeur.

3°, Les planches pour les ouvrages courants, ont 13 lignes d'épaiſſeur, franc du trait, ſur un pied de largeur ; & quand elles ſont ſeches, elles ſervent à faire les planchers.

4°, On débite d'autres planches de 18 lignes d'épaiſſeur ſur 11 pouces de largeur : on emploie communément celles-ci à faire les bâtis, & des cuves pour la vendange.

5°, On refend encore des planches de 2 pouces d'épaiſſeur, & auſſi larges que la groſſeur d'un arbre peut le permettre : on s'en ſert pour les bâtis des lambris à double parement, les dormants des croiſées, les trappes, &c.

6°, On refend de la *voliche* de Chêne d'un demi-pouce d'épaiſſeur qui s'emploie aux panneaux de menuiſerie, & au revêtement des moulins à vent.

La voliche d'Orme s'emploie par les Charrons pour les fonds des charrettes, pour les tombereaux, les brouettes : la voliche de bois blanc ſert aux Menuiſiers à faire des enfonçures d'ar-moire : les Layetiers en font des caiſſes d'emballage & plu-ſieurs autres menus ouvrages.

7°, On refend encore à la ſcie des *plateaux* d'Orme & de Hêtre de 4 ou 5 pouces d'épaiſſeur, dont on fait les établis des Menuiſiers, les tables de cuiſine, les étaux de Bouchers &

de Chandeliers, les coquilles & les *liſſoires* des équipages, *&c.*

8°, On débite dans le Noyer, l'Erable, le Hêtre, & même le Chêne, des madriers de 2 pouces & demi à 3 pouces d'épaiſſeur, ſur 5 à 6 pouces de largeur, pour faire des meubles & des montures de fuſil (*Pl. XXXV. fig. 9*). Au reſte, le Noyer, le Hêtre, l'Erable ſe débitent auſſi en planches & en voliches, de différentes épaiſſeurs.

On débite pour Paris le bois de Hêtre en poteaux de quatre pouces quarrés, depuis 6 juſqu'à 10 pieds de longueur; en membrures qui ont deux pouces une ligne d'épaiſſeur, franc ſcié, depuis 6 juſqu'à 8 pouces de largeur, ſur 6, 9, 12 pieds de longueur; enfin en planches de 13 lignes d'épaiſſeur, franc du trait, 11 à 12 pouces de largeur, ſur 6, 9, 12 pieds de longueur.

Il n'eſt pas inutile de mettre ici l'état des bois de Menuiſerie, tels qu'on les trouve dans les Chantiers de Paris.

§. 3. *Bois de Chêne & de Sapin, de ſciage, qu'on trouve le plus ordinairement dans les Chantiers des Marchands de Paris.*

On diſtingue à Paris les bois de ſciage, en *Bois François* & *Bois étrangers.*

Les *Bois François* ſe tirent communément des forêts de Champagne, du Bourbonois & de la Bourgogne : ces bois aſſez ruſtiques, s'emploient ordinairement pour les ouvrages ſolides & expoſés aux injures de l'air.

Les bois de la forêt de Fontainebleau ſont plus tendres, plus aiſés à travailler & plus beaux; on en feroit de très-belle menuiſerie, ſi on les refendoit ſur la maille; mais ils ne durent qu'autant qu'ils ne ſont point expoſés aux injures de l'air.

Les *Bois réputés étrangers*, ſe tirent des forêts de Vauge en Lorraine. Si ces bois étoient débités ſur la maille, ils feroient excellents pour faire les plus belles menuiſeries, car ils ſont tendres, d'un grain uniforme; ils ont encore moins de nœuds & de malandres que ceux de la forêt de Fontainebleau : ils font prefque toujours francs d'aubier, & ils ne fe déjettent ni ne fe tourmentent point.

Il vient encore à Paris des planches minces, qu'on nomme *Bois de Hollande* : on en fait les panneaux des beaux lambris. Ces bois, comme nous l'avons déja dit, font tirés des forêts voifines du Rhin & de la Lorraine, par les Hollandois qui les refendent avec leurs moulins à fcie : la fupériorité de ces bois fur ceux du pays de Vauge, confifte en ce qu'ils font refendus très-réguliérement, & prefque tous fur la maille. Pour donner une idée de la précifion avec laquelle les moulins à fcie de Hollande refendent les bois, il fuffira de dire que j'ai vu dans le Chantier de M. Moreau, Marchand de bois, des tringles refendues en Hollande pour faire du treillage, dont cent de ces tringles réunies, ne faifoient qu'un folide de 2 pouces un quart de largeur fur 2 pouces & demi d'épaiffeur.

On apporte encore de Lorraine du merrain de fente, qu'on nomme *Courfon*, & qui eft affez grand pour faire les petits panneaux de Menuiferie.

On trouve communément dans les Chantiers, en bois de France : 1°, des battants de portes cocheres, qui ont 3, 4 ou 5 pouces d'épaiffeur fur 6, & jufqu'à 10 pouces de largeur, & depuis 12 jufqu'à 15 pieds de longueur : ce font-là les plus grandes pieces que les Menuifiers emploient ordinairement.

2°, Des membrures, dont les unes ont 6 pouces de largeur fur 3 d'épaiffeur ; d'autres 11 pouces de largeur fur 2 pouces & un quart d'épaiffeur.

3°, Des planches qui portent ordinairement 21 lignes d'épaiffeur, mais qui paffent pour un pouce & demi ; leur largeur eft de 8 pouces.

4°, Des planches dites d'un pouce d'épaiffeur, & qui portent cependant jufqu'à 15 lignes : elles ont 9 à 10 pouces de largeur.

La longueur de toutes ces planches, eft de 6, 9, 12 ou 15 pieds.

Le prix des bois de France eft, favoir, ceux de Champagne & du Bourbonnois, 110 à 115 livres le cent de toifes courantes, réduites à un pouce d'épaiffeur; par conféquent 50 toifes courantes de planches de deux pouces d'épaiffeur, font un cent de toifes; mais il faut cent toifes courantes de planches d'un pouce & demi, pour faire le cent ordinaire de toifes, à caufe de leur peu de largeur.

Le bois de Fontainebleau fe vend, depuis 120 jufqu'à 130 livres, le cent de toifes.

Le bois que l'on amene de Vauge & de Lorraine eft exacte-ment échantillonné : il fe vend au cent de toifes réduites à 10 pouces de largeur fur un pouce d'épaiffeur : il faut 66 toifes deux tiers courantes de planches, pour faire le cent de toifes, lorfque les planches ont 15 lignes d'épaiffeur fur 7 pouces de largeur; de forte que chaque toife, dont le cent fait ce qu'on nomme le cent de bois de Vauge, eft compofée de 720 pou-ces-cubes.

Le bois de Hollande n'eft pas exactement échantillonné quant à la largeur; mais la longueur eft exactement de 9 ou 12 pieds, &c; en conféquence, comme les planches qui paf-fent pour avoir 6 pouces de largeur, en ont quelquefois fept, & d'autres fois cinq feulement, on forme les lots à moitié de planches larges, & moitié de planches étroites, de forte que ce bois réduit comme celui de Vauge, à 10 pouces de lar-geur fur un pouce d'épaiffeur, fe vend 170 livres le cent de toifes.

Les bois de Sapin qu'on vend à Paris, fe tirent ordinairement d'Auvergne & de Lorraine : les premiers font moins beaux, débités d'inégale épaiffeur, percés de trous, & remplis de nœuds.

Les bois de fapin de Lorraine ont moins de nœuds; & ils font en général mieux travaillés. Ceux-ci font débités en plan-ches de 12 pieds de longueur fur 9 à 10 pouces de largeur, & un pouce d'épaiffeur.

On en trouve auffi de 12 pouces de largeur fur 10 à 11 lignes d'épaiffeur; & quoique ces planches n'aient que 10 à 11 pieds de longueur, elles paffent pour deux toifes à caufe de leur largeur : ces deux fortes fe vendent 130 livres le cent de planches.

Il y en a encore qui ont 12 pouces de largeur, 15 lignes d'épaisseur, & 12 pieds de longueur: on les vend 200 livres le cent de planches.

Les planches qu'on nomme *Feuillets*, ont 8 pouces de largeur, 7 lignes d'épaisseur, 11 pieds de longueur : elles se vendent 80 livres le cent.

Les planches d'Auvergne ont 12 pieds de longueur, 12 pouces de largeur, 15 lignes d'épaisseur; enfin la voliche a 6 pieds de longueur, 9 pouces de largeur, & 6 lignes d'épaisseur : elle se vend 40 livres le cent.

§.4. *Des Bois de sciage qu'on emploie pour la Marine.*

1°, Les *bordages* qui sont des planches épaisses qu'on cloue sur les membres & sur les ponts pour empêcher l'eau d'entrer dans les vaisseaux, ne peuvent jamais être ni trop larges ni trop longs. Leur épaisseur varie suivant le rang des Vaisseaux, & encore suivant la place où on les met; car dans un même Vaisseau il y a des bordages de plusieurs épaisseurs différentes, depuis 2 pouces jusqu'à 5 : au haut des œuvres-mortes, & sur les ponts, on emploie des bordages de Pin.

2°, Les *vaigres* qui sont les bordages intérieurs qui revêtent le dedans des Vaisseaux: leur épaisseur varie comme celle des bordages; ce sont de vrais bordages placés en dedans des Vaisseaux; mais comme on ne les calfate point, les fentes ou quelques autres défauts ne leur causent aucun préjudice.

3°, Les *précintes* sont de forts bordages plus larges & une fois plus épais que les précédents : cette épaisseur varie depuis 3 pouces jusqu'à 9.

4°, Les *serre-bauquieres*, les *serre-gouttieres*, &c, sont des pieces à peu-près semblables aux précintes; mais on les emploie dans l'intérieur des Bâtiments.

5°, Les *iloirs* sont des pieces pareilles aux précintes; on les place sur les ponts, dans le sens de la longueur du Vaisseau.

6°, Les *épontilles* sont des bois quarrés qui étaient & fortifient les baux & les barrots : celles de la cale sont de brin,

& fimplement équarris ; celles des entre-ponts & du deffous des gaillards , font ordinairement de Pin refendu en chevrons, de 2 pouces & demi, 3 ou 4 pouces d'équarriffage.

7°, Les *planches* pour border les foutes & faire les emména-gements, varient d'épaiffeur depuis 1 pouce jufqu'à 2 pouces & demi : elles font toujours de Sapin.

Je paffe légérement fur tous ces articles , parce qu'on trou-ve les dimenfions exactes de tous les bois de fciage , au com-mencement de mon *Architecture Navale*.

Je ne parle point ici des bois de fciage pour le Charronnage, & pour l'Artillerie. On peut confulter ce que j'en ai dit au Cha-pitre précédent à l'occafion des bois en grume.

Il y a beaucoup d'économie à fe fervir de moulins à fcie pour débiter les bois ; mais comme nos moulins font groffié-rement conftruits , ils confomment beaucoup de bois par la lar-geur du trait, & il n'eft pas poffible de tirer dix planches d'un pouce d'une piece qui porte un pied de largeur : il feroit très-poffible d'en établir d'auffi parfaits que ceux de Hollande.

J'ai dit qu'on faifoit des vifites & des martelages dans les forêts , pour marquer fur pied les arbres propres à être em-ployés pour de grandes conftructions ; mais en faifant le détail des attentions qu'il falloit apporter pour bien faire ces fortes de vifites , j'ai averti qu'il n'étoit pas poffible de porter un ju-gement auffi certain fur les bonnes ou les mauvaifes qualités du bois quand les arbres font fur pied , qu'après qu'ils ont été abattus , débités , & en partie defféchés.

Comme on envoie quelquefois dans les forêts qu'on exploite, des Charpentiers, ou autres gens connoiffeurs pour faire choix, marquer & retenir les bois dont on prévoit avoir befoin pour de grandes entreprifes ; je vais donner en leur faveur le détail de ce qu'il eft néceffaire qu'ils obfervent pour bien faire ces fortes de vifites.

CHAPITRE

CHAPITRE V.

Expofition des défauts les plus confidérables qui doivent faire rebuter les Arbres abattus.

LES fignes que j'ai indiqués ci-devant (*Livre III*). pour con-noître, à la feule infpection des arbres fur pied, les défauts qui doivent les rendre fufpects, ne font pas auffi certains que ceux par lefquels on les peut découvrir, en examinant le bois même, après que les arbres ont été abattus & en partie débités : les défauts qu'on découvre alors, font ; 1°, d'être *roulis* ou *roulés* ; 2°, d'être *cadranés* & ouverts dans le cœur; 3°, d'être *gélifs* ; 4°, d'être *gras* & *roux* ; 5°, d'avoir un *double aubier*, & le bois de différente couleur, ou *vergeté*. Je vais parler de ces défauts dans autant d'articles particuliers ; mais je dois avertir qu'ils deviennent plus fenfibles à mefure que les arbres font plus fecs, & que plufieurs de ces défauts font très-difficiles à reconnoître quand les arbres font récemment abattus, & encore remplis de feve, ou quand on les retire de l'eau.

ARTICLE I. *De la Roulure.*

ON dit qu'un arbre eft *roulis* ou *roulé*, quand il fe trouve une fente ou une folution de continuité qui fuit la direction des couches annuelles (*Pl. XXXV. fig. 10*) ; c'eft-à-dire, quand il y a, dans l'intérieur d'un arbre, des cercles concentriques qui ne font pas unis & adhérants les uns aux autres. Quelquefois ces fentes ne font prefque pas apparentes dans les arbres pleins de feve ; mais elles s'ouvrent à mefure que les arbres fe deffe-chent ; & alors on remarque qu'elles n'ont affez fouvent que quelques pouces d'étendue, comme en *a* (*Figure 10*) ; mais fouvent elles en ont davantage ; elles s'étendent quelquefois dans toute la circonférence de l'arbre, comme en *b* ; enforte qu'on eft furpris de voir une couronne de bois vif qui entoure

Qqqq

un noyau de bois mort qu'on peut faire fortir à coups de maffe, & alors il ne refte plus qu'un tuyau de bois vif : quand la roulure ne s'étend pas dans toute la circonférence, le noyau de bois ainfi renfermé par la roulure, fe trouve être d'un bois vif ; mais quand ce bois eft mort, on le trouve quelquefois pourri, & d'autres fois très-fain & très-dur.

On juge bien, fans qu'il foit néceffaire de le dire, que la roulure endommage d'autant plus une piece de bois qu'elle a plus d'étendue, & qu'elle eft plus ouverte ; mais dans tous les cas elle forme un grand défaut ; non-feulement parce qu'elle augmente à mefure que le bois fe deffeche ; mais encore parce que quand on vient à refendre à la fcie un arbre roulé, les morceaux fe féparent, & il ne refte plus que des éclats. Ce dé-faut tire moins à conféquence quand on emploie les arbres dans leur entier ; mais dans ce cas-là même, la roulure eft un vice effentiel ; car l'eau & la feve qui s'amaffent dans ces fen-tes, y forment un germe de pourriture ; d'ailleurs fi la rou-lure a beaucoup d'étendue, la piece en devient confidérable-ment plus foible.

Quand on veut employer ces arbres à faire de la fente, on peut quelquefois en tirer un parti avantageux ; cela dépend du point où la roulure fe trouve placée, & de l'adreffe du Fen-deur qui faura tirer des lattes, des échalas, & quelquefois du merrain, du bois qui fe trouve, foit dans l'intérieur, foit à l'extérieur de la roulure.

Plufieurs caufes peuvent occafionner la roulure : d'abord il faut fe rappeller que nous avons déja dit que les couches ligneufes fe forment entre l'écorce & le bois, & que dans leur naiffance elles font très-tendres : or, il eft fenfible que lorfque le vent agite & plie en différents fens les jeunes arbres, leur écorce, qui n'eft prefque pas adhérente au bois, peut s'en féparer dans quelques points, fur-tout quand les arbres font en feve & chargés de leurs feuilles : en Hiver le poids du givre peut produire le même effet malgré l'adhérence de l'écorce au bois ; comme il eft prouvé que l'écorce ne fe réunit jamais au bois quand elle en a été une fois détachée, il refte toujours une folution de continuité qui fépare les couches annuelles en

tout ou en partie, fuivant que la défunion de l'écorce d'avec
le bois aura été plus ou moins confidérable. L'écorce peut
dans certains cas produire des couches ligneufes; c'eft pourquoi
la féparation de l'écorce d'avec le bois, quand même elle fe feroit dans toute la circonférence, ne feroit pas fuivie de la mort
de l'arbre : on obferve qu'alors il fe forme de nouvelles couches ligneufes qui l'aident à fubfifter; mais ces couches ligneufes reftent toujours féparées des anciennes, & c'eft cette folution de continuité qu'on nomme *roulure*. Ce défaut peut encore être produit; 1°, par les voitures dont les moyeux endommagent l'écorce, 2°, par les animaux qui fe frottent contre le
tronc des jeunes arbres, ou qui en entament l'écorce avec leurs
dents; ces accidents produifent des roulures partielles; 3°, par
les copeaux d'écorce que les Officiers des Eaux & Forêts enlevent, pour frapper l'empreinte de leur marteau fur le corps
des arbres de réferve : il eft vrai que ces plaies fe recouvrent
par la fuite; mais le bois qui fe forme en ces endroits, ne peut
plus s'unir parfaitement avec l'ancien, & il refte dans l'intérieur
de l'arbre une roulure ou une gélivure, qui n'a pas à la vérité
beaucoup d'étendue; 4°, par cette même raifon, les chancres
guéris & recouverts de nouveau bois & d'écorce, forment un
femblable défaut, mais plus préjudiciable à l'arbre, parce qu'ordinairement le bois qui fe recouvre eft un bois déja carié; 5°,
une des plus dangereufes roulures, eft celle occafionnée par
une féparation de l'écorce d'avec le bois, qui eft produite par
une furabondance des fucs qui doivent former les nouvelles
couches ligneufes. Quand cet accident ne fait pas périr l'arbre,
il fait au moins contracter à l'ancien bois un commencement
de pourriture qui ne fe répare jamais. J'ai vu des têtards de
Saule qui avoient 3, 4 ou 5 roulures (*Pl. XXXV. figure 11*);
c'eft-à-dire, prefque autant que le nombre de fois qu'ils avoient
été étêtés. En un mot, tout ce qui peut occafionner la féparation de l'écorce d'avec le bois, ou la défunion des couches ligneufes, produit la roulure; c'eft pour cela que les arbres ifolés, les baliveaux élevés dans un taillis, & qui fe trouvent par
la fuite & après les taillis abattus, expofés aux vents & aux
injures de l'air, font plus fujets à être roulés, que ceux qui

ont été élevés dans un maffif de bois ; & encore que ceux qui ont toujours refté expofés en plein air.

J'ai occafionné artificiellement des roulures, en détachant l'écorce du tronc d'un arbre, & en la remettant fur le champ en fa place; ce morceau d'écorce ainfi replacé, s'eft greffé avec celle qui étoit reftée adhérente au bois ; il s'eft formé d'épaiffes couches ligneufes ; mais à l'endroit où l'écorce avoit été féparée du bois, il eft refté une folution de continuité, autrement dit une roulure.

ARTICLE II. De la Gélivure.

ON appelle *Gélivure* toute fente qui s'étend du centre du tronc d'un arbre à la circonférence, comme en *a b* (*Pl. XXXV. fig. 1 2*); quelle que foit la caufe qui la produife. Cette dénomination vient de ce que les fortes gelées font quelquefois fendre les gros arbres ; ces fentes à la vérité fe recouvrent enfuite par de nouvelles couches ligneufes;mais comme les fibres ligneufes qui ont été féparées par accident les unes des autres, ne fe réuniffent jamais, il refte dans l'arbre une fente, qu'on nomme *gélivure,* parce que, comme je viens de le dire, elle eft ordinairement occafionnée par la gelée.On a enfuite étendu ce terme; & on a nommé *gélivures*, toutes fortes de fentes qui fe trouvent dans le bois ; mais on n'y comprend pas celles qui font une féparation des couches annuelles. Ainfi une plaie recouverte, une groffe branche coupée, dont la fection a été recouverte par un nouveau bois ; les fentes qu'occafionnent les coups de tonnerre, font nommés des *gélivures*, comme fi elles réfultoient de l'effet des fortes gelées : les *revêtures* qui font des plaies recouvertes, font des gélivures quelquefois très-confidérables.

Je foupçonne qu'il y a encore des gélivures formées par une trop grande abondance de la feve. Des perfonnes dignes de foi m'ont affuré avoir vu fortir d'un Tilleul un jet de feve par une fente qui s'étoit faite fubitement à l'écorce du tronc, & avec un bruit auffi éclatant qu'un coup de piftolet, & que cet écoulement avoit duré pendant plufieurs minutes. J'ai occafionné quelques gélivures dans le corps des jeunes arbres, en les ployant, & en les forçant beaucoup, & de la même maniere que pourroit faire un grand vent, ou un poids très-considérable de givre.

Il est sensible que ces fentes intérieures qui s'ouvrent quand les arbres se desséchent, forment des défauts d'autant plus considérables qu'elles ont plus d'étendue ; & qu'elles sont bien plus nuisibles aux pieces qu'on destine au sciage & à certains ouvrages de fente, qu'à celles qu'on doit employer dans toute leur grosseur, ou qu'on destine à être fendues & débitées en petites pieces.

On pourra prendre aisément l'idée des différentes causes de la gélivure, lorsqu'on sera persuadé, comme nous l'avons démontré dans la *Physique des Arbres* (Partie II. pag. 50), que les fibres ligneuses ne se réunissent jamais lorsqu'une fois elles ont été séparées : c'est ainsi qu'en pliant bien fort de jeunes arbres, dont je voulois rompre une partie du corps ligneux, j'occasionnois dans leur intérieur des roulures & des gélivures que j'ai retrouvé quelques années après, quoique les plaies extérieures eussent été parfaitement cicatrisées.

Il arrive assez souvent que la roulure & la gélivure se trouvent réunies dans un même corps d'arbre.

ARTICLE III. *De la Cadranure.*

LA cadranure est une gélivure dans le cœur d'un arbre ; comme les fentes qu'elle occasionne, se croisent & semblent former les lignes horaires d'un cadran (*Pl. XXXV. fig. 13*); cela lui a fait donner le nom de *Cadranure* : il est bon de distinguer cet accident de la gélivure, parce qu'il provient d'une toute autre cause. La cadranure ne se rencontre que dans les gros & vieux arbres : elle provient de l'altération du bois du cœur dans les arbres qui sont en retour. Il faut que cette altération soit poussée à un point extrême, pour que la cadranure se manifeste dans les arbres encore remplis de seve : elle ne se déclare ordinairement que quand ils sont en partie desséchés ; & assez souvent un arbre se trouve cadrané par le bout qui répondoit aux racines, pendant qu'il ne l'est pas au bout opposé d'où partoient les branches. Ce défaut est plus redouta-

ble que la gélivure, parce qu'il défigne une altération , &
même un commencement de pourriture dans le bois du cœur,
comme nous l'avons prouvé en parlant de l'âge des arbres.
Au refte, il ne faut prêter aucune attention à certaines fentes
qui s'apperçoivent au cœur d'un arbre , quand elles ne font
pas plus confidérables que celles qu'on voit répandues dans le
refte de l'aire de la coupe : la cadranure occafionne des fentes
beaucoup plus ouvertes que celles-là.

On peut fouvent employer en bois de fente les arbres cadranés, parce qu'en retranchant le cœur, on emporte le mauvais bois qui fe trouve toujours au centre.

ARTICLE IV. *Du double Aubier.*

LEs arbres venus dans des terreins maigres & fecs, font
aufſi fujets à avoir un double aubier ; c'eſt-à-dire , une couronne de bois tendre & imparfait *a* (*Fig. 14*), qui environne
le cœur *d,* ou centre d'un arbre. On trouve au-deſſus de ce
bois tendre une couronne de bon bois *c* , & enfin l'aubier ordinaire *b.* Ce défaut eſt eſſentiel , & fait qu'un pareil arbre n'eſt
pas même bon à être employé en entier; parce que le double
aubier , qui eſt fouvent de plus mauvaiſe qualité que le vrai
aubier, tombe bien-tôt en pourriture; & à plus forte raiſon,
les arbres attaqués de cette maladie, ne font point propres à
être débités en bois de ſciage ou de fente.

J'ai trouvé des arbres qui avoient deux aubiers féparés l'un
de l'autre par une couronne de bois de bonne qualité, & qui
me paroiſſoit à peu-près femblable à celui du centre que l'aubier intérieur recouvroit. J'ai voulu reconnoître de quelle qualité pouvoit être ce faux aubier & le bois des arbres fujets
à ce défaut ; pour cet effet, je fis tailler quatre morceaux de
ce bois en parallélipipedes & d'égale pefanteur; le premier
morceau étoit du bois du centre ; le fecond, du bois qui envi-
ronnoit l'aubier extraordinaire; le troiſieme, d'aubier ordinaire;
& le quatrieme de cet aubier accidentel, ou bois blanc qui envi-
ronnoit le bois du centre : les ayant enfuite pefés dans l'eau,
j'ai remarqué que le morceau de bois blanc *a* (*Fig. 14*) , étoit

de beaucoup plus léger que les autres *b, c, d*, & même quelquefois plus que l'aubier ordinaire *b*; comme ce morceau avoit été
taillé d'un plus gros volume que les autres, pour pouvoir
égaler leur poids, & comme il avoit de grands pores, il s'é-
toit chargé de beaucoup plus d'eau que les autres morceaux.
Voici la proportion dans laquelle ces morceaux se sont chargés d'eau :

EXPÉRIENCE.

AVRIL le matin.	Le Bois du centre (d) pesoit,	Le Bois (c) au-des-sus de l'aubier accidentel (a) pesoit,	L'Aubier ordinaire (b) pesoit,	L'Aubier accidentel (a) pesoit,
Avant que d'avoir été mis dans l'eau.				
20	749^{grains}	749	749	749
Après avoir été tous plongés au même instant dans l'eau.				
21	763½	763½	819	950
22	779	779	831	974½
23	788½	788½	837	993
24	797	796	833	1001½
25	801½	802½	832	1009
26	808	807½	834½	1011½
27	813½	811½	840	1025
28	818	820½	847	1036
29	820½	822	837½	1032
30	827	826	838	1038
5 MAI	841	837½	847½	1047½
9	847½	844	836½	1046
17	859½	855½	840	1057
25	875½	866	855½	1076
2 JUIN	880	870	840	1070
10	892	877	869	1097
18	893	877½	846	1085
6 JUILLET	907	884½	897	1117
26	919	886	922	1137
26 AOUST	924½	885	888½	1137
26 SEPTEMB.	930	887	880	1127
26 OCTOBRE	935½	892	948½	1168

Cette expérience fait connoître combien la fubftance du double aubier eft rare, & combien fes pores font grands par la quantité d'eau qui, après avoir pris la place de l'air, a donné à ce morceau de bois une augmentation confidérable de poids. Si j'avois continué cette expérience jufqu'à la parfaite imbibition, le bois du cœur feroit devenu le plus pefant, comme il arrive en bien des circonftances, proportionnellement néanmoins au volume de l'un & de l'autre ; car ce morceau de double aubier dont la fubftance étoit beaucoup plus légere, avoit été taillé plus gros que celui du centre, afin qu'il pût égaler fon poids.

Le double aubier eft produit par une maladie qui attaque les arbres, & qui fe guérit au bout d'un certain temps ; mais pendant que cette maladie fubfifte, elle caufe une altération confidérable dans toutes les couches ligneufes qui fe forment pendant que la maladie fubfifte ; de forte que cette couronne de bois vicieux dans fon origine, ne peut jamais fe rétablir, quoique cette partie ne foit pas morte. Cette maladie peut être occafionnée par différentes caufes : je fuppofe, par exemple, que les racines aient à traverfer une très-mauvaife veine de terre, ou qu'elles aient été arrêtées dans leur progrès par quelque corps fort dur ; l'arbre reftera languiffant pendant plufieurs années, & tout le bois qui fe fera formé dans ce temps-là, aura fouffert de cette difette : en un mot, toutes les caufes un peu durables qui pourront influer fur la vigueur d'un arbre, & fe réparer enfuite, occafionneront le double aubier.

ARTICLE V. *De la Gélivure entrelardée.*

LA couronne de faux aubier s'étend rarement dans toute la circonférence d'un arbre ; elle n'en occupe quelquefois que le quart ou la cinquieme partie: affez fouvent on trouve cette portion de mauvais bois morte ; quelquefois même elle eft recouverte d'une écorce pareillement morte. C'eft-là ce que les Bûcherons appellent *Gélivure entrelardée* : il feroit plus exacte de la nommer une *Roulure entrelardée*. Comme ce défaut fe rencontre

contre particuliérement dans les bois plantés fur des côteaux expofés au Levant ou au Midi ; il eſt à préſumer qu'il eſt occaſionné, ſoit par la grande ardeur du ſoleil, qui a deſſéché l'écorce & l'aubier ſeulement du côté tourné à cette expoſition, ſoit par le verglas dans le temps des grands froids de l'Hiver ; ce verglas aura endommagé l'écorce & l'aubier, mais ſeulement du côté expoſé au ſoleil. Cette écorce & cet aubier morts auront été recouverts comme une plaie ordinaire ; mais quoiqu'enveloppés dans la ſuite par de bon bois, ils ne formeront pas moins un défaut conſidérable dans l'intérieur de l'arbre.

On pourroit regarder cette eſpece de gélivure comme un double aubier partiel, & cela eſt effectivement vrai, quand la portion viciée n'eſt pas morte ; mais comme elle eſt preſque toujours défectueuſe, j'ai cru devoir en faire une diſtinction particuliere & un article ſéparé.

ARTICLE VI. *De la différente couleur du Bois ſur l'aire de la coupe.*

On n'eſt point ſurpris de voir l'aubier beaucoup plus blanc que le bois, parce qu'on ſait que l'aubier eſt un bois imparfait, dont l'emploi eſt mauvais, & qu'il faut le retrancher dans les pieces que l'on deſtine aux ouvrages de quelque conſéquence. Ainſi on ne tient compte de la groſſeur d'un arbre qu'après avoir fait ſouſtraction de l'aubier ; tout ce qu'on peut exiger, c'eſt que l'aubier ne ſoit pas trop épais. Je parle ici de certaines eſpeces d'arbre dont l'aubier eſt apparent ; car il n'eſt preſque pas ſenſible dans pluſieurs autres eſpeces de bois, au nombre deſquels il faut comprendre les bois blancs, quoique dans les arbres de cette eſpece, le bois de la circonférence ſoit plus tendre & moins denſe que celui du cœur. Mais cette différence de denſité paſſe par des degrés inſenſibles ; au lieu que dans le Chêne, l'Orme & autres bois durs, il y a un paſſage ſubit de l'état d'aubier à celui du bois formé, dont il eſt difficile de trouver la raiſon.

R r r r

En Provence, on estime le bois de Chêne lorsqu'il est de couleur jaune-clair, c'est-à-dire, couleur de paille : en Ponent, on fait cas de celui qui, quand on le travaille avec l'hermi- nette, montre un *petit œil* couleur de rose, que l'on nomme dans le pays, *couleur de guigne* : je donnerois la préférence à celui couleur de paille : par-tout on augure mal des bois qui ont la couleur jaune foncé & terne, tirant sur le roux.

Dans les arbres bien conditionnés, l'aubier à part, le bois est d'une couleur assez uniforme, qui devient seulement un peu plus foncée à mesure qu'elle approche du cœur. Dans les arbres d'une qualité parfaite, cette différence est peu sensible, & la nuance n'est point interrompue ; mais si l'on y remarque des changements subits de couleur, par exemple, des veines blanchâtres qu'on nomme *blanc de Chapon*, ou des veines rousses, qui semblent plus humides que le reste, on a lieu de soupçonner que ces bois qu'on nomme *vergettés*, ont un com- mencement de pourriture ou d'autres défauts qui ne tarderont pas à se manifester après qu'ils auront perdu leur seve. Ces défauts seront, ou des gouttieres, ou des gélivures, des rou- lures, des doubles aubiers, des veines rousses, qui marquent le retour ; en un mot, des parties où le bois a été mal formé, parce qu'il aura pu arriver que les racines qui y portoient la nourriture, seront mortes par quelque accident, ou bien que ces accidents auront été occasionnés par une succession de plusieurs années peu favorables à la végétation.

Ces différences de couleur se manifestent encore davantage quand on vient à débiter les bois en sciage, ou qu'on les quar- telle pour en faire des ouvrages de fente : alors on reconnoît trop tard ces défauts, & l'on n'est plus en état d'établir la des- tination des pieces sur leur bonne ou mauvaise qualité.

Le Chêne qu'on nomme *Chêne noir*, parce que son bois est très-brun, a l'aubier fort épais ; son bois est très-dur ; ses feuilles sont velues. On en trouve rarement qui puissent fournir de grosses pieces, parce qu'il croît très-lentement.

Le plus dur des Chênes de toutes les especes est l'Ilex, qui ne perd point ses feuilles en Hiver ; mais il ne fournit point non plus de grosses pieces. On emploie son bois dans la Marine pour faire les essieux des poulies, & des *anspects* pour l'Artillerie.

Article VII. *De l'inégalité d'épaisseur des couches ligneuses.*

Il n'est pas possible que les couches ligneuses soient exactement d'une même épaisseur, parce qu'il y a des années beaucoup plus favorables que d'autres à la végétation. Si dans une année les arbres croissent avec force, les couches ligneuses de leur bois seront épaisses, pendant que celles qui seront formées dans une année froide & seche, seront très-minces ; nous prouverons dans peu que l'épaisseur des couches dépend de la vigueur des arbres ; au reste, cet inconvénient est peu de chose ; il est inévitable, & il existe dans tous les arbres, parce qu'il est dépendant des saisons. Mais ce défaut mérite attention quand l'inégalité d'épaisseur des couches est trop grande ; car dans les terreins maigres & arides, pour peu que l'année soit seche, les arbres n'y font que de foibles productions, & les couches ligneuses qui se forment dans ces circonstances, sont si minces, qu'à peine peut-on les distinguer les unes des autres. Quand l'inégalité d'épaisseur de ces couches est trop considérable, elles sont ordinairement mal jointes les unes aux autres ; & ce défaut doit rendre suspectes des pieces qui, par leurs dimensions, seroient d'ailleurs jugées propres à des ouvrages de service. Ce défaut dans le bois, est communément accompagné d'autres encore plus considérables, comme d'être *roulis*, *gélifs*, d'avoir un double aubier, ou d'être affecté de *gélivure entrelardée*.

Article VIII. *Des Bois dont les fibres sont trop torses.*

Il y a des arbres qui ont les fibres de leur bois très-droites, & c'est presque toujours une perfection ; dans d'autres, les fibres sont tellement torses, qu'elles décrivent des hélices autour de l'arbre, ce qui eſt un défaut, principalement dans le Chêne que l'on deſtine à des ouvrages de fente : il eſt beaucoup moins important dans l'Orme qu'on emploie à des ouvrages de Charronnage. Les Ouvriers qui fendent le Hêtre pour en faire des ouvrages de *raclerie*, ne ſont pas fâchés d'y voir les fibres un peu contournées. Au reſte, à moins que cette torſion ne ſoit bien conſidérable, on ne la craint pas beaucoup ; car, par le moyen du feu, on vient à bout de redreſſer une piece de fente qui ſe trouve un peu voilée en aile de moulin ; & cette direction des fibres ne fait aucun tort aux arbres qu'on emploie en entier.

ARTICLE IX. *Des Nœuds & des Loupes.*

COMME nous avons ſuffiſamment parlé de ces défauts dans le Chapitre où il a été queſtion des arbres étant ſur pied, nous nous bornerons ici à dire que, quand ſur une piece équarrie, on apperçoit un nœud pourri, il faut le ſonder avec une tarriere, ou un ciſeau étroit, pour s'aſſurer ſi ce nœud pénetre bien avant, ou ſi la pourriture n'eſt que ſuperficielle.

ARTICLE X. *Du Bois gras, tendre & roux.*

LES défauts que nous avons détaillés dans les précédents articles, ne ſont quelquefois pas ſi redoutables que ceux dont il eſt maintenant queſtion : un vice local occaſionne une perte de bois, parce qu'on eſt obligé de retrancher la partie qui en eſt attaquée ; mais celui dont il eſt queſtion dans cet article, ſe trouve ordinairement répandu dans toute l'habitude de l'arbre : voici en quoi il conſiſte.

Le bois de bonne qualité doit avoir ſes fibres fortes & ſouples, rapprochées les unes contre les autres, lors même qu'il eſt devenu ſec : les copeaux qu'on leve avec la cognée, ne doivent point ſe rompre quand on les plie, ou ſi on les plie au point de les rompre, ils doivent ſe ſéparer par grandes filandres ; au lieu que les bois que les Ouvriers nomment *bois gras*, & qu'on devroit plutôt appeller *bois maigres*, ſe rompent

net & fans éclats ; les copeaux qu'on leve avec la varlope,
fe rompent, au lieu de former des rubans ; & quand on les
froiſſe entre les doigts, ils ſe réduiſent en petites parcelles.
Le bon Chêne a les pores petits ; il ſe polit ſous la varlope,
& il devient brillant ; au lieu que le Chêne gras a les pores
grands & ouverts, & il reſte toujours terne. Le bon Chêne,
lorſqu'on le travaille avant qu'il ſoit ſec, eſt d'une couleur
rouge-pâle à peu-près comme la roſe ſimple ; cette couleur ſe
paſſe quand il devient ſec, & il eſt alors couleur de paille ;
au lieu que le Chêne gras eſt roux & terne ; on en voit même
où cette couleur rouſſe tire ſur le fauve. Quand on examine du
bois de bonne qualité, avec une forte loupe & au grand jour,
on apperçoit dans les pores une eſpece de vernis, qui, joint
à ce que les fibres ſont fort ſerrées, lui donne du brillant ; au
lieu qu'en examinant de la même façon les bois gras, on les voit
d'une aridité qui n'offre rien de ſatisfaiſant. J'ai ſurchargé des
barreaux de bon bois, bien ſec, ils ont ſupporté un poids conſidérable ſans plier ; ils ont enfin rompu avec bruit & par grands
éclats, pendant que des barreaux de bois gras ont rompu net
ſous une petite charge, ſans preſque faire d'éclats ; &, comme
diſent les Ouvriers, ils ont rompu comme un navet : voyez
pour la diſpoſition de cette expérience la Planche II du Livre II.

La grandeur des pores & l'aridité des bois qui ſont gras,
fait qu'ils ſont facilement pénétrés par les liqueurs : ſi l'on fait
tomber une goutte d'eau ſur un morceau de bon bois, elle ne
le pénetre point, elle reſte ramaſſée en gouttes ; & au contraire
elle entre dans le bois gras & s'étend de toute part. Quand l'air
eſt fort humide, on voit les gouttes d'eau couler ſur les bons
bois ; au lieu qu'elles pénetrent aiſément les bois gras. Une
futaille de bois gras conſomme beaucoup de vin ; & les douves qui en ſont faites, ſont toujours humides à l'extérieur ; au
lieu que les futailles faites avec un bois de bonne qualité tiennent exactement les liqueurs, même celles qui ſont ſpiritueuſes,
telles que l'eau-de-vie ; les douves ſont toujours ſeches à l'extérieur.

Il ne faut pas conclure de ce que jë viens de dire, que les bois gras ne sont bons à être employés à quoi que ce soit. Les belles menuiseries sont faites avec le bois que l'on nomme improprement *Bois de Hollande*, & qui est fort gras. Le bois qui n'est pas trop gras se fend assez bien quand il est verd; & c'est par cette raison qu'on en fait de la latte, de la cerche & même du merrain : quand ce défaut est extrême, il rompt sous les outils des Fendeurs; mais comme le bois gras n'a point de force, tous les ouvrages qu'on en fait ne sont pas de longue durée; il ne vaut rien, sur-tout pour être employé en poutres, qui doivent être chargées de poids considérables, ou quand elles doivent avoir de longues portées. Et comme les fibres des bois de cette nature ont peu d'union entre elles, ils ne doivent point être employés pour en faire des arbres & des roues de moulin, ni d'autres ouvrages où il doit y avoir des assemblages qui fatiguent beaucoup. Il ne faut pas non plus les employer aux ouvrages de menuiserie ou de charpenterie qui sont exposés à l'air, particuliérement pour des portes d'écluses, pour des membres de Vaisseaux, &c; parce que, comme ces bois sont facilement pénétrés par l'eau, ils tombent promptement en pourriture. Comme ces sortes de bois ne peuvent ployer sans se rompre, ils ne sont pas propres à fournir des bordages de vaisseaux, que l'on est obligé de forcer pour les ajuster aux différents contours de la carêne. Enfin, pour ne point trop m'étendre sur ce point, comme ces bois se trouvent en partie usés, avant que d'avoir été abattus, on ne doit en faire ni gournables ni aucuns membres de Vaisseaux, parce que ces pieces qui se trouvent placées dans un lieu nécessairement chaud & humide, tomberoient promptement en pourriture : le meilleur parti qu'on en puisse tirer, est de les employer pour les menuiseries de l'intérieur des maisons.

Le bois de tout arbre qui aura crû dans un terrein sabloneux & humide, est aussi gras que celui des plus vieux arbres : de tous les bois que j'ai vu employer pour la Marine, ceux qu'on avoit tirés de Lorraine, réunissoient à la fois tous les caracteres des bois gras & en retour : leur couleur étoit d'un jaune foncé & terne; ils étoient ouverts dans le cœur, & j'en ai vu où cette ouverture régnoit dans toute l'étendue des pieces, & dont l'altération étoit sensible en plusieurs endroits : aussi la plus grande partie de ces bois étoit tombée en pourriture, avant la fin d'une construction.

ARTICLE XI. *D'un autre défaut très-considérable & qu'il est bien difficile de reconnoître.*

J'AI vu des bois dont la fibre étoit souple & pliante, dont le grain paroissoit serré, & dont les pores sembloient même être suffisamment remplis de substance gélatineuse, & qui néan-moins pourrissoient promptement : à peine étoient-ils renfer-més entre les bordages & les vaigres d'un vaisseau; que si on les examinoit avec une loupe, on appercevoit dans les pores de ce bois de petites taches jaunes avant-coureurs d'une prompte pourriture; cependant au milieu d'un membre pourri, on voyoit des fibres tellement saines, que quand on les détachoit, elles pouvoient être pliées sans rompre, & même être tordues comme de la ficelle. On ne pouvoit pas dire que ces bois fussent gras ; mais je pense qu'un si prompt dépérissement pou-voit venir d'une disposition particuliere à la corruption & dont il ne m'a jamais été possible de reconnoître la véritable cause : ces bois avoient été envoyés du Canada.

ARTICLE XII. *Que la grande épaisseur des couches ligneuses, est souvent un signe que le bois est de bonne qualité.*

QUAND les pores d'une piece de bois sont fort serrés, il est toujours avantageux que les couches ligneuses qui indiquent l'accroissement d'une année, se trouvent épaisses.

1°, L'épaisseur de ces couches, quand elle ne provient pas de l'humidité du terrein, est un signe infaillible que l'arbre, lorsqu'il étoit sur pied, étoit vigoureux, & qu'il végétoit avec grande force. Il est démontré que ce qui cause une plus grande épaiffeur des couches ligneufes, plutôt d'un côté du corps de l'arbre que de l'autre, provient de l'infertion de quelque vigoureufe racine qui y porte beaucoup de nourriture. Dans les arbres de lifiere, les couches ligneufes font ordinairement plus minces du côté qui regarde le plein de la forêt, que du côté de l'air libre, parce qu'ils pouffent de fortes racines dans le terrein du voifinage qui fe trouve libre, & que ces racines y trouvent beaucoup de nourriture, qu'elles portent à la partie du tronc où elles répondent. C'eft pour cette même raifon que les couches annuelles des arbres jeunes & vigoureux, font plus épaiffes que celles des vieux arbres qui commencent à dépérir; & que ces couches deviennent plus épaiffes dans un bon terrein, que dans une terre maigre.

2°, On fait que les couches annuelles dont nous parlons, font féparées par des couches intermédiaires d'un tiffu moins ferré; celles-ci font tellement poreufes, que fi l'on coupe tranfverfalement une tranche fort mince de Chêne ou d'Orme, on peut voir le jour au travers. Or, toutes chofes fuppofées égales, il faut convenir que ces couches intermédiaires contribuent à affoiblir le bois; par conféquent, plus il fe trouvera de ces couches dans un même efpace, & moins le bois aura de force; parce que la force de cohérence des couches les unes aux autres, contribue beaucoup à celle du bois; ainfi plus les couches ligneufes font épaiffes, moins il y a de couches intermédiaires dans une épaiffeur de bois fixée.

ARTICLE XIII. *De plufieurs autres défauts.*

IL faut fonder attentivement les endroits où il y a eu des chancres, des loupes, des nœuds en partie pourris, comme font les gouttieres, les meches & yeux de bœuf, ou les croiffances d'écorce qu'on trouve recouvertes du bois vif, & qui fe rencontrent affez fouvent avec une gélivure entrelardée; parce que quelquemaladie aura affecté une partie du corps d'un arbre, & que le refte du bois qui eft vigoureux, l'aura recouverte. Il arrive affez fouvent que vers le haut du tronc, les branches

prennent

prennent de la grosseur, & qu'en se réunissant, elles enferment entr'elles une portion d'écorce: ces croissances qui sont des marques de la vigueur de l'arbre, ne lui font point de tort. Il faut examiner avec attention si quelque partie d'un arbre n'é-toit point morte avant l'abattage ; car quelquefois on peut profiter d'une branche morte pour faire une courbe précieuse; mais il faut examiner très-attentivement une pareille branche, parce que souvent elle se trouve être de mauvais bois.

ARTICLE XIV. *De la différente pesanteur des Bois.*

ON doit toujours préférer les bois qui, dans une même es-pece, sont les plus lourds, sur-tout quand ils sont secs.

Bien des causes influent sur la pesanteur des bois ; le terrein & l'exposition où ils ont pris leur croissance ; leur âge, leur degré de sécheresse. Il n'est donc pas aussi facile qu'il le paroît d'abord, de fixer exactement le poids des bois de même es-pece. Je croyois qu'il suffisoit de peser des madriers de Chêne exactement équarris, & d'en conclure le poids d'un pied-cube ; mais j'en ai trouvé dans un même climat de beaucoup plus pe-sants les uns que les autres ; & j'étois toujours en doute sur le degré de leur dessèchement : je réserve cet article pour une autre occasion ; je me bornerai ici à rapporter, mais comme des à-peu-près, les poids effectifs des bois de Chêne, tirés de différentes Provinces, & abattus depuis 12 ou 18 mois.

Il y a des bois de Chêne qui nouvellement abattus & en-core pleins de seve, flottent sur l'eau ; d'autres qui se tiennent entre deux eaux, & quelques autres qui plongent au fond.

La partie ligneuse est toujours plus pesante que l'écorce ; la seve est de fort peu plus légere. Mais la grande quantité d'air qui est contenue dans les pores du bois le fait flotter, jusqu'à ce que ces pores se trouvant remplis d'eau, l'obligent à tomber au fond du fluide. Il faut donc que le tissu du bois soit bien serré pour qu'il puisse être *fondrier* ; c'est ainsi qu'on appelle le bois qui tombe au fond de l'eau : il se trouve néanmoins certains bois qui plongent jusqu'au fond de l'eau, lors même qu'ils ont perdu prefque toute leur feve ; d'autres qui nagent pendant quelque temps entre deux eaux & qui bien-tôt tombent au fond, & d'autres qui reftent très-long-temps dans l'eau avant de devenir *fondriers*. On pourroit donc fe fervir de ce moyen pour juger de la denfité plus ou moins grande des bois ; cependant, lorfqu'une piece faine à l'extérieur renferme un nœud pourri, ou une gouttiere, ou une roulure, &c, cette piece qui à raifon de la denfité de fon bois, auroit dû devenir promptement *fondriere*, flottera long-temps, à caufe du vuide qu'elle renferme dans fon intérieur, & qui fera quelquefois long-temps à fe remplir d'eau. Voici la différente pefanteur des bois, telle que j'ai pu la recueillir : il s'agira toujours d'un pied-cube.

Le bon Chêne blanc de Provence pefe, étant verd, depuis 80 jufqu'à 90 livres ; & le fec, depuis 65 ou 72 jufqu'à 76.

Le Chêne blanc de Champagne pefe, étant verd, depuis 68 jufqu'à 70 ; & devenu fec & prefque ufé, 53 livres : la plupart de ces mêmes bois abattus depuis un an, pefent 60 livres.

Je n'ai pu avoir de Bretagne le poids du pied-cube d'un Chêne nouvellement abattu ; mais dans les bois réputés fecs, qu'on employoit aux conftructions dans cette Province, il s'en eft trouvé qui pefoient 60 livres, d'autres 58 ; un cube pris d'une piece reftée depuis 7 ans dans un magafin fort fec, ne pefoit que 52 livres.

On m'a écrit de Québec que les bois nouvellement abattus pefoient aux environs de 80 livres ; mais qu'un an après, ils ne pefoient au plus que 60.

J'ai appris de Bayonne, que le pied-cube du bois de Chêne y pefoit depuis 74 jufqu'à 82 livres ; mais je n'ai pu favoir à quel degré de féchereffe pouvoit être ce bois.

Comme l'on fait que le pied-cube d'eau douce pefe 70 livres, & celui d'eau de mer 72 ; on en peut conclure que les bois qui font fondriers furpaffent ce poids, & qu'ils font d'une excellente qualité.

Article XV. *Conséquences de ce qui précede ;
avec différentes remarques sur la visite & la réception
des Bois dans les forêts.*

1°, Quoique j'aie dit qu'il falloit rebuter les pieces tarées,
j'ajoute qu'il faut excepter celles qui ne le sont que par un
vice local, comme, par exemple, un nœud pourri qui procede d'une branche rompue : souvent un pareil défaut n'affecte
pas le reste d'une piece qui peut se trouver de bois de bonne
qualité ; en ce cas il faut retrancher l'endroit vitié ; voir si ce
qui reste, sera de dimension suffisante pour être employé utile-
ment à quelqu'ouvrage, & ne la recevoir que sur ce pied. Mais
si le vice affectoit entiérement la substance de l'arbre, alors il
faudroit le rebuter sans retour, quand bien même le Fournisseur
offriroit de la donner à bas prix, parce que ces sortes de pieces
ne peuvent, en aucun cas, être d'un bon service, & qu'elles
pourroient, lorsqu'elles auroient été mises en œuvre, porter
la corruption aux pieces auxquelles elles toucheroient. Ces
sortes de pieces ne sont absolument pas perdues pour le Marchand ; il sait bien en tirer parti & en trouver la destination.

2°, Lorsque les pieces sont fort grosses, je ne crois pas
qu'il soit toujours avantageux d'exiger qu'elles soient équarries à vive-arrête. On ne peut à la vérité se relâcher sur ce
point, quand les bois doivent être apparents & placés dans
des endroits qui exigent de la propreté : mais nous avons démontré que l'intérieur des grosses pieces de bois est presque
toujours altéré ; & quand on frappe trop avant une piece, il
arrive qu'on retranche le bon bois, & qu'on ne conserve que
le mauvais. Cette réflexion a son application dans des cas particuliers ; & l'on en doit excepter les bois de sciage. Mais
comme il ne seroit pas juste de payer ces pieces flacheuses
comme celles qui sont à vive-arrête, les Marchands ne doivent pas faire difficulté de diminuer quelque chose sur l'équarrissage.

3°, Quoique j'aie dit très-affirmativement que les bois en

retour font de mauvaife qualité ; fi cependant on fe rendoit trop difficile fur ce point, il ne fe trouveroit aucune groffe piece recevable ; car, d'après les expériences que j'ai rappor-tées, principalement dans l'endroit où il eft queftion de l'âge des arbres, j'ofe affurer qu'il eft impoffible de trouver de grof-fes & longues poutres, des pieces de quilles, des étembots, des baux de premier pont, &c, dans d'autres arbres que ceux qui font fur le retour : les dimenfions de ces pieces font telles, qu'on ne les peut trouver que dans les plus gros Chênes, & qui font par conféquent très-vieux ; car il ne fuffit pas que le pied puiffe fournir l'équarriffage requis, il faut encore que ces pieces foutiennent cette groffeur dans une longueur de 35 à 40 pieds : il eft donc probable que de pareils arbres font âgés de 2 ou 300 ans ; & l'on peut conclure que toutes les groffes pieces qu'on en peut tirer, fe trouvent affectées de marques de retour. Il eft bien trifte qu'on foit réduit à une pareille ex-trémité ; mais que gagneroit-on à fe faire illufion ? J'en appelle à l'expérience des Ingénieurs qui ont été chargés de l'entre-tien des grandes éclufes ; aux Architectes qui ont fait mettre en place de longues & fortes poutres ; & aux Conftructeurs de Vaiffeaux qui font défolés de voir ces bâtiments durer fi peu : en un mot, tous ceux qui ont été chargés d'employer beau-coup de bois, doivent avoir remarqué que c'eft toujours le cœur des pieces qui eft le plus altéré. Après ce que j'ai répété tant de fois dans cet Ouvrage, il eft, je crois, très - bien prouvé que la caufe d'un fi prompt dépériffement vient de ce que les arbres fe trouvoient en retour ; & j'ajoute que lorfqu'on eft dans la néceffité d'employer des bois vitiés intérieurement, on n'a que la feule reffource de rebuter ceux où il fe trouve des défauts trop confidérables.

4°, Comme il eft avantageux que les bois de gabari foient bien frappés fur le plat, & qu'ils aient beaucoup de largeur fur le tord, il eft bon qu'ils foient livrés flacheux ; pour, qu'à la faveur de ces défournis, on puiffe promener les gabaris, & varier la deftination de ces pieces : en ce cas, comme les Fourniffeurs perdent quelques pieds - cubes, lorfqu'ils les *châtient* beaucoup fur le plat, il feroit jufte de les indemnifer de cette perte, & de recevoir les pieces fur le même pied que fi elles étoient à vive-arrête.

5°, Pour mieux connoître les défauts qui peuvent rendre les pieces fufpeectes, il faut les faire retourner fur toutes leurs faces : fi l'on y appperçoit quelques défauts, on doit faire parer ces endroits avec l'herminette; & lorfqu'ils pénetrent dans la piece, on les fondera, foit avec le cifeau, foit avec une tarriere, jufqu'à ce qu'on ait atteint le fond de la carie; car quand une plaie n'eft pas bien nettoyée, le vice fait du progrès, & fouvent, quand on vient à travailler ces pieces, on les trouve hors d'état d'être employées. Nonobftant ces attentions, il arrive fouvent qu'en travaillant les pieces, on découvre dans leur intérieur des défauts qu'on n'avoit pu découvrir avant.

6°, Comme il eft important d'examiner les bouts des pieces pour connoître fi elles n'ont pas de roulures, de gélivures, de cadranures, de double aubier; fi la couleur du bois eft uniforme, fi les couches ligneufes font épaiffes, &c, il faut faire lever à la fcie une tranche, pour nettoyer le bout des pieces; mais on ne doit donner chaque trait de fcie qu'à une petite épaiffeur, pour ne point déprécier la piece; car il y a des cas où une fouftraction de longueur un peu confidérable, feroit beaucoup de tort aux Fourniffeurs.

7°, Quand une piece a été jugée bonne, il faut la rouler fur de gros copeaux ou fur des chantiers, pour qu'elle ne touche point immédiatement à terre : il fera bon aufli de la couvrir de copeaux, pour la garantir du hâle, ralentir fon defféchement, & empêcher qu'elle ne fe fende.

8°, A mefure qu'une piece de bois a été vifitée & eftimée bonne, celui qui eft chargé de la vifite, la doit marquer de l'empreinte de fon marteau, & numéroter chaque piece avec une rouane : voici comme on a coutume de marquer chaque numéro :

1	2	3	4	5	6	7	8	9	10	11

I II III IIII Λ ⋀ ⋀ ⋀ ⋀⋀ Λ X XI

12	13	14	15	16	17	18	19	20	21

XII XIII XIIII XΛ XΛ XΛ XΛ XΛ XX XXI

Les dixaines font défignées par des croix; pour marquer cent, on fait un O ; pour mille , on fait un 9.

9°, Celui qui fait la recette des bois , en dreffe un inven-taire à peu-près femblable à celui dont j'ai donné la formule dans le Livre troifieme. Il obfervera de marquer , autant qu'il lui fera poffible , la nature du terrein & l'expofition ; fi les arbres étoient ferrés les uns contre les autres , ou ifolés , &c.

10°, Il fera important de prendre une connoiffance parfaite des chemins par lefquels les grandes pieces pourront être voiturées jufqu'aux rivieres navigables les plus prochaines, ou jufqu'à la mer , & de marquer à combien de lieues les bois en font éloignés ; ce qu'il coûtera par pied-cube ou par folive pour les charrois , & fi l'on en peut trouver facilement.

En cas qu'il y ait des difficultés pour les chemins , on propofera les moyens de les réparer , & la dépenfe que cela exigeroit. Enfuite on détaillera les pieces qui ont été mar-quées , leurs dimenfions , leurs réductions en pieds-cubes ou en folives ; le prix dont on fera convenu avec le Marchand & les Voituriers, fuivant le prix courant du pays. Comme on fuppofe qu'on aura fait un toifé exact des bois , ou une réduc-tion des pieces , foit en pieds-cubes , foit en folives , fuivant l'ufage des lieux, nous donnerons des méthodes pour faire ces toifés.

11°, La vifite & le martelage qu'on fait dans les forêts, ne font fouvent que des opérations provifionnelles , parce qu'on remet à faire une recette définitive , lorfque les bois auront été rendus à leur deftination. Mais il eft important d'apporter autant d'attention & de févérité à ces recettes provifionnelles qu'aux recettes définitives. Ordinairement les Fourniffeurs demandent de l'indulgence à celui qui fait les premieres re-cettes ; & ils fe perfuadent avoir fait un bon coup , quand ils ont fait paſſer à cette viſite une piece ſuſpecte; mais ils ſe trompent : les défauts peu ſenſibles d'abord, deviendront très-apparents quand la ſeve ſe ſera évaporée ; & une piece de cette eſpece ſera infailliblement rejettée lors de la recette dé-finitive ; d'où il arrivera que le Fourniſſeur ſe trouvera char-gé de quantité de bois de rebut qui lui auront occaſionné beaucoup de frais inutiles , & dont il ſe trouvera très-embar-raſſé ; au lieu que ſi ces bois avoient été rebutés dans la fo-rêt , il en auroit pu tirer parti, en les faiſant débiter en bois de fente, en bois de ſciage ou autrement. Il eſt donc égale-ment avantageux aux Acquéreurs & aux Fourniſſeurs, que les recettes proviſionnelles ſoient faites avec exactitude & avec rigueur : ſi cela eſt ſenſible à l'égard des Fourniſſeurs, il en réſulte auſſi un avantage pour l'Acquéreur, qui ſe fait ſou-vent une peine de refuſer des bois qui lui ſont livrés , & qu'il fait avoir occaſionné beaucoup de perte aux Marchands : d'ailleurs, quand des bois de bonne qualité ſont en trop gran-de quantité d'un même échantillon, on ſe trouve chargé de bois inutiles ; & quand il s'agit de l'approviſionnement des bois pour la Marine, comme le Roi les fait ordinairement voiturer par ſes gabares, ces frais ſont à ſa charge & abſolu-ment inutiles.

12°, Si les Fourniſſeurs entendoient mieux leurs intérêts , ils engageroient ceux qui font les recettes dans les forêts, à ne marquer que les bois les plus parfaits ; & ils ſe chargeroient par leurs marchés de livrer les bois aux Ports où ſe font les conſtructions, & dans leſquels on doit faire la recette défini-tive, à la charge, par le Roi, de fournir des gabares pour le tranſport par mer, à moins qu'on n'aimât mieux, au nom de Sa Majeſté, ordonner que les recettes définitives fuſſent faites à l'embouchure des grandes rivieres telles qu'Indret, le Havre, Bayonne , &c. Mais dans le cas où les Marchands & les Four-niſſeurs ſeroient tenus de livrer leurs bois dans les Ports où l'on conſtruit, il ſeroit juſte de ſtipuler qu'il y auroit des ga-bares affectées au tranſport des bois , afin que la livraiſon en fût faite le plus diligemment qu'il ſeroit poſſible ; car rien n'eſt fi important aux Fourniffeurs que de livrer promptement leurs bois. J'ai toujours vu avec peine qu'on laiffoit au Havre ou fur l'ifle d'Indret, une prodigieufe quantité de bois, qu'on n'enlevoit pour les Ports du Roi qu'au bout de deux ou trois ans : les bois expofés pendant un fi long efpace de temps à toutes les injures de l'air, amoncelés en groffes piles dans un lieu prefque marécageux, continuellement rempli d'exhalaifons & de brouillards, s'altéroient fi prodigieufement, que les Fourniffeurs ne les reconnoiffoient plus; ils étoient en partie ruinés par les rebuts qu'on faifoit aux recettes définitives, quoique les Commiffaires touchés de l'injuftice qu'on leur faifoit, euffent l'indulgence de recevoir des pieces qu'ils auroient rebutées dans d'autres circonftances.

Les Fourniffeurs doivent donc porter toute leur attention, & ne rien épargner pour fe mettre en état de livrer leurs bois le plus promptement qu'il leur feroit poffible, & de ne les pas abandonner, comme ils font ordinairement par une économie mal entendue, pendant un temps confidérable fur le bord des rivieres.

Comme je dois avoir également en vue le bien du fervice & les intérêts des bons Fourniffeurs, je confeille pour l'un & l'autre objet, de livrer & de recevoir les bois le plus promptement qu'il eft poffible, aux Ports où l'on fait des conftructions : le fervice du Roi y trouvera fon intérêt, parce qu'on ne préfentera pas des bois ufés; & les Fourniffeurs auront infiniment moins de pieces de rebut.

CHAPITRE

CHAPITRE VI.

Du Toifé des Bois quarrés.

On toife les bois de différente façon fuivant les ufages des lieux; mais nous ne ferons ici mention que de deux méthodes: la premiere, celle de faire la réduction des pieces au pied & parties de pied-cube: celle-ci eft en ufage pour toutes les fournitures des bois de Marine, & pour les bois de charpente dont on fait les toifés dans les Ports de mer.

L'autre méthode, en ufage dans plufieurs Provinces pour les fortifications, les bâtiments civils, & particuliérement à Paris, eft de réduire tous les bois de charpente à la folive ou à la piece.

Article I. *Du Toifé en pieds-cubes.*

On mefure en pieds & en partie de pieds les trois dimenfions d'une piece; favoir, la longueur, la largeur & l'épaiffeur; on les multiplie l'une par l'autre, & le produit donne le nombre de pieds & parties de pieds-cubes contenus dans la piece.

Il faut donc multiplier l'épaiffeur par la largeur, & le produit par la longueur; il faut enfuite divifer le fecond produit par 144, ou bien prendre le douzieme de ce total, & encore le douzieme du douzieme; les parties reftantes du premier douzieme feront des lignes cubes; & les parties reftantes du fecond douzieme, feront des pouces-cubes.

Premier Exemple. Soit une piece de 20 pieds de longueur fur 10 pouces de largeur & 10 pouces d'épaiffeur: 20 multiplié par 10 de largeur donne 200, qui multipliés par 10 d'épaiffeur donne 2000; en la divifant par 12, il vient $166\frac{8}{12}$; divifant enfuite 166 par 12, il vient $13\frac{10}{12}$; d'où il fuit que la piece en queftion cube 13 pieds 10 pouces 8 lignes cubes, par-

Tttt

ce que 10 douziemes de pied, eſt autant de pouces, & 8 douziemes de pouces eſt autant de lignes.

SECOND EXEMPLE. Soit une piece de 50 pieds de longueur,
de 15 pouces de largeur, & de pareille épaiſſeur : on multiplie
1 pied 3 pouces largeur, par un pied 3 pouces épaiſſeur ; il
vient pour la ſurface de la baſe 1 pied 6 pouces 9 lignes, qu'il
faut multiplier par 50 pieds, longueur de la piece : il vient 78
pieds 1 pouce 6 lignes cubes, qui eſt le toiſé de la piece.

ARTICLE II. Du Toiſé en Pieces ou Solives.

EN fait de toiſé, on appelle *ſolive*, une piece de bois quarré de 6 pouces d'équarriſſage ſur 12 pieds de longueur. Ainſi
ce qu'on nomme une *ſolive*, contient 3 pieds-cubes.

Mais comme dans tous les toiſés ordinaires, la toiſe eſt la
meſure principale, on réduit la ſolive à un parallélipipede d'une
toiſe de longueur ſur 72 pouces quarrés, ou la moitié d'un
pied quarré qui eſt 144 pouces.

En conſidérant ainſi la ſolive, on la diviſe, de même que la
toiſe, en ſix parties égales, qu'on nomme *pieds de ſolive* : ainſi
un pied de ſolive eſt un parallélipipede d'un pied de hauteur ſur
72 pouces quarrés de baſe.

Le pied de ſolive ſe diviſe comme le pied de Roi, d'abord
en 12 pouces, & enſuite en douzieme de pouce, c'eſt-à-dire, en
12 lignes ; enſorte que le pouce & la ligne de ſolive ſont des
parallélipipedes de 72 pouces de baſe ſur un pouce ou ſur une
ligne de hauteur : ceci bien entendu, il y a pluſieurs manieres
de réduire les bois quarrés en ſolives.

§. 1. Premiere Méthode.

ON meſurera la longueur d'une piece en toiſes, & ſa largeur & ſon épaiſſeur en pouces ; après avoir multiplié le nombre de pouces de la largeur, par le nombre de pouces de l'é-
paiſſeur, on aura le nombre de pouces quarrés contenus dans
la baſe de la piece : on multipliera ce produit par le nombre

de toifes qui fait la longueur de la piece ; enfin on divifera ce produit qui indique combien la piece contient de toifes de barreaux d'un pouce d'équarriffage, ou, pour parler le langage des Toifeurs, des *toifes pouces-pouces* ; on divifera, dis-je, cette fomme par 72, qui eft la bafe ou équarriffage d'une folive ; & comme 72 barreaux d'un pouce quarré & d'une toife de lon-gueur font une folive, le quotient fera le nombre de folives contenues dans la piece : ce qui eft évident, puifque la folive eft un parallélipipede de 72 pouces quarrés de bafe fur 6 pieds de hauteur.

EXEMPLE. Si l'on veut réduire en folives une piece de bois de 50 pieds de longueur, ou de 8 toifes 2 pieds, fur 15 pouces d'équarriffage, on multiplie les deux côtés de la bafe l'un par l'autre : 15 pouces étant multipliés par 15 pouces, produifent 225 pouces quarrés pour la furface de la bafe, qu'on multi-pliera par 8 toifes 2 pieds qui eft la longueur de la piece. On aura 1875 toifes *pouces-pouces* ou de barreaux d'un pouce quarré de bafe ; en divifant 1875 par 72, qui eft la furface de la bafe de la folive, on aura 26 folives *zéro* pieds 3 pouces, qui eft le toifé de la piece propofée.

§. 2. *Seconde Méthode plus abrégée que la premiere.*

On regarde le nombre de pouces d'une dimenfion, celle de la groffeur ou de la largeur, par exemple, comme des pieds ; le nombre de pouces d'une autre dimenfion, celle de l'épaiffeur, fi l'on veut, comme des demi-pieds ; & après avoir réduit ces pieds & ces demi-pieds en toifes, on multi-plie ces deux nouveaux nombres l'un par l'autre, & le produit par le nombre de toifes contenu dans la longueur ; ce qui donne des folives & parties de folives.

La raifon de cette opération eft évidente ; car en confidé-rant une des dimenfions de la groffeur comme des pieds, on la rend douze fois trop grande ; & l'autre comme des demi-pieds, elle devient fix fois trop grande ; ce qui donne à la furface de la bafe de la piece, une étendue 72 fois trop grande : multipliant enfuite cette étendue par la vraie longueur de la piece, cela produit un cube 72 fois trop grand ; mais en regardant les termes de ce produit comme des folives & parties de fo-lives, au lieu de toifes-cubes qu'il eft véritablement, puifqu'il eft compofé de dimenfions exprimées en toifes multipliées l'une par l'autre, on le divife par 72 ; parce que la bafe d'une folive eft 72 fois plus petite que celle de la toife-cube ; & par conféquent ce produit confidéré comme folive, eft fa jufte valeur.

EXEMPLE. Quinze pouces de largeur fuppofés être autant de pieds, feront deux toifes trois pieds.

Quinze pouces d'épaiffeur fuppofés être des demi-pieds, feront une toife un pied fix pouces : en multipliant l'un par l'autre, on aura trois toifes zéro pieds, neuf pouces, qu'il faut multiplier par la longueur de la piece, huit toifes deux pieds; confidérant les toifes-cubes & parties de toifes-cubes, comme des folives & des parties de folives, on aura, comme par la premiere méthode, pour le toifé de la piece, 26 folives zéro pieds trois pouces : voici encore d'autres exemples.

EXEMPLE. Si une piece de bois a trois toifes de longueur & douze pouces d'équarriffage, on multiplie 12 par 12 ; il vient 144 qu'on divife par 72, & l'on a deux folives par toife ; & comme la piece a trois toifes, elle contient fix folives.

Ou bien, ce qui revient au même, après avoir multiplié 12 par 12 (144), il faut multiplier cette fomme par la longueur de la piece, trois toifes, il vient 432, qu'il faut divifer par 72, on trouvera fix au quotient, qui eft le nombre de pieces con-tenues dans la piece de bois. Il eft évident qu'on doit opérer de même pour les pieces méplates qui ont plus de largeur que d'épaiffeur.

EXEMPLE. Si une piece a 18 pouces de largeur fur 6 pouces d'épaiffeur, il faut multiplier 18 par 6 ; il vient 108 pouces quarrés : en les divifant par 72, on voit que chaque toife de ce bois contient une piece & demie.

Il faut remarquer que ce qui refte d'une divifion font des pouces quarrés : pour les exprimer par $\frac{1}{4}$ $\frac{1}{3}$ $\frac{1}{2}$ $\frac{2}{3}$ $\frac{3}{4}$ de pieces, il faut savoir que 18 pouces font $\frac{1}{4}$, que 24 pouces font $\frac{1}{3}$, que 36 pouces font $\frac{1}{2}$, que 48 pouces font $\frac{2}{3}$, & que 54 pouces font $\frac{3}{4}$ de piece : le surplus de ces fractions sont des pouces, dont il faut 72 pouces pour faire une piece.

ARTICLE III. *Pratiques pour abréger les opérations du toisé, sur-tout à l'égard du Bois de sciage.*

1°, QUAND les solives de sciage pour les bâtiments ont 5 sur 7 pouces d'équarrissage, on a coutume de compter la toise courante pour une demi-piece. Quoique le produit de 5 multiplié par 7, ne soit que 35, & que 35 & 35 ne fassent que 70 au lieu de 72; cependant il est d'un usage constant qu'une solive de sciage de 12 pieds de long sur 5 & 7, passe pour une piece, à cause que ce bois a été façonné à dessein selon ces dimensions : il étoit à propos de faire connoître cette exception de la regle générale.

2°, Une piece longue d'une toise, qui a 9 pouces de largeur sur 4 pouces d'épaisseur, est réputée une demi-piece.

3°, Une toise de poteau de 4 & 6 pouces d'équarrissage fait une piece.

4°, Quatre toises de membrure de 3 & 6, font une piece.

5°, Quatre toises & demi de chevron de 4 & 4 pouces, font une piece.

6°, Six toises de chevrons de 3 & 4 pouces d'équarrissage, font une piece.

7°, Huit toises de chevron de 3 & 3 pouces quarrés, font une piece.

8°, Douze toises de barreaux de 2 & 3 pouces quarrés, font une piece.

9°, Dix-huit toises de barreaux de 2 & 2 pouces quarrés, font une piece.

10°, Trente-six toises de barreaux méplats de 1 & 2 pouces quarrés, font une piece.

11°, Soixante-douze barreaux d'un & un pouce quarré, font une piece.

Les Toiſeurs qui ſavent ces regles de pratique, abregent beaucoup leur travail; car s'ils ont à toiſer, par exemple, une grille formée de barreaux de bois de 2 & 2 pouces quarrés, & de 6 pieds de longueur, ils voient ſur le champ qu'il faut 18 barreaux pour faire une piece : ils ont de ſemblables pratiques pour réduire promptement en pieces les ſolives, les poteaux, les membrures, les chevrons, &c, de différentes groſſeur & longueur, ce qui abrege beaucoup le travail. Mais comme d'après ce que nous venons de dire, il eſt aiſé de ſe former ſoi-même des méthodes lorſqu'on a quantité de pieces de bois d'un même échantillon à réduire en pieces, nous ferons remarquer, en finiſſant cette matiere, que pour s'épargner beaucoup de travail, lorſqu'on toiſe les bois dans les forêts, il faut faire des lots particuliers de tous les bois de pareilles dimenſions ; par ce moyen on aura beaucoup de facilité pour les réduire en pieds-cubes ou en ſolives.

EXPLICATION *des Planches &* des *Figures relatives au Livre V.*

PLANCHE XXXIII.

*L*A FIGURE *1* qui fert à indiquer de combien il faut charger la ligne fur un arbre en grume qu'on doit équarrir, fe voit fur la Planche fuivante (*XXXIV*).

La *Figure 2* repréfente un arbre qui a été paré fur deux faces, & qu'il faut parer fur les deux autres pour l'équarrir ; *a b*, arbre fcié de longueur ; *c c*, trait de ligne qui indiquent la quantité de bois qu'il faut retrancher ; *d d*, premieres entailles qui pénetrent jufqu'à la ligne *c c*, & qui déterminent l'épaiffeur de la tranche de bois *ff*, qui eft à ôter.

Figure 3, piece qui porte deux équarriffages différents, *b a*, *c a*.

Figure 4, piece équarrie à deffein, plus groffe du côté de *b* que du côté de *a*.

Figure 5, une jumelle de preffoir à étau : *A*, culaffe ; *B*, corps de la jumelle ; *C*, tête.

La *Figure 6* qui repréfente une piece équarrie méplat, eft fur la Planche fuivante (*XXXIV*).

Figure 7, piece courbe propre à faire une étrave : les lignes ponctuées qu'on voit fur le bout *a*, marquent l'épaiffeur de bois qu'il faut enlever pour parer cette piece fur le plat.

La *Figure 8* qui repréfente un *plançon* duquel on tire deux bordages, après avoir levé une tranche dans le milieu, eft fur la Planche fuivante (*XXXIV*).

La *Figure 9* repréfente un arbre de belle taille, dont le tronc peut fournir une piece de quille.

Figure 10, bel arbre dont le tronc eft un peu courbe, mais qui peut fournir un *bau B*, & encore une piece de gabari *C*.

Figure 11, arbre bien droit, qui peut fournir une piece d'*étambot*.

Figure 12, Ringeot droit depuis *d* jufqu'à *b*, & depuis *b* jufqu'à *c*, mais qui fait une inflexion en *b*.

La *Figure* 13, fait voir la maniere de mefurer la courbure d'une piece *a b*, ligne tendue pour avoir la mefure de la fleche *c d*; la ligne ponctuée *g e*, marque ce qu'on doit retrancher du bois, fans en ôter en *f*.

Figure 14, arbre dont le tronc eft un peu courbe, & qui pour cette raifon peut fournir une *Varangue* de fond : *B*, fourchet du même arbre dont on peut faire une *Varangue* aculée, ou une guirlande de fond.

Figure 15, piece dont la courbure eft principalement vers la partie *a*, ce qui la rend très-propre à s'empatter avec une piece plus courbe, telle qu'un *Genou de fond*.

PLANCHE XXXIV.

LA FIGURE 7 repréfente l'aire de la coupe d'un arbre, fur lequel on trace les lignes pour l'équarrir.

Figure 6, aire de la coupe du même arbre qu'on veut équarrir méplat.

Figure 8, aire de la coupe du même arbre dans lequel on fait une levée *A B*, où le bois eft ufé, & enfuite les deux bordages *C C*, *D D*.

Figure 16, guirlande.

Figure 17, courbe de pont.

Figures 18 & 19, courbes d'arcaffe & courbâtons.

Figures 20, 21 & 22, varangues aculées.

Figures 23, 24 & 25, premieres, fecondes alonges, & alonges de revers.

PLANCHE XXXV.

FIGURE 1, piece de bois établie fur deux treteaux ou chevalets, & les Scieurs de long en travail : *A*, Scieur qui releve la fcie : *B*, Scieur qui l'abaiffe ; ordinairement il y a deux Scieurs en bas, fur-tout pour les groffes pieces : *C D*, treteaux ;

teaux ; *E F*, la piece de bois à fcier établie fur les treteaux.

Figure 2 , piece de bois quarré montée fur un chevalet, tel qu'on l'établit dans les forêts ; *A*, le Scieur d'en haut ; *B*, un des Scieurs d'enbas ; *C*, le chevalet ; *D*, la piece de bois à fcier; *E F*, liens de corde qui l'affujettiffent aux madriers *G H*.

Figure 3 , détail du chevalet : *a b d*, les entailles qui doivent recevoir les pieds ; *c e*, un des pieds du chevalet.

Figure 4 , piece de bois quarré fur laquelle on a tracé avec la ligne, les traits que doit fuivre la fcie.

Figure 5 , piece courbe fur laquelle les traits ont été pareillement tracés.

Figure 6 , piece courbe qui doit être fciée en roue.

Figure 7 , aire de la coupe d'un arbre qui doit être équarri pour en tirer une piece *a b c d*, laquelle fera refendue en croix, pour être enfuite cartelée.

Figure 8 , piece qui doit être refendue par une ligne diagonale, & deftinée à être débitée en *chanlattes*.

Figure 9 , piece débitée pour des affûts de fufil.

Figure 10 , coupe d'un arbre *rouli*, ou *roulé* ; *a*, roulure partielle ; *b*, roulure complette.

Figure 11 , arbre qui renferme plufieurs roulures.

Figure 12 , coupe d'un arbre qui a des gélivures telles que *a*, *b*.

Figure 13 , coupe d'un arbre qui eft cadrané dans le cœur.

Figure 14 , coupe d'un arbre qui contient un double aubier : *d*, bois du cœur ; *a*, aubier furnuméraire ; *b*, aubier naturel ; *c*, couronne de bon bois.

PLANCHE XXXVI.

LA FIGURE I repréfente la coupe d'un gros arbre qui a été d'abord fcié par quartiers : le quartier *A A* eft refendu fur la maille : *B B*, *G G*, quartier refendu dans un autre fens ; les planches jufqu'à *B B*, contiennent de la maille ; celles du côté de *G G* n'en ont prefque point : le quartier *H H* eft refendu encore dans un autre fens , & les planches n'ont prefque point de maille : on voit dans le quartier *E F*, les couches annuelles, & les rayons ou infertions.

Figure 2, *A*, taches brillantes que l'on voit dans le bois ouvré, & que l'on nomme *mailles* : *B*, traces qui réfultent de la coupe des couches annuelles, lorfqu'un arbre a été fcié fuivant la direction *C D* (*Fig.* 1).

Fin de la feconde Partie.

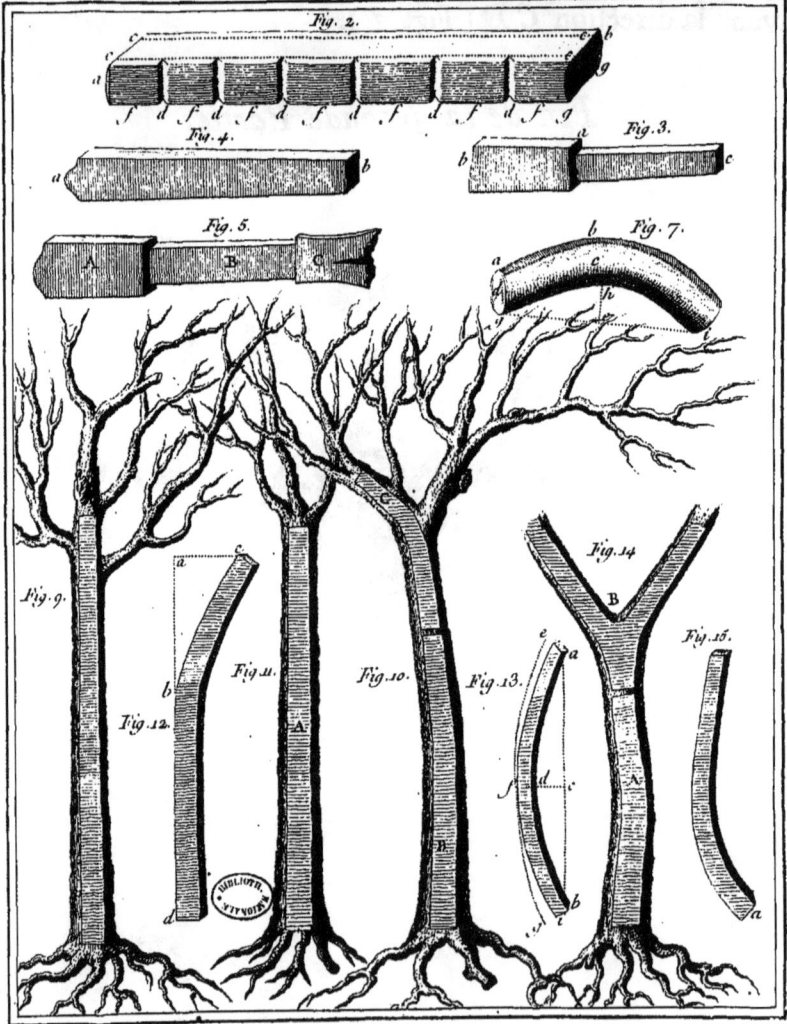

Exploitation des Bois: Pl. XXXIII Pag. 706.

Fig. 1.

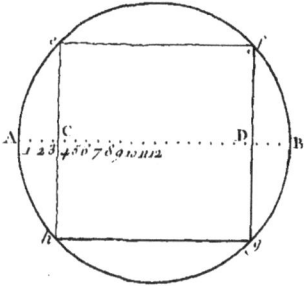

Fig. 18.

Fig. 6.

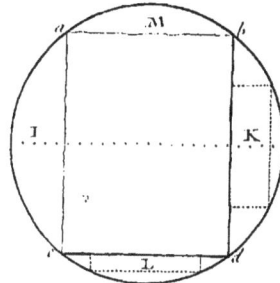

Fig. 19.

Fig. 8.

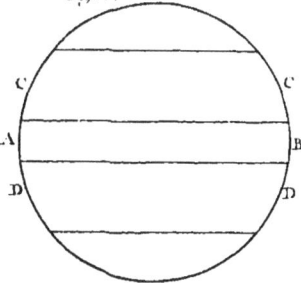

Fig. 16.

Fig. 17.

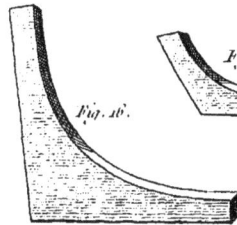

Fig. 20.

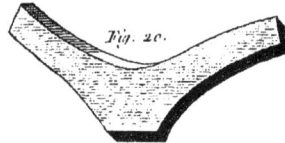

Fig. 23. *Fig. 24.* *Fig. 25.*

Fig. 21.

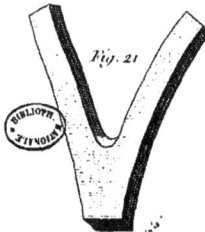

Fig. 22.

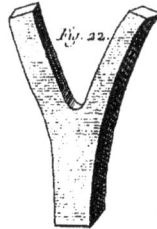

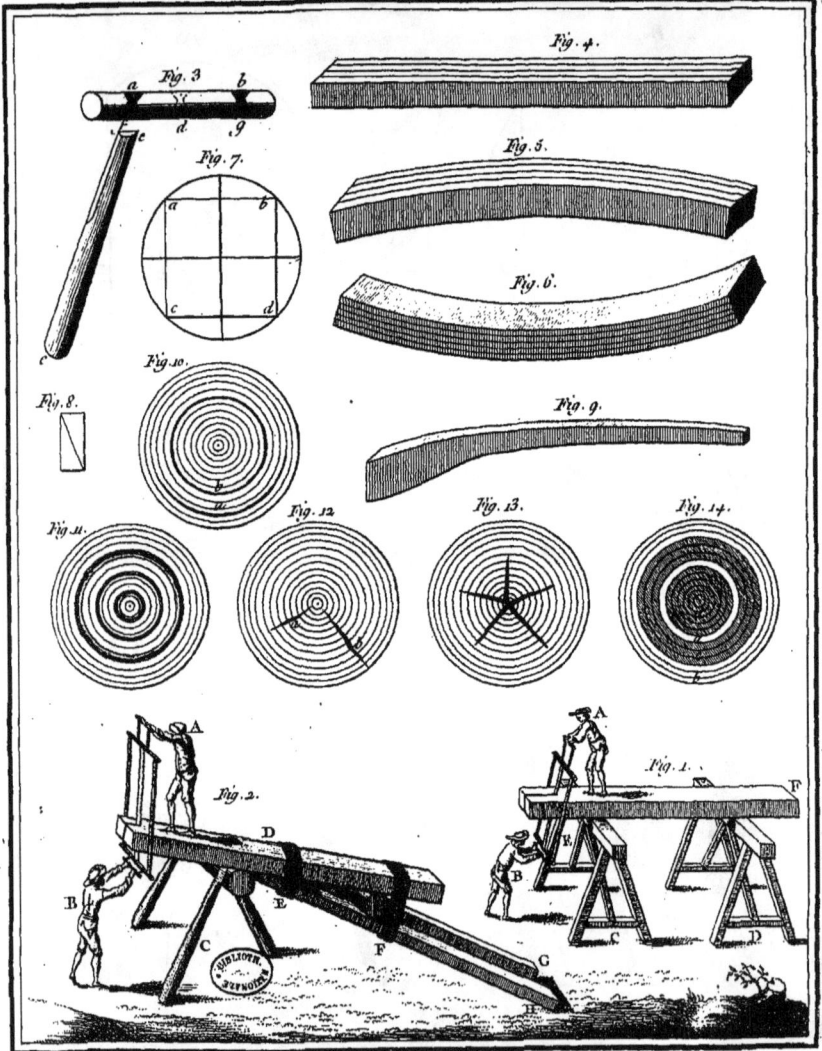

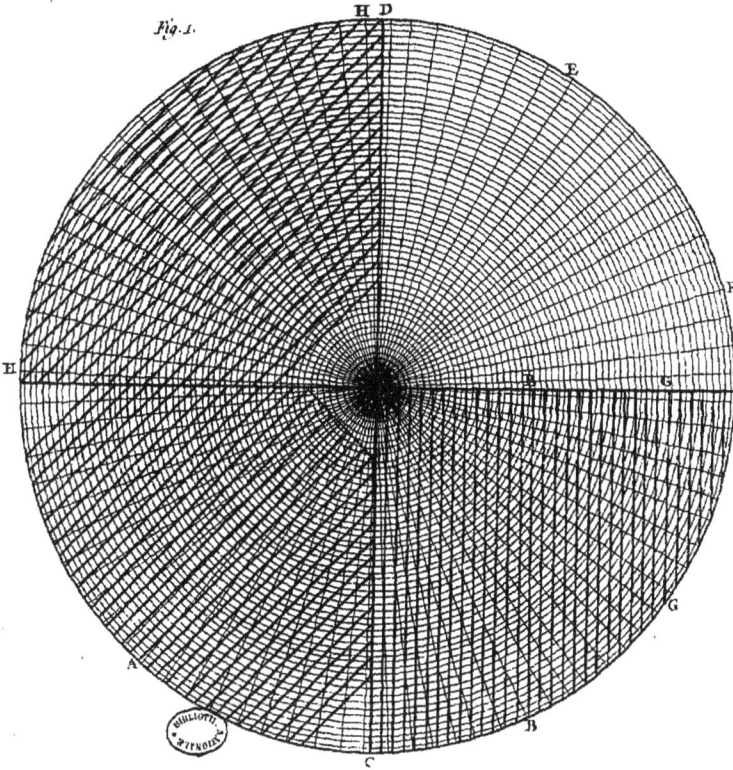

Fig. 1.

Fig. 2.

Extrait des Regiſtres de l'Académie Royale des Sciences.

Du neuf Mai mil ſept cent ſoixante-quatre.

MEſſieurs DE JUSSIEU, GUETTARD & BEZOUT qui avoient été nommés pour examiner *le Traité de l'Exploitation des Bois*, faiſant partie du Traité complet des Bois & Forêts, par M. DUHAMEL, en ayant fait leur rapport, l'Académie a jugé cet Ouvrage digne de l'impreſſion ; en foi de quoi j'ai donné le préſent Certificat. À Paris le 9 Mai 1764.

GRANDJEAN DE FOUCHY, *Secr. perpét.
de l'Académie Royale des Sciences.*

PRIVILEGE DU ROI.

LOUIS par la grace de Dieu, Roi de France & de Navarre : A nos amés & féaux Conſeillers, les Gens tenant nos Cours de Parlement, Maîtres des Requêtes ordinaires de notre Hôtel, Grand Conſeil, Prevôt de Paris, Baillifs, Sénéchaux, leurs Lieutenans Civils, & autres nos Juſticiers qu'il appartiendra, SALUT. Nos bien-amés LES MEMBRES DE L'ACADEMIE ROYALE DES SCIENCES de notre bonne Ville de Paris, Nous ont fait expoſer qu'ils auroient beſoin de nos Lettres de Privilege pour l'impreſſion de leurs Ouvrages : A CES CAUSES, voulant favorablement traiter les Expoſans, Nous leur avons permis & permettons par ces Préſentes de faire imprimer, par tel Imprimeur qu'ils voudront choiſir, toutes les Recherches ou Obſervations journalieres, ou Relations annuelles de tout ce qui aura été fait dans les Aſſemblées de ladite Académie Royale des Sciences, les Ouvrages, *Mémoires* ou *Traités* de chacun des Particuliers qui la compoſent, & généralement tout ce que ladite Académie voudra faire paroître, après avoir fait examiner leſdits Ouvrages, & qu'ils ſeront jugés dignes de l'impreſſion, en tels volumes, forme, marge, caractères, conjointement, ou ſéparément & autant de fois que bon leur ſemblera, & de les faire vendre & débiter par tout notre Royaume, pendant le tems de vingt années conſécutives, à compter du jour de la date des Préſentes ; ſans toutefois qu'à l'occaſion des Ouvrages ci-deſſus ſpécifiés, il puiſſe en être imprimé d'autres qui ne ſoient pas de ladite Académie : faiſons défenſes à toutes ſortes de perſonnes, de quelque qualité & condition qu'elles ſoient, d'en introduire d'impreſſion étrangere dans aucun lieu de notre obéiſſance ; comme auſſi à tous Libraires & Imprimeurs d'imprimer ou faire imprimer, vendre, faire vendre & débiter leſdits Ouvrages, en tout ou en partie, & d'en faire aucunes traductions ou extraits, ſous quelque prétexte que ce puiſſe être, ſans la permiſſion expreſſe & par écrit deſdits Expoſans, ou de ceux qui auront droit d'eux, à peine de confiſcation des Exemplaires contrefaits, de trois mille livres d'amende contre chacun des contrevenans; dont un tiers à Nous, un tiers à l'Hôtel-Dieu de Paris, & l'autre tiers auxdits Expofans, ou à celui qui aura droit d'eux, & de tous dépens, dommages & intérêts; à la charge que ces Préfentes feront enregiftrées tout au long fur le Regiftre de la Communauté des Libraires & Imprimeurs de Paris, dans trois mois de la date d'icelles; que l'impreffion defdits Ouvrages fera faite dans notre Royaume, & non ailleurs, en bon papier & beaux caractères, conformément aux Réglemens de la Librairie; qu'a-vant de les expofer en vente, les Manufcrits ou Imprimés qui auront fervi de copie à l'impreffion defdits Ouvrages, feront remis ès mains de notre très-cher & féal Chevalier le Sieur DAGUESSEAU, Chancelier de France, Commandeur de nos Ordres, & qu'il en fera enfuite remis deux Exemplaires dans notre Biblio-thèque publique, un en celle de notre Château du Louvre, & un en celle de notredit très-cher & féal Chevalier le Sieur DAGUESSEAU, Chancelier de France, le tout à peine de nullité defdites Préfentes: du contenu defquelles vous man-dons & enjoignons de faire jouir lefdits Expofans & leurs ayans caufe pleinement & paifiblement, fans fouffrir qu'il leur foit fait aucun trouble ou empêchement. Voulons que la copie des Préfentes qui fera imprimée tout au long, au commen-cement ou à la fin defdits Ouvrages, foit tenue pour düement fignifiée; & qu'aux copies collationnées par l'un de nos amés & féaux Confeillers & Secre-taires, foi foit ajoutée comme à l'original. Commandons au premier notre Huiffier ou Sergent fur ce requis, de faire, pour l'exécution d'icelles, tous actes requis & neceffaires, fans demander autre permiffion, & nonobftant Clameur de Haro, Charte Normande & Lettres à ce contraires; CAR tel eft notre plaifir. DONNÉ à Paris le dix-neuvieme jour du mois de Mars, l'an de grace mil fept cent cinquante, & de notre Regne le trente-cinquieme. Par le Roi en fon Confeil.

Signé, M O L.

Regiftré fur le Regiftre XII. de la Chambre Royale & Syndicale des Libraires & Imprimeurs de Paris, numéro 430, folio 309, conformément au Réglement de 1723, qui fait défenfes, article 4, à toutes perfonnes, de quelque qualité qu'elles foient, autres que les Libraires & Imprimeurs, de vendre, débiter & faire afficher aucuns Livres pour les vendre, foit qu'ils s'en difent les Auteurs ou autrement; à la charge de fournir à la fufdite Chambre huit exemplaires de chacun, prefcrits par l'article 108 du même Réglement. A Paris le 5 Juin 1750.

Signé, LE GRAS, Syndic.

9 782012 176317